普通高等教育"十三五"规划教材

# 环境与可持续发展

马林转　王红斌　刘满红　高云涛　编著

北　京
冶　金　工　业　出　版　社
2016

## 内 容 提 要

全书共分 9 章，主要内容包括：环境科学概述，生态学基础及其在环境中的作用，人口增长及其在环境中的作用，能源及其在环境保护中的作用，大气环境，水环境，物理环境，经济与环境，可持续发展。

本书可供环境保护、环境监测、化工环保等专业的师生使用，也可供相关专业的工程技术人员参考。

**图书在版编目(CIP)数据**

环境与可持续发展/马林转等编著．—北京：冶金工业出版社，2016.4

普通高等教育"十三五"规划教材

ISBN 978-7-5024-7185-9

Ⅰ．①环… Ⅱ．①马… Ⅲ．①环境保护—可持续性发展—高等学校—教材 Ⅳ．①X22

中国版本图书馆 CIP 数据核字 (2016) 第 067099 号

出 版 人 谭学余
地　　址 北京市东城区嵩祝院北巷 39 号　邮编　100009　电话　(010)64027926
网　　址 www.cnmip.com.cn　电子信箱　yjcbs@cnmip.com.cn
责任编辑 郭冬艳　美术编辑　彭子赫　版式设计　孙跃红
责任校对 禹　蕊　责任印制　牛晓波
ISBN 978-7-5024-7185-9
冶金工业出版社出版发行；各地新华书店经销；三河市双峰印刷装订有限公司印刷
2016 年 4 月第 1 版，2016 年 4 月第 1 次印刷
787mm×1092mm　1/16；12.25 印张；291 千字；181 页
**29.00 元**
冶金工业出版社　投稿电话　(010)64027932　投稿信箱　tougao@cnmip.com.cn
冶金工业出版社营销中心　电话　(010)64044283　传真　(010)64027893
冶金书店　地址　北京市东四西大街 46 号(100010)　电话　(010)65289081(兼传真)
冶金工业出版社天猫旗舰店　yjgycbs.tmall.com
　　　　　　(本书如有印装质量问题，本社营销中心负责退换)

# 编 委 会

# 前　言

当前，在环境污染日益严重的前提下，对全民进行环境教育，唤起民众对环境的保护意识，显得尤为重要。我们一直希望有一本合适的教材让不同专业的大学生能够更加理性地对待我们的资源利用以及我们环境问题，并为保护我们的环境而努力。根据实际情况，我们分析了很多教材的特点，构建了《环境与可持续发展》的思路与体系。本教材主要内容包括：第一章，绪论，论述环境及环境问题的产生，以及环境科学的形成，研究对象及任务，环境科学的学科分支，由马林转负责编写。第二章，生态学基础及其在环境中的作用，介绍生态系统，生态平衡与破坏，生态学在环境保护中的作用，由刘满红负责编写。第三章，人口增长及其在环境中的作用，介绍了人口发展概况，人口环境容量，人口增长对环境的影响，我国人口政策与可持续发展，由白玮负责编写。第四章，能源及其在环境保护中的作用，介绍了能源概况，化石燃料对环境的影响，水电及核能对环境的影响，新能源开发利用对环境的影响，解决我国能源环境问题的途径，由高云涛和马林转负责编写。第五章，大气环境，介绍了大气结构与组成，大气污染，大气污染治理技术，大气污染综合防治与管理，由王红斌与马林转负责编写。第六章，水环境，介绍了水循环及水资源的保护利用，水污染及水体自净，水污染控制原理及技术，水的循环使用与可持续发展，由昆明理工大学李彬负责编写。第七章，物理环境，介绍了声学环境，电磁辐射，放射性污染，光污染，热污染，由刘满红负责编写。第八章，经济与环境，介绍了环境与经济发展，环境经济调控，由熊华斌负责编写。第九章，可持续发展，介绍了传统发展模式，可持续发展的基本理论，我国的可持续发展战略，可持续发展的实践与创新，由王博涛负责编写。

本教材的编写组成员由云南民族大学化学与环境学院环境教研室的部分老

师以及昆明理工大学环境科学与工程学院部分老师组成。在这里感谢各位同仁的积极配合。同时感谢我的两位研究生黄超、丁帅为本书的出版做了很多基础性的工作。同时感谢化学与环境学院的全体老师以及云南民族大学教务处为本书的出版给予的大力支持。本书由云南民族大学"十二五"规划教材出版基金资助出版，在此一并表示感谢！

限于编者水平，书中难免有不妥之处，加之时间所限恳请广大读者批评指正。

编　者

2015 年 10 月

# 目　录

# 第一章 绪 论

环境保护与可持续发展是当今世界人们最关心的问题之一。由于全球人口的迅速增长，随着科学技术的进步、社会化大生产的不断发展，人们的生产和生活在不断地影响环境，使许多环境因素发生改变，自然资源锐减，不利于人类的生存和发展。我们必须重视生态环境保护，研究环境治理，使人类的社会再生产处于良性循环中，使我们的社会、经济以及生态环境沿着可持续发展的道路前进。

## 第一节 环境和环境问题

### 一、环境

环境是相对于某中心事物而言的。它作为中心事物的对立面而存在，是作用于该中心事物所有物质和力量的总和。环境因中心事物而异，随中心事物的改变而变化。它与中心事物相互呼应，又相互制约，既相互依存，又互相转化。简单地讲，与某一中心事物有关的周围事物即称该中心事物的环境。

本书所讨论的环境是人类的生存环境，是以人为中心的环境。这一环境指围绕着人的空间及其可以直接或间接影响人类生活、生产和发展的各种物质与社会因素、自然因素及其能量的总体，它包括自然环境和社会环境两方面。自然环境主要包括空气、水、野生动物、野生植物、土地、矿物、岩石、太阳辐射等，这些都是人类赖以生存的物质基础。社会环境是指人们生活的社会经济制度和上层建筑的环境条件，是人类在物质资料生产过程中共同进行生产而综合起来的生产关系的总体，它是人类精神文明和物质文明发展的重要标志，并随着人类文明的进步而不断丰富和发展，所以又称文化－社会环境。

人们对自然利用和改造的深度与广度在时间上随社会的发展而发展，在空间上随人类活动领域的扩张而扩大。当今，人类虽只居住在地球表层，但其活动领域已远远超出地球表层，不仅能深入到地球深处，而且能离开地球进入星际空间。因此，影响人们生产和生活的因素，已远远超出地球表层的范围，可以分为宇宙环境、地理环境（含聚落环境）和地质环境三个层次。

（1）宇宙环境（空间环境）：宇宙环境涉及大气层以外的全部空间，到目前为止，人类对它认识得还很不够，是有待进一步开发和利用的极其广阔的领域。

（2）地理环境：地理环境指的是由大气圈、水圈、岩石圈（含土壤圈）组成的生物圈，是人类目前活动的主要场所。当前，环境保护所指的就是保护生物圈。生物圈为人类提供大量的生活资料、生产资料及可再生资源。其中聚落环境指的是人类聚居的场所、活动的中心。按其性质、功能和规模可分为院落环境、村落环境和城市环境等。人生大部分时间是在聚落环境中度过的，聚落环境的发展，为人类提供了越来越舒适、越来越方便的工作环境和生活环境，但也往往因为聚落环境中人口密集、活动频繁而造成污染。

（3）地质环境：地质环境指的是地表以下坚硬的地壳层，可以一直延伸到地核内部。它为人类提供了丰富的矿产资源（包含不再生资源），对人类的影响随生产的发展而与日俱增，所以它在环境保护中是一个不可忽视的重要方面。《中华人民共和国环境保护法》给环境下的定义是："环境是影响人类生存和发展的各种天然的和经过人工改造的自然因素的总体，包括大气、水、海洋、土地、矿藏、森林、草原、野生生物、自然遗迹、人文遗迹、自然保护区、风景名胜区、城市和乡村等。"这是一个"大环境"的概念，既包括自然环境，也包括人工环境；既包括生活环境，也包括生态环境。马克思指出："劳动首先是人类和自然之间的过程，是人以自身的活动来引起调整和控制人和自然之间的物质变换的过程。"人和自然之间的物质交换过程称为社会再生产过程，它由自然再生产过程和经济再生产过程组成。

## 二、环境的基本类型

环境是一个非常复杂的系统，可按不同的原则进行分类。按环境的形式分类，可把环境分为自然环境和人工环境。按环境的功能分类，可把环境分为生活环境和生态环境。按环境范围的大小分类，可把环境分为居室环境、庭院环境、街区环境、城市环境、区域环境（如流域环境、行政区环境等）、全球环境等。按环境要素分类，可把环境分为大气环境、水环境（包括海洋环境、湖泊环境）、土壤环境、生态环境（如森林环境、草原环境）、地质环境等。在环境科学中，最常用的分类法是第一种，即把环境分为自然环境和人工环境。

## 三、环境的基本特性

从对人类社会生存发展作用的角度来考察，环境具有以下特性：

（1）整体性与区域性：环境的整体性是指环境的各个组成部分或要素构成一个完整的系统，故又称系统性。就是说，在不同的空间中，大气、水体、土壤、植被乃至人工生态系统等环境的组成部分之间存在着紧密的相互联系、相互制约的关系，局部地区的污染可给其他地区甚至全球带来危害。所以，人类的生存环境，从整体上看是没有地区界线和国界的。环境的区域性是指环境整体特性的区域差异，不同（面积不同或地理位置不同）区域的环境有不同的整体特性。环境的整体性与区域性使人类在不同的环境中采用不同的生存方式和发展模式，进而形成不同的文化。

（2）变动性与稳定性：环境的变动性是指在自然界和人类社会行为的共同作用下，环境的内部结构和外在状态始终处于不断地变化之中。比如，人类今天的生存环境与早期人类的生存环境就有很大差别。环境的稳定性是指环境系统具有一定的自我调节能力，即在人类社会行为的作用下，环境结构与状态所发生的变化不超过一定的限度，也就是说人类生产、生活行为对环境的影响不超过环境的净化能力时，环境可以借助自身的调节能力使这些变化逐渐消失，使其结构和状态得以恢复。环境的变动性与稳定性表明，人类的社会行为会影响环境的变化。因此，必须自觉地调控人类自己的行为，使之与环境自身的变化规律相适应、相协调，使环境向更有利于人类社会生存发展的方向变化。

（3）资源性与价值性：在人类生存的环境中，没有环境就谈不上人类社会的发展。从这个意义上来看，环境具有不可估量的价值。环境价值源于环境的资源性。人类社会生存发展都是环境不断提供物质和能量的结果。环境资源除物质性资源以外，还包括非物质性资源。比如，环境状态就是一种资源，不同的环境状态，将给人类社会的生存发展提供不同的条件。同样是海滨地区，有的环境状态有利于发展港口码头，有的则有利于发展滩涂养殖；同样是内陆地区，有的环境状态有利于发展农业，有的环境状态有利于发展旅游业，有的则有利于发展重工业等。总之，环境状态将影响人类生存方式和发展方向的选择，并为人类社会发展提供不同的条件。因此，它也是一种资源。环境是资源，但这种资源不是无限的。

（4）危害作用的时滞性：由于污染物在生态系统各类生物中的吸收、转化、迁移和积累需要时间，因此自然环境一旦被破坏或被污染，造成的后果将是潜在的、深刻的、长期的。如日本汞污染引起的水俣病，是经过多年的时间才显现出来的；我国历史上黄河流域生态环境的破坏，至今仍给炎黄子孙带来无尽的水旱灾害。

## 四、环境问题

### （一）环境问题的产生

所谓环境问题，是指作为中心事物的人类与作为周围事物的环境之间的矛盾。人类生活在环境之中，其生产和生活不可避免地会对环境产生影响。这些影响有些是积极的，对环境起着改善和美化的作用；有些是消极的，对环境起着退化和破坏的作用。另一方面，自然环境也从某些方面（例如严酷的自然灾害）限制和破坏人类的生产和生活。上述人类与环境之间相互的消极影响就构成了环境问题。

环境问题，就其范围大小而论，可从广义和狭义两个方面理解。从广义理解，就是由自然力或人力引起生态平衡的破坏，最后直接或间接影响人类的生存和发展的一切客观存在的问题。只是由于人类的生产和生活活动，使自然生态系统失去平衡，反过来影响人类生存和发展的一切问题，就是从狭义上理解的环境问题。

人类从自然环境中获得生活资源，然后又将使用过的自然物质及废弃物质还给自然环境，从而参与了自然界的物质循环和能量流动，不断影响着自然环境。过去几千年，人类在生产活动中向自然界排出废物的数量较少，大自然尚有足够的时间和容量将其分解、稀释、净化，20 世纪之前其造成的危害不大。可是，自从工业革命以来，特别是最近几十年，由于人口的迅速增长、科学技术的飞跃进步、工农业生产的迅猛发展、人类征服自然能力的空前提高，造成对环境索取大幅增加，许多资源日益减少，甚至面临耗竭，每年还有数以亿吨的各种废物排入环境，日积月累，终于超出了环境的净化能力，大自然再也无法消化吸收，于是加速了环境污染及对生态的破坏，直接或间接影响了人类的生存和发展，这些就是环境问题。当前，环境问题已成为人类面临的重大问题之一。环境问题可以理解为人类为其自身生存和发展，在利用和改造自然界的过程中，使环境产生危害人类生存和发展的负面效应。

### （二）环境问题的分类

人类环境问题按其成因不同分为两大类。原生环境问题是由种种自然因素所引起的环境问题，它是指环境中原来就存在的有害于人类和生物活动与生存的因素，如洪水、地震、火山爆发、台风、海啸、旱灾、虫灾、流行病等带来的环境问题。由于这类环境问题

4

在短时间内就会给人类造成巨大的危害，所以容易引起人们的认识和重视。人们对这类环境问题的预测、防范、治理，有赖于科学技术水平的提高。

第二类环境问题称次生环境问题，它是由种种人为因素引起的环境问题，是人们在经济再生产过程中引起的，具体表现为两方面：一是由于不合理地开发和利用资源引起的环境衰退、资源耗竭，破坏了生态平衡；二是由于工业发展，排出的废水、废气、废渣和噪声给环境带来的污染。环境问题所造成的危害多是潜在的、累积的，慢慢产生影响，所以在短时期内不大容易引起人们的足够重视。因此，必须加强对人们环境意识的教育。我国把保护环境作为三大基本国策之一，也是为了引起人们对环境的高度重视。

（三）环境问题的实质

人为的环境问题是随人类的诞生而产生的，并随着人类社会的发展而发展。从表面现象看，工农业的高速发展造成了严重的环境问题。因而在发达的资本主义国家出现了"反增长"的观点。诚然，发达的资本主义国家实行高生产、高消费的政策，过多地浪费资源、能源，应该加以控制；但是，发展中国家的环境问题，主要是由于贫困落后、发展不足和发展中缺少妥善的环境规划和正确的环境政策造成的。所以只能在发展中解决环境问题，既要保护环境，又要促进经济发展。只有处理好发展与环境的关系，才能从根本上解决环境问题。综上所述，造成环境问题的根本原因是对环境的价值认识不足，缺乏妥善的经济发展规划和环境规划。环境是人类生存发展的物质基础和制约因素，人口增长，从环境中取得食物、资源、能源的数量必然要增长。人口的增长要求工农业迅速发展，为人类提供越来越多的工农业产品，再经过人类消费过程（生活消费与生产消费），变为"废物"排入环境。而环境的承载能力和环境容量是有限的，如果人口的增长、生产的发展，不考虑环境条件的制约作用，超出了环境的容许极限，那就会导致环境的污染与破坏，造成资源的枯竭和人类健康的损害。国际国内的事实充分说明了上述论点。所以环境问题的实质是由于盲目发展、不合理开发利用资源而造成的环境质量恶化和资源浪费，甚至枯竭和破坏。

环境问题与人类的社会经济活动有关，还有一个更重要的原因，在于人们的价值取向，以往人们一直认为环境是"天赐"资源，可以无穷无尽和无偿地使用，从来不考虑环境对人类这种肆无忌惮的夺取做法会做出怎样的反应。在错误价值取向支配下，人类对资源的开发利用是掠夺式的，造成了极大的破坏和浪费，从而也引发出众多的环境问题。

**五、第一次环境浪潮**

近代工业革命使人与自然环境的关系又一次发生巨大变化。特别从 20 世纪中叶开始，随着科学技术的飞跃发展和世界经济的迅速增长，人类"征服"自然环境的足迹踏遍了全球，人成为主宰全球生态系统的至关重要的一支力量。确实，在战后短短的几十年历程中，环境问题迅速从地区性问题发展成为波及世界各国的全球性问题，从简单问题（可分类、可定量、易解决、低风险、近期可见性）发展到复杂问题（不可分类、不可量化、不易解决、高风险、长期性），出现了一系列国际社会关注的热点环境问题，如全球气候变化、臭氧层破坏、森林破坏与生物多样性减少、大气及酸雨污染、土地荒漠化、水域与海洋污染、有毒化学品污染和有害废物越境转移等，并越来越影响着一个国家和国际社会的经济、政治、技术和贸易。

当前，普遍引起全球关注的环境问题主要有：全球气候变化、酸雨污染、臭氧层耗损、有毒有害化学品和废物越境转移和扩散、生物多样性的锐减、海洋污染等。还有发展中国家普遍存在的生态环境问题，如水污染和水资源短缺、土地退化、沙漠化、水土流失、森林减少等。

20世纪30年代到50年代，世界上相继发生环境污染公害事件，50年代以后，环境问题越来越突出，震惊世界的公害事件接连不断，在五六十年代形成了第一次环境问题的浪潮。其中最严重的有八起污染事件，人们称之为"八大公害"。

（1）事件名称：马斯河谷烟雾事件。

发生时间：1930年12月1～5日。

发生地点：比利时马斯河工业区。

由于该工业区处于狭窄的河谷中，即马斯峡谷的列日镇和于伊镇之间，两侧山高约90m。许多重型工厂分布在那里，包括炼焦、炼钢、电力、玻璃、炼锌、硫酸、化肥等工厂，还有石灰窑炉。1930年12月1～5日时值隆冬，大雾笼罩了整个比利时大地。由于该工业区位于狭长的河谷地带，发生气温逆转，大雾像一层厚厚的棉被覆盖在整个工业区的上空，工厂排出的有害气体在近地层积累，无法扩散，二氧化硫的浓度也高得惊人。1930年12月3日这一天雾最大，加上工业区内人烟稠密，整个河谷地区有几千名居民生起病来。病人的症状均表现为胸痛、咳嗽、呼吸困难等。一星期内，有60多人死亡，其中以原先患有心脏病和肺病的人死亡率最高。与此同时，许多家畜也患了类似的病症，死亡的也不少。据推测，事件发生期间，大气中的二氧化硫浓度竟高达25～100mg/m³，空气中还含有有害的氟化物。专家们在事后进行分析认为，此次污染事件，几种有害气体与煤烟、粉尘同时对人体产生了毒害。

在马斯河谷烟雾事件中，地形和气候扮演了重要角色。从地形上看，该地区是一个狭窄的盆地；气候反常出现的持续逆温和大雾，使工业排放的污染物在河谷地区的大气中积累到有毒级的浓度。该地区过去有过类似的气候反常变化，但为时都很短，后果不严重。如1911年的发病情况与这次相似，但没有造成死亡。

值得注意的是，马斯河谷事件发生后的第二年即有人指出："如果这一现象在伦敦发生，伦敦公务局可能要对3200人的突然死亡负责"。这话不幸言中。22年后，伦敦果然发生了4000人死亡的严重烟雾事件。这也说明造成每次烟雾事件的某些因素是具有共同性的。

这次事件曾轰动一时，虽然日后类似这样的烟雾污染事件在世界很多地方都发生过，但马斯河谷烟雾事件却是20世纪最早记录下的大气污染惨案。

（2）事件名称：多诺拉烟雾事件。

发生时间：1948年10月26～31日。

发生地点：美国宾夕法尼亚州多诺拉镇。

多诺拉是美国宾夕法尼亚州的一个小镇，位于匹兹堡市南边30km处，居民多于1.4万人。多诺拉镇坐落在一个马蹄形河湾内侧，两边高约120m的山丘把小镇夹在山谷中。多诺拉镇是硫酸厂、钢铁厂、炼锌厂的集中地，多年来，这些工厂的烟囱不断地向空中喷烟吐雾，以致多诺拉镇的居民们对空气中的怪味都习以为常了。

1948年10月26～31日，持续的雾天使多诺拉镇看上去格外昏暗。气候潮湿寒冷，天空阴云密布，一丝风都没有，空气失去了上下的垂直移动，出现逆温现象。在这种死风状态下，工厂的烟囱却没有停止排放，就像要冲破凝住了的大气层一样，不停地喷吐着烟雾。

两天过去了，天气没有发生变化，只是大气中的烟雾越来越厚重，工厂排出的大量烟雾被封闭在山谷中。空气中散发着刺鼻的二氧化硫（$SO_2$）气味，令人作呕。空气能见度极低，除了烟囱之外，工厂都消失在烟雾中。

随之而来的是小镇中 6000 人突然发病，症状均为眼病、咽喉痛、流鼻涕、咳嗽、头痛、四肢乏倦、胸闷、呕吐、腹泻等，其中有 20 人很快死亡。死者年龄多在 65 岁以上，大都原来就患有心脏病或呼吸系统疾病，情况和当年的马斯河谷事件相似。

这次的烟雾事件发生的主要原因，是由于小镇上的工厂排放的含有二氧化硫等有毒有害物质的气体及金属微粒在气候反常的情况下聚集在山谷中积存不散，这些毒害物质附着在悬浮颗粒物上，严重污染了大气。人们在短时间内大量吸入这些有毒害的气体，可引起各种症状，以致暴病成灾。

多诺拉烟雾事件和 1930 年 12 月的比利时马斯河谷烟雾事件，及多次发生的伦敦烟雾事件、1959 年墨西哥的波萨里卡事件一样，都是由于工业排放烟雾而造成的大气污染公害事件。

大气中的污染物主要来自煤、石油等燃料的燃烧，以及汽车等交通工具在行驶中排放的有害物质。全世界每年排入大气的有害气体总量为 5.6 亿吨，其中一氧化碳（CO）2.7 亿吨，二氧化碳（$CO_2$）1.46 亿吨，碳氢化合物（CH）0.88 亿吨，二氧化氮（$NO_2$）0.53 亿吨。美国每年因大气污染死亡人数高达 5.3 万多人，其中仅纽约市就有 1 万多人。大气污染能引起各种呼吸系统疾病，由于城市燃煤煤烟的排放，城市居民肺部煤粉尘沉积程度比农村居民严重得多。

（3）事件名称：洛杉矶光化学烟雾事件。

发生时间：20 世纪 40 年代初。

发生地点：美国洛杉矶市。

洛杉矶位于美国西南海岸，西面临海，三面环山，是个阳光明媚、气候温暖、风景宜人的地方。早期金矿、石油和运河的开发，加之得天独厚的地理位置，使它很快成为了一个商业、旅游业都很发达的港口城市。

然而好景不长，从 20 世纪 40 年代初开始，人们就发现这座城市一改以往的温柔，变得"疯狂"起来。每年从夏季至早秋，只要是晴朗的日子，城市上空就会出现一种弥漫天空的浅蓝色烟雾，使整座城市上空变得浑浊不清。这种烟雾使人眼睛发红，咽喉疼痛，呼吸憋闷、头昏、头痛。1943 年以后，烟雾更加肆虐，以致远离城市 100km 以外的海拔 2000m 高山上的大片松林也因此枯死，柑橘减产。仅 1950～1951 年，美国因大气污染造成的损失就达 15 亿美元。1955 年，因呼吸系统衰竭死亡的 65 岁以上的老人多达 400 多人；1970 年，约有 75% 以上的市民患上了红眼病。这就是最早出现的新型大气污染事件——光化学烟雾污染事件。

光化学烟雾是由于汽车尾气和工业废气排放造成的，一般发生在湿度低、气温在 24～32℃的夏季晴天的中午或午后。汽车尾气中的烯烃类碳氢化合物和二氧化氮（$NO_2$）被排入大气后，在强烈的阳光紫外线照射下，会吸收太阳光所具有的能量。这些物质的分子在吸收了太阳光的能量后，会变得不稳定，使原有的化学链遭到破坏，形成新的物质。这种化学反应被称为光化学反应，其产物为含剧毒的光化学烟雾。

洛杉矶城市在 20 世纪 40 年代就拥有 250 万辆汽车，每天大约消耗 1100t 汽油，排出 1000 多吨碳氢（CH）化合物，300 多吨氮氧（$NO_x$）化合物，700 多吨一氧化碳（CO）。另外，还有炼油厂、供油站等其他石油燃烧排放，这些化合物被排放到阳光明媚的洛杉矶上空，相当于一个毒烟雾制造工厂。

洛杉矶光化学烟雾事件是 20 世纪 40 年代初期发生在美国洛杉矶市的一次烟雾事件。当时洛杉矶市是美国的第三大城市，拥有飞机制造、军工等工业。至 20 世纪 70 年代各种汽车多达 400 多万辆，市内高速公路纵横交错，占全市面积的 30%，每条公路每天通过的汽车多达 16.8 万辆次。

由于汽车漏油、排气，汽油挥发、不完全燃烧，每天向城市上空排放大量石油烃废气、一氧化碳、氮氧化物和铅烟。这些排放物，经太阳光能的作用发生光化学反应，生成过氧乙酰基硝酸酯等组成的一种浅蓝色的光化学烟雾，加之洛杉矶三面环山的地形，光化学烟雾扩散不开，停滞在城市上空，形成污染。

（4）事件名称：伦敦烟雾事件。

发生时间：1952 年 12 月 5~8 日。

发生地点：伦敦市。

1952 年 12 月 5 日开始，逆温层笼罩伦敦，城市处于高气压的中心位置，垂直和水平的空气流动均停止，连续数日空气寂静无风。当时伦敦冬季多使用燃煤采暖，市区内还分布有许多以煤为主要能源的火力发电站。由于逆温层的作用，煤炭燃烧产生的二氧化碳、一氧化碳、二氧化硫、粉尘等气体与污染物在城市上空蓄积，引发了连续数日的大雾天气。期间由于毒雾的影响，不仅大批航班取消，甚至白天汽车在公路上行驶都必须打开大灯。

当时正在伦敦举办一场牛展览会，参展的牛只首先对烟雾产生了反应，350 头牛有 52 头严重中毒，14 头奄奄一息，1 头当场死亡。不久伦敦市民也对毒雾产生了反应，许多人感到呼吸困难、眼睛刺痛，发生哮喘、咳嗽等呼吸道症状的病人明显增多，进而死亡率陡增，据史料记载在 1952 年 12 月 5 日到 12 月 8 日的 4 天里，伦敦市死亡人数高达 4000 人。根据事后统计，在发生烟雾事件的一周中，48 岁以上人群死亡率为平时的 3 倍；1 岁以下人群的死亡率为平时的 2 倍，在这一周内，伦敦市因支气管炎死亡 704 人，冠心病死亡 281 人，心脏衰竭死亡 244 人，结核病死亡 77 人，分别为前一周的 9.5、2.4、2.8 和 5.5 倍，此外肺炎、肺癌、流行性感冒等呼吸系统疾病的发病率也有显著增加。12 月 9 日后，由于天气变化，毒雾逐渐消散，但在此之后两个月内，又有近 8000 人因为烟雾事件而死于呼吸系统疾病。

此后的 1956 年、1957 年和 1962 年又连续发生了多达十二次严重的烟雾事件。直到 1965 年后，有毒烟雾才从伦敦销声匿迹。

（5）事件名称：四日市哮喘事件。

发生时间：1961 年。

发生地点：日本四日市。

1955 年以来，该市石油冶炼和工业燃油产生的废气，严重污染了城市空气。1961 年，哮喘病突然一下子在全市流行开来，1972 年，全市确认的哮喘病患者达 817 人，死亡10 人。

四日市位于日本东部海湾。1955 年这里相继兴建了十多家石油化工厂，化工厂终日排放的含 $SO_2$ 的气体和粉尘，使昔日晴朗的天空变得污浊不堪。1961 年，呼吸系统疾病开始在这一带发生，并迅速蔓延。据报道患者中慢性支气管炎占 25%，哮喘病患者占 30%，肺气肿等占 15%。1964 年这里曾经有 3 天烟雾不散，有不少哮喘病患者因此死去。1967年一些患者因不堪忍受折磨而自杀。1970 年患者达 500 多人。1972 年全市哮喘病患者 871人，死亡 11 人。据报道，事件期间四日市每年 $SO_2$ 和粉尘排放量高达 13 万吨之多，大气中 $SO_2$ 浓度超过标准的 5 ~ 6 倍，烟雾厚达 500m，其中含有害的气体和金属粉尘，它们相互作用生成硫酸等物质，是造成哮喘病的主要原因。

日本四日市哮喘事件是世界有名的公害事件之一。

（6）事件名称：水俣病事件。

发生时间：1953 ~ 1956 年。

发生地点：日本熊本县水俣湾。

水俣是日本熊本县水俣湾东边的小渔村，原本籍籍无名。1925 年，日本氮肥公司在这里建厂，后又开设了合成醋酸厂。从 1932 年开始，日本氮肥公司在氮肥生产中使用含汞催化剂；1949 年后，这个公司开始生产氯乙烯（$C_2H_3Cl$）；1956 年产量超过 6000t。与此同时，工厂把没有经过任何处理的废水排放到水俣湾中。

1956 年，水俣湾附近发现了一种奇怪的病。这种病症最初出现在猫身上，病猫步态不稳，抽搐，甚至跳海"自杀"，因此被称为"猫舞蹈症"。但是不久之后，当地发现了有人患有这些病症。患者轻者口齿不清、步履蹒跚、面部痴呆、手足麻痹、知觉出现障碍、手足变形，重者精神失常，直至死亡。由此，恐慌随即蔓延开来，然而，当地居民的这一噩梦其实才刚刚开始。

后来的研究表明，日本氮肥公司排放的废水中含有大量的汞，当汞离子在水中被鱼虾摄入体内后转化成甲基汞（$CH_3Hg$），一种主要侵犯神经系统的有毒物质。水俣湾里的鱼虾因为工业废水被污染，而这些被污染的鱼虾又被动物和人类食用。甲基汞进入人体后，会导致神经衰弱综合征，精神障碍、昏迷、瘫痪、震颤等，并可导致发生肾脏损害，重者可致急性肾功能衰竭，此外还可以致心脏、肝脏损害。据统计，有数十万人食用了水俣湾中被甲基汞污染的鱼虾。

水俣病严重危害了当地人的健康和家庭幸福，使很多人的身心受到摧残，甚至家破人亡。水俣湾的鱼虾不能再捕捞食用，当地渔民的生活失去了依赖，很多家庭陷于贫困之中。截至 2006 年，先后有 2265 人被确诊患有水俣病，其中大部分已经病故。

水俣病事件带给我们的思考远不止这些，在 1956 年确认日本氮肥公司的排污为病源之后，日本政府毫无作为，以至于该公司肆无忌惮地继续排污 12 年，直到 1968 年为止。后来，45 名受害者联合向日本最高法院起诉日本政府在水俣病事件中的无作为，并在2004 年获得胜诉。法院判决认为日本政府在 1956 年知道水俣病病因后应当立即责令污染企业停止侵害，但直到 12 年后政府才做出决定，为此，日本政府应当对未能及时做出决定而导致水俣病伤害范围扩大而承担行政责任。

日本工业在第二次世界大战后飞速发展，但由于没有环境保护措施，工业污染和各种公害病泛滥成灾。经济虽然得到发展，但环境破坏和贻害无穷的公害病使日本政府和企业付出了极其昂贵的代价。水俣病引发的诉讼旷日持久，时至今日依然没完没了。前事不忘后事之师，或许我们可以在回顾那些历史中学到点什么。

（7）事件名称：痛痛病事件。

发生时间：1955~1972年。

发生地点：日本富山县神通川流域。

痛痛病事件是世界有名的公害事件之一，1955~1972年发生在日本富山县神通川流域。横贯日本中部的富山平原有一条清水河叫神通川，两岸人民世世代代喝这条河的水长大，并用这条河的水灌溉两岸肥沃的土地，使这一带成为日本主要的粮食产地。后来三井金属矿业公司在这条河的上游设立了神冈矿业所，建成炼锌工厂，把大量污水排入神通川。

1952年，这条河里的鱼大量死亡，两岸稻田大面积死秧减产。1955年以后，在河流两岸的群马县等地出现一种怪病，患者一开始是腰、手、脚等各关节疼痛，延续几年之后，身体各部位神经痛和全身骨痛，不能行动，最后骨骼软化萎缩，自然骨折，直到在衰弱疼痛中死去。有的人因无法忍受痛苦而自杀。由于病人经常"哎唷—哎唷"地呼叫呻吟，日本人便称此病症为"哎唷—哎唷病"，即"痛痛病"。

痛病患者在1960年以前就开始出现，但直到1961年才有人查明，此病与三井金属矿业公司神冈炼锌厂的废水有关。该公司把炼锌过程中未经处理净化的含镉废水长年累月地排放到神通川中，而当地居民长期饮用受镉污染的河水并食用此水灌溉的含镉稻米，致使镉在体内蓄积而造成肾损害，进而导致骨软化症。

后来，日本痛痛病患区已远远超过神通川，而扩大到黑川、铅川、二迫川等7条河的流域。截至1968年，共确诊患者258例，其中死亡128例。

（8）事件名称：米糠油事件。

发生时间：1968年3月。

发生地点：日本九州市、爱知县一带。

1968年3月，日本的九州、四国等地区的几十万只鸡突然死亡。经调查，发现是饲料中毒，但因当时没有弄清毒物的来源，也就没有对此进行追究。然而，事情并没有就此完结，当年6~10月，有4家人因患原因不明的皮肤病到九州大学附属医院就诊，患者初期症状为痤疮样皮疹，指甲发黑，皮肤色素沉着，眼结膜充血等。此后3个月内，又确诊了112个家庭325名患者，之后在全国各地仍不断出现。1978年，确诊患者累计达1684人。

这一事件引起了日本卫生部门的重视，通过尸体解剖，在死者五脏和皮下脂肪中发现了多氯联苯，这是一种化学性质极为稳定的脂溶性化合物，可以通过食物链而富集于动物体内。多氯联苯被人畜食用后，多积蓄在肝脏等多脂肪的组织中，可损害皮肤和肝脏，引起中毒。初期症状为眼皮肿胀，手掌出汗，全身起红疹，其后症状转为肝功能下降，全身肌肉疼痛，咳嗽不止，重者发生急性肝坏死、肝昏迷等，以至死亡。

专家从病症的家族多发性了解到食用油的使用情况，怀疑与米糠油有关。经过对患者共同食用的米糠油进行追踪调查，发现九州一个食用油厂在生产米糠油时，因管理不善，操作失误，致使米糠油中混入了在脱臭工艺中使用的热载体多氯联苯，造成食物油污染。由于被污染了的米糠油中的黑油被用做了饲料，还造成数十万只家禽的死亡。这一事件的发生在当时震惊了世界。

第二次世界大战后的最初 10 年可以说是日本的经济复苏时期。在这个时期，日本对追赶欧美趋之若鹜，发展重工业、化学工业，跨入世界经济大国行列成为全体日本国民的兴奋点。然而，日本人在陶醉于日渐成为东方经济大国的同时，却没有多少人想到肆虐环境将带来的灭顶之灾。正是由于这种急功近利的态度，20 世纪初期发生的世界 8 件重大公害事件中，日本就占了 4 件，足见日本当时环境问题的严重性。

人类应该认识到自己是幸运的，因种种可遇而不可求的天佑机缘而得以在地球的怀抱中降生，并得天独厚地在地球上生存。但是如果我们不能平心静气地反省大自然给予的恩惠并珍重它，而是拘泥于杀鸡取卵地发展经济的话，总有一天，维系我们生存的地球会土崩瓦解，那时人类的去向是无法预见的。

### 六、第二次环境浪潮

第二次浪潮是在 20 世纪 80 年代初开始出现全球性的环境危机，其特征是环境污染伴随着大范围生态破坏。这时的环境问题主要有三类：一是全球性大气污染，如"温室效应"、臭氧层破坏；二是大面积生态破坏，如大面积森林被毁、草场退化、土壤侵蚀和沙漠化；三是突发性的严重污染事件迭起，如：印度博帕尔农药泄漏事件（1984 年），苏联切尔诺贝利核电站泄漏事故（1986 年），莱茵河污染事故（1986 年），1988 年 1 月，美国内河（俄亥俄州）出现的特大油泄漏事故等。在 1979 ~ 1986 年间这类突发性的严重污染事故就发生了 10 多起。这些全球性大范围的环境问题严重威胁着人类的生存和发展，国际社会都普遍对此表示不安。在这种社会背景下，1992 年里约热内卢召开了环境与发展大会，这次会议是环境保护事业发展的又一里程碑。

第二次浪潮与第一次的不同，主要表现在以下几个方面：

其一，影响范围不同。第一次浪潮主要出现在工业发达国家，是局部性、小范围的环境污染问题，如城市、河流、农田等；第二次高潮则是大范围、乃至全球性的环境污染和大面积生态破坏。这些环境问题不仅对某个国家、某个地区造成危害，而且对人类赖以生存的整个地球环境造成危害。这不但包括了经济发达国家，也包括了众多发展中国家。

其二，危害后果不同。前次浪潮人们关心的是环境污染对人体健康的影响，环境污染虽对经济造成损害，但问题还不突出。第二次浪潮事故污染范围大、危害严重，经济损失巨大。例如：印度博帕尔农药泄漏事件，受害面积达 $40km^2$，据估计，死亡人数在 0.6 万 ~ 1 万人，受害人数为 10 万 ~ 20 万人之间，其中有许多人双目失明，或终生残废。全球性的环境污染和生态破坏已威胁到全人类的生存与发展，阻碍经济的持续发展。

其三，从污染源看，第一次浪潮的污染来源尚不太复杂，较易通过污染源调查弄清产生环境问题的来龙去脉。污染也可以得到有效地控制。第二次浪潮出现的环境问题，污染源和破坏源众多，既来自发达国家，也来自发展中国家，解决这些环境问题要靠众多国家，甚至全人类的共同努力才行，这就极大地增加了解决问题的难度。

环境问题是政治、社会、经济、环境之间的协调发展问题以及资源的合理开发利用的综合性问题，是随着社会发展而发生的，是人类谋求经济增长的直接或间接结果。

从环境问题的发展历程可以看出，人为的环境问题是随着人类的诞生而产生的，并随着人类社会的发展而发展，从表面现象看工农业的高速发展造成了严重的环境问题，局部虽有所改善，但总的趋势仍在恶化。

发达的资本主义国家实行高生产、高消费的政策，过多地浪费资源、能源，应该进行控制；发展中国家的环境问题，主要是由于人口激增、供应匮乏、资金短缺、发展不足和发展中缺少妥善的环境规划和正确的环境政策造成的，只能在发展中解决环境问题，既要保护环境，又要促进经济发展。

环境问题是人与环境，亦即人与自然界的关系问题。人与环境是矛盾的两个方面，存在辩证统一的内在关系。严重的环境问题说明人与自然的矛盾出现了尖锐化的危机状态。这是人类自身不适当的活动造成的。

从伦理学观点看来，环境问题的实质是价值取向问题。环境伦理学家认为，传统伦理观是导致当代环境问题的深层根源，它主要表现为：集团利己主义、代际利己主义、人类主宰论、粗鄙的物质主义和庸俗的消费主义、科学万能论与盲目的乐观主义等等。人类面对的现实只有一个，就是既要发展，又要保护环境。我们必须认识到，"只有一个地球"，我们需要在深层意识上调整人与自然、人与人之间的关系，承认人类是自然界的普通成员，承认自然界变化发展的客观规律，从而建立起一种既符合人类持续发展的主观需要，又符合生态环境自然客观规律要求的、人与自然平等、和睦、协调、统一、相互尊重的关系。

全球环境问题涉及地球环境各个部分的相互作用以及人与自然的相互作用，是物理、化学和生物过程相互作用的结果。因此，必须从整体的、系统的观点出发，进行多学科、特别是交叉学科的综合研究，才能从本质上认识全球环境变化的机理，掌握规律，寻找对策，保护人类生存环境。

# 第二节　环境科学

## 一、环境科学的形成

环境科学是伴随着对环境问题及其解决途径的研究而形成和发展的。早在工业革命以前，已经有研究自然环境的地理学，研究地球大气的气象学，研究元素和无机化合物性质的化学，但均未触及由人改变了的环境，同时又对人起着相反作用的环境问题。因此，那时人们对环境影响的研究只停留在直观、零散的表面观察上，而环境污染的治理技术就更为少见。不过，此时对环境问题的认识已开始萌芽。在完成工业革命之后，随着工业环境污染的不断发生，开发了一些治理污染的技术，如修建下水道及安装机械除尘装置等。这个时期人们积累和扩大了对环境的感性认识，对空气及水体污染进行了较多的探讨，但作为专门的科学理论还不可能建立。大约从 20 世纪末起，自然科学开始向更为专门化的方向发展，逐渐形成一些分支学科，如从化学中分化出无机化学、有机化学、分析化学、胶体化学等，并且各个学科之间由于越来越紧密地相互渗透而产生一些介于许多学科之间的边缘学科，如物理化学、地质化学、生物化学、大气物理等，它们分别研究所触及的环境问题，并从各自角度进行探讨，为环境科学的形成积累了大量资料，但还没有综合形成完整而独立的学科体系。

20 世纪以来，科学技术发生了巨大变化，自然对人类的反作用也随之增大，从而推动许多学科去研究环境。来自各个相关学科的专家和各行业的实际工作者，分别在不同的层次上，从不同的角度去研究环境污染和生态破坏的机理、危害的程度及治理措施，使环境科学得到进一步发展。这一时期环境科学的中心内容是保护环境，治理污染。20 世纪 70 年代后期，人们认识到环境问题不仅仅是排放污染物所引起的人类健康问题，还包括自然保护、生态平衡以及维持人类生存发展的资源问题。环境问题不仅仅是个科学技术问题，还是一个复杂的社会问题。因此，当前环境科学的任务已深化为研究人类社会发展活动与环境演化规律之间相互作用的关系，调整人类的思想、观念，继而调控人类社会行为，寻找人类社会与环境的协同演化与持续发展。它以研究环境建设，寻求经济与社会、环境协调发展途径为中心，以争取人类社会与自然界的和谐为目标。自此，环境科学发展到一个新阶段，成为一门独立的学科。

## 二、环境科学的研究对象及任务

环境科学研究的主要内容包括四个方面：

（1）环境质量的基础理论。包括环境质量状况的综合评价，主要包括对污染源、环境质量和环境效应的综合评价；污染物质在环境中的迁移、转化、增大和消失的规律，揭示污染物质对大气、水体、土壤的影响机制；环境自净能力的研究，评估环境的承载能力；环境的污染破坏对生态的影响等。

（2）环境质量的控制与防治。包括改革生产工艺，加快绿色环保产业的发展；搞好综合利用，尽量减少或不产生污染物质以及净化处理技术，促进低碳产业发展；合理利用和保护自然资源，完善相应的法律法规，使资源环境保护深入人心；搞好环境区域规划和综合防治，结合不同区域的环境现状，有针对性地开展环保工作等。

（3）环境监测分析技术，环境质量预报技术。环境监测主要借助监测仪器和设备对饮用水资源、废水、噪声、空气质量、固定源废气、放射性元素等进行监测，从而产生监测数据，通过对标准数据的分析与对比，为人们和环保部门提供报告，同时要求环保管理工作者及时采取措施，更好地对环境保护产生干预性措施，使人类生活的地球变得更加和谐。环境质量预报预警对政府管理部门以及公众掌握和了解环境质量和环境污染发展趋势、应对重污染事件和开展区域环境污染联防联控都具有重要作用和意义。

（4）环境污染与人体健康的关系，特别是环境污染所引起的致癌、致畸和致突变的研究及防治。从环境科学总体上来看，它研究人类与环境之间的对立统一关系，掌握"人类－环境"系统的发展规律，调控人类与环境间的物质流、能量流的运行、转换过程，防止人类与环境关系的失调，维护生态平衡；通过系统分析，规划设计出最佳的"人类－环境"系统，并把它调节控制到最优化的运行状态。这就需要在广泛地、彻底地通晓环境变化过程的基础上维护环境的生产能力，以及合理开发利用自然资源，协调发展与环境的关系，达到以下两个目的：一是可更新资源得以永续利用，不可更新的自然资源能以最佳的方式节约利用。二是使环境质量保持在人类生存、发展所必需的水平上，并趋向逐渐改善。这种企图从总体上调控"人类－环境"系统的努力自 1970 年以来一直在进行，主要有以下几方面内容。

1）探索全球范围内自然环境演化的规律。全球性的环境包括大气圈、水圈、土壤岩石圈、生物圈，它们总是在相互作用、相互影响中不断地演化，环境变异也随时随地发生。在人类改造自然的过程中，为使环境向有利于人类的方向发展，避免向不利于人类的方向发展，就必须了解和掌握环境的变化过程，包括环境系统的基本特征、结构和组成，以及演化的机理等。

2）探索全球范围内人与环境的相互依存关系。主要是探索人与生物圈的相互依存关系。近年来生物圈这个词在国际上已被广泛使用。因为人类是生存在生物圈内的，生物圈的状况如何、是否会发生变化，是关系到人类生存与发展的大问题。因此，探索和深入认识人与生物圈的相互关系是十分重要的。首先是研究生物圈的结构和功能，以及在正常状态下生物圈对人类的保护作用、提供资源能源的作用，作为农作物及野生动植物的生长基础的作用，以及为人类提供生存空间和生存发展所必需的一切物质支持的作用等。其二是探索人类的经济活动和社会行为（生产活动、消费活动）对生物圈的影响，已经产生的和将要产生的影响，好的或坏的影响，以及生物圈结构和特征发生的变化，特别是重大的不良变化及其原因分析。如：大面积的酸雨、温室效应、全球性气候变暖、臭氧层破坏，以及大面积生态破坏等。其三是研究生物圈发生不良变化后，对人类的生存和发展已经造成和将要造成的不良影响，以及应采取的对策措施。

3）协调人类的生产、消费活动同生态要求之间的关系。在上述两项探索研究的基础上，需要进一步研究协调人类活动与环境的关系，促进"人类－环境"系统协调稳定的发展。在生产、消费活动与环境组成的系统中，尽管物质、能量的迁移转化过程异常复杂，但在物质、能量的输入和输出之间总量是守恒的，最终应保持平衡。生产与消费的增长，意味着取自环境资源、能源和排向环境的"废物"相应地增加。环境资源是丰富的，环境容量是巨大的，但在一定的时空条件下环境承载力是有限的。盲目地发展生产和消费势必导致资源的枯竭和破坏，造成环境的污染和破坏，削弱人类的生存基础，损害环境质量和生活质量。因此，必须把发展经济和保护环境作为两个不可偏废的目标纳入综合经济活动决策中。在"人类环境"系统中人是矛盾的主要方面，必须主动调整人类的经济活动和社会行为（生产、消费活动的规模和方式），选择正确的发展战略，以求得人类与环境的协调发展。环境与发展问题已成为当前世界各国关注的焦点，协调发展论、持续发展的理论，从总体上协调人与环境的关系，已成为环境学研究的重大课题。

4）探索区域污染综合防治的途径。运用工程技术及管理措施（法律、经济、教育及行政手段），从区域环境的整体上调节控制"人类环境"系统，利用系统分析及系统工程的方法，寻求解决区域环境问题的最优方案。主要内容包括综合分析自然生态系统的状况、调节能力，以及人类对自然生态系统的改造和所采取的技术措施；综合考虑各经济部门之间的联系，探索物质、能量在其间的流动过程和规律，寻求合理的结构和布局，寻求对资源的最佳利用方案；以生态理论为指导研究制定区域（或国家）的环境经济规划和环境保护规划。

### 三、环境科学的学科分支

环境科学是基于自然科学、社会科学、经济科学和技术科学发展起来的一门综合性很强的新兴学科，已逐步形成多学科相互交叉渗透的庞大学科体系。但与前对其学科体系的划分尚有不同看法。根据以揭示环境规律为主线（包括环境基本规律及其分别与自然规律、社会规律、经济规律、技术规律的联合作用），构建环境科学的学科体系的思路，可以将环境科学的学科结构概括为"1+4+×"。"1"指环境学，"4"指环境自然科学、环境社会科学、环境经济科学和环境技术科学，"×"指建立在"1+4"基础上的环境规划学等以及正在发展中的环境科学分支学科。

（一）环境自然科学

环境自然科学是用自然科学的原理和方法研究环境问题，是自然科学和环境科学相互渗透形成的交叉学科，主要研究在人类活动作用下自然环境和人工环境中的演化规律，以及环境演化对人体的生理影响和毒理效应等，为环境技术提供理论和方法基础。按照自然科学的学科体系，可以将环境自然科学分为环境地学、环境化学、环境物理学、环境生物学、环境生态学、环境医学等。

环境地学以"人－地"系统为对象，研究它的发生和发展、组成和结构、调节和控制、改造和利用。主要研究内容有：地理环境和地质环境的组成、结构、性质和演化，环境质量调查、评价和预测，以及环境质量变化对人类的影响等。

环境化学的主要任务是鉴定和测量化学污染物在环境中的含量，研究它们的存在形态和迁移、转化规律，探讨污染物的回归利用和分解成为无害的简单化合物的机理。

环境物理学研究的是物理环境和人类之间的相互作用，主要研究声、光、热、电、磁场和射线对人类的影响，以及消除其不良影响的技术途径和措施。

环境生物学研究的是生物与受人类干预的环境之间的相互作用的机理和规律。它以生态系统为研究核心，朝两个方向发展：从宏观上研究环境中污染物在生态系统中的迁移、转化、富集和归宿，以及对生态系统结构和功能的影响；从微观上研究污染物对生物的毒理作用和遗传变异影响的机理和规律。

环境生态学是研究人为干扰下，生态系统内在的变化机理、规律和对人类的反应，寻找受损生态系统恢复、重建和保护对策的科学。即运用生态学理论，阐明人与环境之间的相互作用及解决环境问题的生态途径。

环境医学研究的是环境与人群健康的关系，特别是研究环境污染对人群健康的有害影响及其预防措施，内容包括探索污染物在人体内的动态和作用机理，查明环境致病因素和致病条件，阐明污染物对健康损害的早期危害和潜在的远期效应，以便为制定环境卫生标准和预防措施提供科学依据。

（二）环境社会科学

环境社会科学的研究对象是社会规律和环境规律联合作用的领域，它是社会科学和环境科学相互渗透形成的交叉学科，主要是运用社会科学的研究方法。研究人与环境之间的关系以及人类环境行为的调控等。

环境伦理学从伦理和哲学的角度研究人类与环境的关系，是人类对待环境的思维和行为的准绳。

环境法学研究关于保护自然资源和防治环境污染的立法体系、法律制度和法律措施，目的在于调整因保护环境而产生的社会关系。

环境管理学研究采用行政的、法律的、经济的、教育的和科学技术的各种手段调整社会经济发展同环境保护之间的关系，处理国民经济各部门、各社会集团和个人有关环境问题的相互关系，通过全面规划和合理利用自然资源，达到保护环境和促进经济发展的目的。

环境教育学是以跨学科培训为特征，唤起受教育者的环境意识。理解人类与环境的相互关系，提高解决环境问题的技能，树立正确的环境价值观和态度的一门教育科学。

环境心理学是研究从心理学角度保持符合人们心愿的环境的一门科学。

环境美学研究审美立体、环境意识、环境道德以及技术美的设计，从而达到美感、审美享受的要求，使社会物质不断发展。

### （三）环境经济学

环境经济科学的研究对象是经济规律与环境规律的联合作用领域，它是经济科学和环境科学相互渗透形成的交叉学科，主要是利用经济学和环境学的原理，研究经济和环境之间的相互作用，探索将环境资源纳入主流经济轨道的理论与途径。研究内容包括环境资源的市场配置、环境消费与环境生产、外部性的内在化、经济发展与环境生产力、国际贸易与环境全球化、经济与环境的宏观调控以及可持续发展经济等。

### （四）环境技术学

环境技术学的研究对象是技术规律和环境规律的联合作用领域，是技术科学与环境科学相互渗透形成的交叉学科，主要研究环境规律作用下的技术创新，主要包括环境工程学、环境监测学等。

环境工程学指运用有关工程技术学科的原理和方法来防治环境污染与破坏，合理利用自然资源，保护和改善环境质量，主要研究内容有大气污染防治工程、水污染防治工程、固体废物的处理和利用、噪声污染控制及环境系统工程等。

环境监测学主要是对环境中的污染物以及人体中污染物进行监测，包括监测方案的制订、监测的质量控制、样品的采集、实验室样品的理化分析、数据初步整理等内容。

### 参 考 文 献

［1］樊芷芸．环境学概论［M］．第二版．北京：中国纺织出版社，2004.
［2］陈英旭．环境学［M］．北京：中国环境科学出版社，2001.

> 课后思考与习题

1. 环境的基本类型。
2. 环境的基本特征。
3. 环境科学的形成过程。
4. 环境科学研究的主要内容。
5. 对比两次环境浪潮，并说明其共同点和不同点。
6. 环境科学的学科分支包含几类。

# 第二章　生态学基础及其在环境中的作用

生态学是研究生命系统在一定的环境条件下，如何表现生命的形态和功能的，也就是研究生物（动物、植物、微生物）与其赖以生存的环境之间相互关系的科学。

## 第一节　生态系统

生态系统是英国植物群落学家坦斯莱（A. G. Tansley）在 20 世纪 30 年代首先提出来的，以后逐渐成为生态学研究的中心。

### 一、基本概念

#### （一）生物圈

生物圈是地球上有生命活动的领域及其居住的环境的整体，包括大气圈的下层，岩石圈的上层，整个水圈和土圈。

生物圈是地球在长期的演化过程中形成的。在地球表面，大气、水、土壤、岩石分别形成各自的系统，分别形成了大气圈、水圈、土壤圈、岩石圈等。在地球表面，大气圈、水圈、土壤圈、岩石圈互相渗透，互相作用，形成了水中有气、气中有水、土中有水有气的环境，这种环境适宜生物生存。随着地球的进化，在地球表面这几个无生命的物理圈中，出现了生物，构成一个生物圈。生物在地表面的活动范围上至包括地球表面以上 23km 的高空（大气圈），下至 12km 的深处（太平洋最深的海槽，属于水圈）。在地球表面上、下 100m 左右的范围是生物最集中、最活跃的地方。

在大气、水和土壤岩石圈之间通过气流、辐射、蒸发和降水等作用，经常不断地进行能量交换和物质循环，使生物圈在不同的层次之间具有一定限度的相互补偿调节机能，因而保持了生物圈的动态平衡。在生物圈漫长的演化过程中，逐步形成了今天的多种物质的循环和能量流动。

#### （二）生态系统

一个生物物种在一定范围内所有个体的总和在生态学中称为种群（population）；在一定的自然区域中所有不同种群的生物总和则称为群落（community），任何一个生物群落与其周围非生物环境的综合体就是生态系统（ecosystem）。按照现代生态学的观点，生态系统就是生命系统和环境系统在特定空间的组合。

在生态系统中，生物的生存与周围的环境有着密切的关系。生物从环境中取得生活必需的能量和物质，自身生长，合成有机物，同时不断通过代谢作用排出物质归还到环境中去。如植物利用光合作用在阳光的作用下，把 $CO_2$、水和无机营养物质合成为有机物质，植物自身生长壮大，同时为草食动物提供食物。草食动物又成为肉食动物的食物来源。这些动植物的残体和排泄物又可以使土壤微生物得到生命活动所需要的物质和能量。植物通过光合作用可以放出氧气，动植物和微生物的呼吸作用又产生 $CO_2$、水和无机营养物质，这些气体和营养物质又回归到环境。因此，生物与生物、生物与环境、环境中各因素有着密不可分的关系，它们互相影响、互相制约，关系密切，而且不断地进行着物质的循环和能量的流动，构成一个有机整体，这就是生态系统。

池塘、河流、草原和森林等都是典型的生态系统例子。如森林就是一个具有统一功能的综合体。在森林中，有乔木、灌木、草本植物、地被植物，还有多种多样的动物和微生物，加上阳光、空气、水等各种非生物环境。植物通过光合作用生产有机物，为动物提供食物，微生物分解动植物残体和排泄物，植物、动物、微生物和环境之间相互作用，相互影响，不断进行着物质的循环和能量的流动，形成一个有机整体，这就是森林生态系统。

目前人类所生活的生物圈内有无数大小不同的生态系统。在一个复杂的大生态系统中又包含无数个小的生态系统。例如，大的生态系统可以将整个生物圈认为是一个生态系统，或者整个海洋或整个大陆为一个生态系统，小的生态系统可以是一个池塘，甚至是一个金鱼缸。无数小的生态系统构成大的生态系统，最大的生态系统就是生物圈。

1. 生态系统的组成

地球上的任何一个生态系统都是由生物环境和非生物环境组成的。生物环境又可分为生产者、消费者和分解者三个部分。

A　生物环境

（1）生产者。生产者指全部绿色植物或某些能进行光合作用的细菌，又称自养者（autotrophs）。

绿色植物通过光合作用把 $CO_2$、$H_2O$、$O_2$ 和无机盐类转化成有机物质，把太阳能以化学能的形式固定在有机物质中。这些有机物是生态系统其他生物维持生命活动的食物来源和能量来源。因此绿色植物是整个生态系统的物质生产者。

此外，光能合成细菌和化学能合成细菌也能把无机物合成为有机物。如硝化细菌能将 $NH_3$ 氧化为 $HNO_2$ 和 $HNO_3$，并利用氧化过程中释放的能量，把 $CO_2$、$H_2O$ 合成为有机物。这类细菌虽然合成的有机物质不多，但它们对某些营养物质的循环却具有重要意义。

生产者利用太阳能把无机物质转化为有机物，把太阳能转化为化学能，不仅供自身生长发育的需要，也是其他生物类群和人类物质和能量的供应者，因此生产者是生态系统中营养结构的基础，决定生态系统中生产力的高低；是生态系统中最重要的组成部分。

（2）消费者。消费者指直接或间接利用植物所制造的有机物质作为食物和能量来源的异养生物。消费者主要是各种动物，也包括某些腐生和寄生的菌类。

消费者根据食性不同和取食的先后不同可进一步划分为草食动物、肉食动物、寄生动物和腐食动物。

1）草食动物也称一级消费者，它们以植物的叶、枝、果实、种子为食物，如牛、羊、兔、鹿、蝗虫和许多鱼类等。在生态系统中，绿色植物所制造的有机物质首先作为这类动物的食物，所以草食动物称为一级消费者或初级消费者。

2）肉食动物，它们以草食动物或其他弱小动物为食，包括二级消费者和三级消费者。一级消费者、二级消费者和三级消费者之间没有严格的界限，许多杂食性动物，既是一级消费者，又是二级消费者或三级消费者。因而构成复杂的食物链和食物网。

3）寄生生物，寄生于其他动植物体上，靠吸取宿主营养为生。

4）腐食动物，以腐烂的动植物残体为食。

（3）分解者。分解者主要是指各种微生物，也包括某些以有机碎屑为食物的动物（如蚯蚓）和腐食动物，又叫做还原者。它们以动植物的残体和排泄物中的有机物质作为维持生命活动的食物来源，并把复杂的有机物质分解为简单的无机营养物质归还环境，供生产者再度吸收利用，从而构成生态系统中营养物质的循环和能量的流动。

B　非生物环境

非生物环境是生态系统中生物赖以生存的物质和能量的源泉及活动的场所，可分为：原料部分，主要是阳光、$CO_2$、$H_2O$、$O_2$、无机盐及非生命的有机物质；媒质部分，指水、土壤、空气等；基质，指岩石、砂、泥等。

大多数生态系统由上述几大部分组成，而其中非生物环境和生物环境中的生产者与分解者是必不可少的。

生态系统是一个具有特定功能的有机整体，由生物群落、无机环境组成，生物群落又包括生产者、消费者、分解者；无机环境包括媒质、基质和代谢原料。其关系如图 2-1 所示。

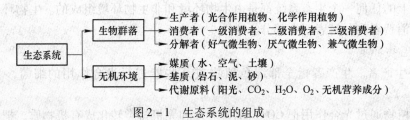

图 2-1　生态系统的组成

2. 生态系统的类型

地球上的生态系统多种多样，目前还没有统一的分类标准，一般可以从以下几个角度划分：

（1）按生态环境划分：

按生态环境可分为陆地生态系统和水生生态系统。

1）陆地生态系统包括整个陆地上的各类生物群落。根据地球纬度及水、温度等环境条件，按植被的优势类型可分为森林生态系统、草原生态系统、荒漠生态系统、冻原生态系统（又称苔原生态系统）。森林生态系统又可分为热带林、亚热带林、温带林、寒带林等生态系统，以下还可再分。对其他生态系统，同样也可以再划分成次级生态系统。

2）水生生态系统包括海洋和陆地上的江、河、湖、沼等水域，其面积占地球表面的 70% 以上。水生生态系统又可分为海洋生态系统和淡水生态系统。淡水生态系统又可再分为流水生态系统（包括河流、小溪等）和静水生态系统（包括湖泊、水库、池塘等）。

（2）按人类对系统影响来划分：

按人类对系统影响可分为自然生态系统、人工生态系统和半自然生态系统。

1）自然生态系统是没有受到人类干扰的生态系统，如原始森林生态系统、海洋生态系统、未放牧的草原生态系统等。

2）半自然生态系统是自然生态系统受到人类的干扰，如放牧的草原、人工养护的森林、养殖用的池塘、农田、水库等。

3）人工生态系统是指被人类充分加工和改造了的自然生态系统，如城市、矿区、工厂、人类居住区、文化游览区、潜艇、航天器密封舱等生态系统。

3. 生态系统中的食物链

生态系统中，由食物关系把多种生物连接起来，一种生物以另一种生物为食，第三种生物又以第二种生物为食。相互形成一种食与被食的链锁关系，称为食物链。

按照生物间的相互关系，一般把食物链分成四类：

（1）捕食性食物链（predatory food chain），这种食物链又称放牧式的食物链（grazing food chain），是以植物为基础，构成形式是：植物→小动物→大动物，后者可以捕食前者。如在草原上，青草→野兔→狐狸→野狼；在湖泊中，藻类→甲壳类→小鱼→大鱼。

（2）碎食性食物链（detritus food chain），这种食物链以碎食物为基础，所谓碎食物是由高等植物叶子的碎片经细菌和真菌的作用，再加入微小的藻类构成。这种食物链的构成形式是：碎食物→碎食物消费者→小肉食动物→大肉食动物。如在某些湖泊或沿海，其形式为：树叶碎片及小的藻类→虾（蟹）→鱼→食鱼的鸟类。

（3）寄生性食物链（parasite food chain），这种食物链是以大动物为基础，由小动物寄生到大动物身上构成的。如：哺乳类或鸟类→跳蚤→原生动物→细菌→过滤性病毒。

（4）腐生性食物链（sprophagous food chain），这种食物链是以腐烂的动植物尸体为基础：这种腐烂的动植物尸体被土壤或水中的微生物分解利用，构成了腐生性食物链。

在一个生态系统中，食物关系是复杂的，各种食物链相互交错，形成了食物网。食物网是生态系统中普遍而又复杂的现象，从本质上反映了生物之间的捕食关系，能量流动、物质循环，正是通过食物网进行的。

## 二、生态系统的功能

生态系统中的能量流动、物质循环和信息联系构成了生态系统的基本功能。

（一）能量流动

生态系统中全部生命活动的能量均来自太阳，植物通过光合作用将太阳能量转化为生物能。在生态系统中，能量通过食物链营养级逐级向前流动。

能量流动时遵循 1/10 定律，即：

在生态系统中，能量流动时，有一部分能量要被生物的呼吸作用消耗掉，以热量的形式散发。每一营养级比前一营养级物质和能量降低规律遵循 1/10 规则，即每一营养级为前一营养级物质和能量的 1/10。

（二）物质循环

在生态系统中，生物为了生存不仅需要能量，也需要物质。因为物质既是化学能量的载体，又是有机体维持生命活动进行的生物化学过程的结构基础。如果没有物质作为能量的载体，能量就会自由散失，不能沿着食物链转移；如果没有物质满足有机体生长发育的需要，生命就会停止。

生命有机体维持生命必需的化学元素有 40 多种，其中氧、碳、氢、氮被称为基本元素，占全部原生质的 97% 以上，是生物大量需要的；钙、镁、磷、钾、钠等被称为大量营养元素，生物需要量相对较多；铜、锌、硼、锰、钼、钴、铁等被称为微量营养元素，在生命过程中需要量虽然很少，但却是不可缺少的。所有这些化学元素，不论生物体需要量是多是少，都是保证生命活动正常进行所必需的，是同样重要、不可代替的。生物从大气圈、水圈、土壤岩石圈中获得这些营养物质，而这些营养物质在生态系统中都是沿着周围环境→生物体→周围环境这样的途径反复运动的。这种循环过程又称生物地球化学循环，简称生物地化循环。

在生态系统中，各种化学元素在生物与非生物成分之间的转移构成了物质循环。

物质循环是指生态系统中构成生命体的各种物质以及一些非生命体构成的必要物质的传递和转化的动态过程。物质循环与能量流动不同，能量流是单向流动，而物质流则构成一个循环的通道。

水、碳、氮是组成有机体的主要成分，因此，在生态系统中，重要的物质循环有水的循环、碳的循环和氮的循环。

## 1. 水的循环

水是生命的基础。地面水体是人们从事生产和生活必不可少的。任何一个生态系统都离不开水，同时水循环为生态系统中物质和能量的交换提供了基础。此外，水还能调节气候、清洗大气和净化环境。

水依靠太阳能而形成循环。海洋、湖泊、河流和地表不断蒸发，形成水蒸气，进入大气、植物吸收到体内的大部分水分，通过叶表面的蒸腾作用，进入大气。在大气中水蒸气遇冷形成雨、雪、冰雹，通过降水重新返回地面，一部分直接落到海洋、河流、湖泊等水域中，一部分落到陆地表面。海洋和陆地蒸发及降水量不一致，导致了陆地的河川径流。落到陆地上的水比在陆地蒸发的水量要多，这样一来，落到陆地上的水除蒸发的水量以外，有一部分渗入地下，形成了地下水，再供植物根系吸收；一部分在地表形成径流，流入海洋、河流、湖泊，这就构成了水的循环，见图2-2。

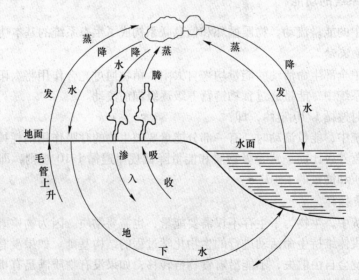

海洋蒸发：453000km³/a；　海洋降水：412000km³/a；
陆地蒸发：72000km³/a；　　陆地降水：113000km³/a；
全球蒸发：525000km³/a；　　全球降水：525000km³/a

图2-2　水循环示意图

## 2. 碳的循环

碳也是构成生物有机体的主要元素。碳主要以碳氢化合物的形式存在于生物有机体内，以二氧化碳的形式贮存在大气中，以碳酸盐的形式存在于岩石中。在生物有机体中，碳是构成生物体的主要元素，约占生物物质总量的25%。在地球表面碳的蕴藏量约为 $2 \times 10^7$ 亿吨，在大气中的 $CO_2$ 约为7000亿吨。

碳的循环有气体式和沉积式两种途径，见图2-3。

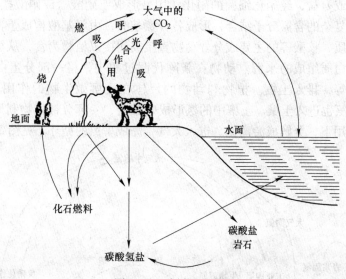

图2-3 碳循环示意图

气体式循环途径主要是生物对 $CO_2$ 的吸收。碳的循环主要是从 $CO_2$ 到生物有机体。植物通过光合作用吸收大气中的二氧化碳制成糖类等有机物而释放氧气，而有机体供动物利用，每年被吸收的 $CO_2$ 量约有200亿~300亿吨。同时植物和动物又通过呼吸作用吸入氧气而放出二氧化碳。有机体死亡后经微生物分解破坏，把蛋白质、脂肪和碳水化食物分解成二氧化碳、水和其他无机盐类，二氧化碳重新返回大气。

沉积式循环途径主要是矿物质的转化。矿物燃料如煤、石油等也是地质史上生物遗体长期埋藏在地层中形成的，燃烧时消耗氧气放出二氧化碳，另外海洋中的碳酸盐沉积在海底，形成新的岩石，使一部分碳较长时间贮藏在地层中。最后，空气中的二氧化碳通过降水等形式被水吸收，最终溶入海洋，转变为碳酸盐沉积在海底，此种途径大约每年有1000亿吨 $CO_2$ 进入海洋。

由于人类不断从地层中把大量化石燃料开采出来进行燃烧，使大气中的 $CO_2$ 浓度有了显著增加。$CO_2$ 浓度增加后，一种可能是大量吸收地面辐射的红外线，形成"温室效应"，使地球温度升高。大气中的 $CO_2$ 浓度增加10%，气温将升高0.3℃。一种可能是大气中 $CO_2$ 浓度的增加，会增加大气的混浊度，太阳的辐射能会有部分被反射回去，反射量增加1%，地面平均气温将下降1.7℃。实际上，大气中 $CO_2$ 浓度的增加，对地球生态环境的影响是综合性的，针对这个问题我们应该全面、深入地进行研究。

3. 氮的循环

氮存在于生物体、大气和矿物质中。在大气中氮占79%，但氮是一种惰性气体，不能直接被大多数生物利用。大气中的氮进入生物有机体主要有四种途径：一是生物固氮，豆科植物和其他少数高等植物能通过根瘤菌固定大气中的氮，供给植物吸收利用，某些固氮蓝绿藻和固氮细菌也可以固定大气中的氮，使氮进入有机界；第二个途径是工业固氮，是人为地通过工业手段，将大气中的氮合成氨或氨盐，即合成氮肥，供植物利用；第三个途径是岩浆固氮，火山爆发时，喷出的岩浆可以固定部分氮；第四个途径是大气固氮，雷雨天气发生的闪电现象，通过电离作用，可使大气中的氮氧化成硝酸盐，经雨水淋洗带进土壤。土壤中的氨或氨盐，经硝化细菌的硝化作用，形成亚硝酸盐或硝酸盐，被植物吸收，在植物体内再与复杂的含氮分子结合，形成各种氨基酸，由氨基酸构成蛋白质。所以，氮是生物体内蛋白质、核酸等的主要成分。动物直接或间接以植物为食，从植物中摄取蛋白质，作为自己蛋白质组成的来源。动物在新陈代谢过程中，将一部分蛋白质分解，生成氨、尿素、尿酸等，排入土壤。植物和动物的尸体在土壤微生物的作用下，分解成氨、$CO_2$ 和水，这些氨也进入土壤。土壤中的氨形成硝酸盐，一部分被植物利用，另一部分在反硝化细菌的作用下，分解成游离氮，进入大气，完成了氮的循环。见图 2-4。

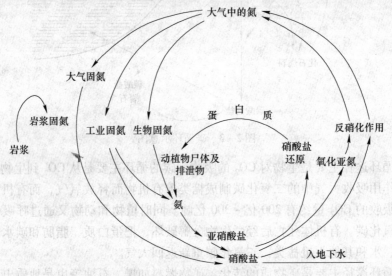

图 2-4 氮循环示意图

在整个氮的循环中，生物固定的氮每年为 $5.4 \times 10^7$ t，大气固定的氮每年为 $7.6 \times 10^6$ t，岩浆源加入的氮每年为 $2 \times 10^5$ t，工业固定的氮每年为 $3 \times 10^7$ t，合计为 $9.18 \times 10^7$ t。被固定下来的氮，经反硝化作用生成游离氨又返回大气中去，陆地氮每年有 $4.3 \times 10^7$ t，海洋氮每年有 $4 \times 10^7$ t，沉积的氮每年有 $2 \times 10^6$ t，合计为 $8.5 \times 10^7$ t。每年固定的氮比返回大气的氮多 680 万吨。这 680 万吨的氮分布在土壤、地下水、河流、湖泊和海洋中。目前世界各地水体中出现的富营养化现象，可能与此有关，必须认真研究。因氮作用长期超过反硝化作用，其结果如何是值得重视的。

（三）信息联系

在生态系统中的各组成部分之间及各组成部分内部，存在着各种形式的信息，这些信息把生态系统联系成为一个统一的整体。生态系统中的信息形式主要有物理信息、化学信息、营养信息和行为信息。

（1）物理信息。鸟鸣、兽吼、颜色、光等构成了生态系统的物理信息，传递惊慌、安全、恫吓、警告、有无食物等各种信息。大雁迁飞时，中途停歇，总会留有一名哨兵担任警戒，一旦哨兵发现敌情，即会发出一种特殊的鸣声，向同伴传达敌人来袭的信息，雁群立即起飞。昆虫可以根据花的颜色判断食物——花蜜的有无。鱼在水中长期适应了光作为食物的信息

（2）化学信息。生物在特定的条件下或在某个生长发育阶段，分泌出某些特殊的化学物质，在生物的个体或种群之间传递着某种信息，这就是化学信息。化学信息对集群活动的整体性维持具有重要的作用。蚂蚁可能通过自己的分泌物留下化学痕迹，以便后者跟随。猫、狗等可通过排尿标记自己的行踪及活动区域。

（3）营养信息。通过营养交换的形式，把信息从一个种群传递到另一个种群，或从一个个体传递到另一个个体。食物链即是一个营养信息系统。以草本植物、鹌鹑、老鼠和猫头鹰组成的食物链为例，可表示为如图2-5所示的形式。

图2-5　营养信息示意图

当鹌鹑数量较多时，猫头鹰大量捕食鹌鹑，老鼠很少被捕食；当鹌鹑较少时，猫头鹰转而大量捕食老鼠，这样，通过猫头鹰对老鼠捕食的轻重，向老鼠传递了鹌鹑多少的信息。

（4）行为信息。有些动物可以通过自己的各种行为向同伴发出识别、威吓、求偶和挑战等信息。燕子在求偶时，雄燕会围绕着雌燕在空中做出特殊的飞行姿势。丹顶鹤在求偶时，雌雄丹顶鹤双双起舞。

生态系统的生物成分和非生物成分之间，通过能量流动、物质循环和信息传递而联结，形成一个相互依赖、相互制约、环环相扣、相生相克的网络状复杂关系的统一体。生物在能量流、物质流和信息流的各个环节上都起着重要的作用，无论哪个环节出了问题，都会发生连锁反应，致使能量流、物质流和信息流受阻或中断，破坏了生态系统的稳定性。

# 第二节　生态平衡与破坏

## 一、生态平衡

### （一）定义

在任何一个正常的生态系统中，能量流动和物质循环总是不断地进行着，但在一定时间内，生产者、消费者和分解者之间都保持着相对稳定和平衡，这种平衡称为生态平衡。在自然生态系统中，平衡还表现为生物的种类和数量的相对稳定。

### （二）平衡的生态系统的特点

平衡生态系统具有的特点是：

（1）平衡是动态的、发展的。生态平衡是动态的平衡，不是静止的平衡。系统内部因素和外界因素的变化，尤其是人为的因素，都可能对系统产生影响，引起系统的改变，甚至破坏系统的平衡，所以，平衡是暂时的、相对的，不平衡是永久的、绝对的。

在生态系统中能量和物质的输入、输出是相对平衡的，但这种平衡并不是一成不变的，随着时间、条件的变化，能量和物质输入、输出量会发生改变，在新的水平上达到新的平衡，因此，生态平衡又是发展的。

（2）具有很强的自控能力。生态系统作为具有耗散结构的开放系统，在系统内通过一系列的反馈作用，对外界的干扰进行内部结构与功能的调节，以保持系统的稳定与平衡的能力，称为生态系统的自我调节能力。

生态系统之所以能保持动态平衡，主要是由于其内部具有自动调节的能力。对污染物质来说，也就是环境的自净能力。当系统的某一部分出现了机能的异常，就可能被不同部分的调节所抵消。生态系统的生物种类愈多，组成成分愈复杂，其能量流动和物质循环的途径就愈复杂，营养物质储备就愈多，其调节能力也愈强。相反，成分越单调，结构越简单，其调节能力越小。

但是，一个生态系统的调节能力再强，也是有一定限度的，超出了这个限度，调节就不能起作用，生态平衡就会遭受破坏。即使最复杂的生态系统，其自我调节的能力也是有限的。如森林生态系统应该有合理的采伐量，一旦采伐量超过生长量，必然引起森林的衰退；草原应有合理的载畜量，超过这个最大适宜载畜量，草原就会退化；工业的"三废"应有合理的排放标准，排放量不能超过环境的容量，否则就会造成环境污染，危害人类健康。

（3）具有抗灾害、自净化的能力。生态系统的自我调节能力对于一般的自然灾害及污染物具有相当的抵抗作用。只要其灾害和污染物未超过生态系统的容量，对生态系统都不会造成破坏。如排放到水环境中的污水，在分解者——微生物的作用下，会分解为水、$CO_2$ 及一些无害的无机物质，从而使污水得到净化。

### 二、生态平衡的破坏

生态平衡是靠一系列反馈机制维持的。物质循环与能量流动中的任何变化，都会对系统发出信号，导致系统向进化或退化的方向变化。但变化的结果又反过来影响信号本身，使信号减弱，最终使原有平衡得以维持。如某一森林生态系统中食叶昆虫（如松毛虫）数量增多（信号），林木因此受到危害。这种信号传递给食虫鸟类（如灰喜鹊），促使其大量繁殖，捕食食叶昆虫，使昆虫数量得到控制，于是森林生态系统的生态平衡逐渐得到恢复。而且，生态系统结构越复杂，物种越多，食物链和食物网的结构也越复杂多样，能量流动和物质循环就可以通过多渠道进行，有些渠道之间可以起相互补偿的作用。但是，这种调节作用是有一定限度的，超过这个限度，就会引起生态失调，乃至生态平衡的破坏。

（一）破坏作用

生态平衡破坏的作用主要有人为作用和自然作用。自然作用如火山、地震、海啸、森林大火、台风、泥石流和水旱灾害等，常常在短时间内使生态平衡遭受破坏或毁灭。受破坏的生态系统在一定时期内有可能自然恢复或更新，人为作用包括人类有意识"改造自然"的行动和无意识造成对生态系统的破坏，如砍伐森林、疏干沼泽、围湖围海（垦殖）和环境污染等。这些人为作用都能破坏生态系统的结构与功能，打破生态平衡，直接或间接地危害人类自身。

（二）生态平衡破坏

生态平衡破坏包括以下几方面：

（1）物种的改变。人类在改造自然的过程中，往往为了一时的利益，采取一些短期行为，使生态系统中某一物种消失或盲目向某一地区引进某一生物，结果造成整个生态系统的破坏。如澳大利亚本没有兔子，后来从欧洲引进了这种动物，由于没有天敌，致使兔子大量繁殖，在很短的时间就遍布田野，严重破坏了草原和植被，田野一片光秃，土壤遭雨水侵蚀，再也不能放牧牛羊，使生态环境遭受严重破坏。

在生产生活中，乱捕滥伐，改林为耕，势必造成某些物种的急剧减少，甚至灭绝，从而导致整个生态系统平衡的破坏。

（2）环境因素的改变。随着工农业生产的发展，致使大量污染物进入环境。这些污染物一方面会毒害某些种群，导致食物链断裂，破坏系统内部的物质循环和能量流动，使生态系统的功能减弱；另一方面则会改变生态系统的环境因素。空气污染、水污染、热污染、富营养化等因素的改变，都可能会改变生产者、消费者和分解者的数量和种类，从而破坏生态系统的平衡。

（3）信息系统的破坏。信息传递是生态系统的基本功能之一。信息通道堵塞，传递受阻，就会引起生态系统的改变，破坏生态系统的平衡。生物都有释放某种信息的本能，如果某种污染物与生物发出的信息相同或发生反应，就会影响生物的信息传递，从而破坏系统结构和生态平衡。

### 三、人类对生物的影响

人类对生物的影响主要体现在以下几方面：

（1）森林缩小、牧场退化。森林是地球陆地生态系统中最复杂的生态系统之一，草原也是植物资源的另一个重要部分。它不仅可以为人类提供大量的木材和各种林副产品，而且可以吸收大量的二氧化碳，放出大量的氧气，同时还具有净化空气、涵养水源、保持水土、防风固沙、美化环境、调节气候等多方面的功能。

由于火灾、虫灾、洪水及人类的乱砍滥伐、毁林开荒、过度放牧等原因，目前森林正日益减少、草原严重退化，致使沙漠扩大，水土流失，生态环境恶化，给人类环境造成了极为严重的后果。

（2）水土流失及土地沙漠化。由于人类不适当的放牧、砍伐及工矿企业、交通等一些大型工程建设中不注意水土保持，植被遭受破坏，造成了水土流失和土地沙漠化。

（3）农药的使用。人们为了提高粮食产量，越来越多地使用农药，造成了严重的农药污染，尤其是一些不易分解的剧毒农药，如滴滴涕（DDT）等，这些不易分解的农药，长期存在于自然环境中，会对生态系统造成长期影响。

（4）日益加剧的物种灭绝。自然界的生物是多种多样的，目前地球上还存在着500万~3000万种生物。

现代技术已给人类增加了超越自然的能力，但人类还是摆脱不了对生物多样性的依赖。生物多样性不仅具有巨大的经济效益，而且具有无法用货币衡量的科学价值和美学价值。生物多样性的价值主要表现在：一是为人类提供食物来源；二是为人类提供药物来源；三是为人类提供了各种工业原料；四是保存了物种的遗传基因，为人类繁殖良种提供遗传材料；五是野生传粉动物提高了农作物、果树、牧羊、蔬菜等的产量和质量；六是利用生物多样性防治病虫害。据国外资料分析，生物多样性提供的价值为上万亿美元。

由于人类各种经济和社会发展活动、环境污染、过度掠夺、滥采滥捕等原因，破坏了自然生态系统，改变了物种的生存环境，导致物种灭绝。

# 第三节　生态学一般规律

生态学不仅是一门解释自然规律的科学，而且也是一门为国民经济服务的科学。要解决目前人类面临的环境问题，必须以生态学的理论为指导，并按生态学的规律来办事。因此，在介绍了有关生态学、生态系统和生态平衡方面的基本知识的基础上，对生态学规律加以简要概括。

（1）相互制约与相互依赖的规律。相互制约与相互依赖规律是构成生物群落的基础。生物间的这种协调关系主要分为两类。一是以食物互相联系与制约的协调关系，其具体形式就是食物链和食物网。这种关系本身是建立在一定的数量基础上。或者说，在一个生物群落或生态系统中，各种生物个体的大小和数量之间都存在一定的比例关系。生物间的相互制作用，使生物保持数量的相对稳定，这是生态平衡的一个重要方面。二是因生理、生态特性的异同而相互制约的协调关系。生物群落中的不同生物种，因生理、生态的异同而占据与之适宜的小环境，也就是说，无论动物或植物，都有一定的环境。显然，同一环境中的物种越多，该生态系统也越稳定。

（2）物质循环与再生规律。生态系统中，植物、动物、微生物和非生物成分，借助于能量的不停流动，一方面不断地从自然界摄取物质并合成新的物质，另一方面又随时分解为原来的简单物质，即所谓的"再生"，重新被植物所吸收，进行着不停顿的物质循环。因此，要严格防治有毒物质进入生态系统，以免有毒物质经过多次循环后富集到危及人类的程度。

（3）物质输入输出的动态平衡规律。这里所指的物质输入输出的平衡规律，是涉及生物、环境和生态系统三方面的。当一个自然生态系统不受人类活动干扰时，生物与环境之间的输入与输出，是相互对立的关系。生物体进行输入时，环境必然进行输出，反之亦然。

生物体一方面从周围环境摄取物质；另一方面又向环境排放物质，以补偿环境的损失（这里的物质输入与输出，包含着量和质两个指标）。也就是说，对于一个稳定的生态系统，无论对生物、对环境，还是对整个生态系统，物质的输入与输出总是相平衡的。当生物体的输入不足时，例如农田肥料不足，或虽然肥料足够，但未能分解而不可利用，或施肥的时间不当而不能很好的利用。结果作物必然生长不好，产量下降。同样，在质的方面，也存在输入大于输出的情况。例如人工合成难降解的农药和塑料或重金属元素，生物体吸收的量虽然很少，也会产生中毒现象。即使数量极微，暂时看不出影响，但它也会积累并逐渐造成危害。另外，对环境系统而言，如果营养物质输入过多，环境自身吸收不了，打破了原来的输入输出平衡，就会出现富营养化现象，如果这种情况继续下去，势必毁掉原来的生态系统。

（4）相互适应与补偿的协同进化规律。生物与环境之间，存在着作用与反作用的过程。或者说，生物给环境的影响，反过来环境也会影响生物。植物从环境吸收水和营养元素，这与环境的特点，如土壤的性质、可溶性营养元素的量以及环境可以提供的水量等紧密相关。同时，生物体则通过其排泄物和尸体把相当数量的水和营养元素归还给环境。最后获得协同进化的结果。例如最初生长在岩石表面的地衣，由于没有多少土壤可供着"根"，当然所得的水和营养元素就十分少。但是，地衣生长过程中的分泌物和尸体的分解，不但把等量的水和营养元素归还给环境，而且还生成不同性质的物质，能促进岩石风化而变成土壤。这样环境保存水分的能力增强了，可提供的营养元素也增多了，从而为高一级的植物苔藓创造了生长的条件。如此下去，以后便逐步出现了草本植物、灌木和乔木。生物与环境就是这样反复地相互适应和补偿。生物从无到有，从只有植物或动物到动、植物并存，从低级向高级发展。而环境则从光秃秃的岩石，向具有相当厚度的、适于高等植物和各种动物生存的环境演变。如果因为某种原因，损害了生物与环境相互补偿与适应的关系，例如某种生物过度繁殖，则环境就会因物质供应不及而造成生物的饥饿死亡，从而进行报复。这就告诉我们，人类必须按自然规律办事，否则自然界就会对我们和子孙后代加以惩罚。

（5）环境资源的有效极限规律。任何生态系统中作为食物赖以生存的各种环境资源，在质量、数量、空间和时间等方面，都有其一定的限度，不能无限制地供给，因而其生物生产力通常都有一个大致的上限。也因此，每一个生态系统对任何的外来干扰都有一定的忍耐极限，当外来干扰超过此极限时，生态系统就会被损伤、破坏，以致瓦解。所以，放牧强度不应超过草场的允许承载量；采伐森林，捕鱼狩猎和采集药材时不应超过能使各种资源永续利用的产量，保护某一物种时，必须要有足够它生存、繁殖的空间；排污时，必须使排污量不超过环境的自净能力等。

以上五条生态学规律，是生态平衡的基础。生态平衡以及生态系统的结构与功能，又与人类当前面临的人口、食物、能源、自然资源、环境保护五大社会问题紧密相关。当前许多科学家都认为，解决这五大社会问题，核心是控制人口的增长。

# 第四节　生态学在环境保护及可持续发展中的作用

生态系统的能量流动和物质循环始终在不断地进行着，自然因素和人为活动经常给生态系统带来各种因素的冲击。但是，在正常情况下，生态系统自身可以保持相对稳定的平衡状态。这种生态系统之所以能保持平衡主要依靠生态系统的自净能力。

利用生态系统这种自净能力消除环境污染，是目前国内外广泛应用的一种手段。如利用绿色植物净化大气污染，就是一个非常成功的例子。二氧化碳是大气中的主要温室气体，随着经济的发展，各种化石燃料被大量开采和燃烧，使大气中的二氧化碳浓度逐年上升，加剧了温室效应。为了控制全球变暖、世界各国除了采用工程手段进行固碳以外，一个更经济的方法就是利用植物净化的能力，消除大气中的二氧化碳。植物在太阳光的作用下，通过光合作用吸收二氧化碳，放出氧气。研究表明，一平方米的草坪 1h 可以吸收二氧化碳 1.58g，$1hm^2$ 针叶林一天可消耗二氧化碳 1t。用植物还可以净化大气中的氟、二氧化硫等有害气体包括铅、镉等重金属。1kg 的番茄叶子可以吸收氟 3mg、$1hm^2$ 柳杉林每年可吸收二氧化硫 720kg。植物的滤尘作用也非常明显。特别是树林，对粉尘的阻挡、过滤和吸收有很好的效果。每公顷云杉林每年可滤尘 36.4t。

利用生物净化污水，也是城市污水和工业废水处理中一个非常重要和常用的手段，此方法称为生物化学法。生物化学法是利用生态系统中的分解者——微生物，将工业废水和城市生活污水中的有机物分解成 $CO_2$、水及其他无机盐等无害的物质，从而达到处理废水的目的。

为了提高水的处理速度和处理效果，在生物化学处理废水过程中，一般需要对微生物进行培养、使废水中的微生物浓度和数量大大高于平时一般的状态，这就是人为地提高分解者的数量，以达到快速、高效分解的目的。

环境质量的监测手段，一般是采用化学方法和仪器方法。监测速度较快，对单因子污染物的监测准确率也很高。但是，环境污染对生物的影响和危害，是综合性的、长时间的，采用化学方法和仪器方法监测污染对生物的影响，是不能反映实际情况的。采用生物监测刚好可以弥补这个缺陷。

生物监测实际上就是利用生物对环境中污染物质的反应，即利用生物在各种污染环境下所发出的各种信息，来判断环境污染状况的一种手段。由于生物较长时期经受环境中各种污染物质的影响和危害，因此，它们不仅可以反映环境中各种污染物质的综合影响，而且也能反映环境污染的历史状况，这种反映要比化学方法和仪器方法的监测更加接近实际。

目前，国内外已广泛利用生物监测大气和水体环境，并对其环境质量进行评价。

利用生物对大气污染进行监测和评价，比较普遍使用的方法是利用植物叶片受污染后的伤害症状。不同的污染物质引起植物伤害的症状是不同的。如二氧化硫可使叶片边缘或叶脉之间出现白色烟斑或坏死组织。氟化物可使叶片边缘或叶尖出现浅褐色或褐红色的坏死部分。利用这些受害症状可以判断污染物质的种类，再进行定性分析。同时，也可根据受害程度的轻重、受害面积的大小，判断污染的轻重，进行定量分析。此外，还可以根据叶片中污染物质的含量、叶片解剖构造的变化、生理机能的改变、叶片和新梢生长量、年轮等，来监测大气污染。利用地衣和苔藓做植物监测器，定时定点对大气污染进行监测。

水体污染也可以利用水生生物进行监测和评价。采用的方法很多，污水生物体系法就是比较普遍采用的方法之一。由于各种生物对污染的忍耐力是不同的，在污染程度不同的水体中，就会出现某些不同的生物种群，根据各个水域中生物种群的组成，就可以判断水体的污染程度。用以指示生物种类和数量判断水体污染，也是一种切实可行的方法。

## 参 考 文 献

[1] 林爱文，等. 资源环境与可持续发展［M］. 武汉：武汉大学出版社，2005.10.

[2] 鞠美庭，邵超峰，李智. 环境学基础［M］. 第二版. 北京：化学工业出版社，2010.8.

[3] 马振兴. 生态学基础［M］. 北京：中国时代经济出版社，2002.10.

[4] 苏多杰，李诸平. 环境科学概论［M］. 西宁：青海人民出版社，2001.8.

[5] 吴彩斌，雷恒毅，宁平. 环境科学概论［M］. 北京：中国环境科学出版社，2005，6.

## 课后思考与习题

1. 什么叫生态系统，食物链和食物网，捕食食物链，碎食食物链，寄生食物链，腐食食物链？
2. 生态系统具有哪些结构与功能特性，研究生态系统的结构功能对环境保护有何意义？
3. 何谓生态平衡，破坏生态平衡的因素有哪些，试列举你熟知的破坏生态平衡的例子。
4. 以碳、氮循环为例，说明生物地球化学循环的基本过程。

# 第三章  人口增长及其在环境中的作用

## 第一节  人口发展概况

### 一、世界人口

#### （一）世界人口的增长

世界人口的增长是一个非常漫长的过程，图 3-1 为 2010 年来世界人口增长的曲线，世界人口数量的增长轨迹为一条"J"形曲线，在人类出现后很长一段时间内，曲线较平稳，世界人口的增长速度比较缓慢；18 世纪以后，曲线陡升，世界人口的增长速度明显加快；按照指数增长模式，呈愈近愈速的态势。

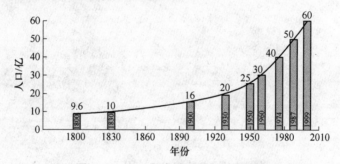

图 3-1  2010 年来世界人口增长曲线

世界人口在 1650 年只有 5 亿，到 19 世纪初，世界人口翻了一番，突破 10 亿大关；到 1927 年，用了 100 多年的时间，世界人口从第一个 10 亿增加到第二个 10 亿；之后，1927~1959 年，只用了 32 年时间，世界人口就跃到了 30 亿；1959~1974 年，经过 15 年时间，世界人口达到 40 亿；1974~1987 年，经过 12 年时间，世界人口突破 50 亿；1987~1998 年，经过 11 年时间，世界人口达到 60 亿。到 2011 年，经过 13 年时间，世界人口已达到 70 亿，如表 3-1 所示。整体来看，从 100 多年发展为 13 年，倍增期（指在固定增长率下，人口增长一倍所需的时间）越来越短，世界人口的增长速度越来越快。但局部来看，自 20 世纪 70 年代以来，倍增期保持在 15 年，12 年，11 年，13 年，说明世界人口的增长速度正在减缓，但总量依然庞大。

表 3-1  世界人口增长的历史特征

| 年 份 | 相隔时间/年 | 总人口/亿 | 年增长率/% | 倍增期/年 |
|---|---|---|---|---|
| 1000 | — | 2.8 | — | — |
| 1650 | 650 | 5.0 | 0.1 | 700 |
| 1800 | 150 | 10.0 | 0.47 | 150 |

续表 3 - 1

| 年 份 | 相隔时间/年 | 总人口/亿 | 年增长率/% | 倍增期/年 |
|---|---|---|---|---|
| 1927 | 120 | 20.0 | 0.58 | 120 |
| 1965 | 45 | 33.3 | 1.5 | 46 |
| 1970 | 5 | 36.9 | 1.97 | 35.2 |
| 1975 | 5 | 40.8 | 1.75 | 40.0 |
| 1980 | 5 | 44.5 | 1.67 | 41.5 |
| 1985 | 5 | 48.4 | 1.63 | 42.5 |
| 1990 | 5 | 52.5 | 1.58 | 43.8 |
| 1995 | 5 | 56.8 | 1.51 | 45.9 |
| 2000 | 5 | 61.2 | 1.38 | 50.6 |

**（二）世界人口的发展历程**

从人类诞生以来，世界人口一直在不断增长，纵观世界人口的发展史，可将其划分为以下 3 个历史阶段：

第一阶段，高出生率、高死亡率、低增长率阶段。

从人类诞生到工业革命以前，人类社会主要经历了采猎文明和农业文明两个时期。采猎文明时期，由于生产力低下，抗病能力差，缺乏粮食，人均寿命很短，人口增长极为缓慢。农业文明时期，以手工劳动为基础，相对于采猎文明时期，生产力有了进步，但仍处于低水平，人口增长速度仍很缓慢。

第二阶段，高出生率、低死亡率、高增长率阶段。

工业革命之后，进入工业化生产阶段，生产力水平明显提高，医疗卫生事业迅速发展，粮食产量大幅度增加，人均寿命有很大延长，使得世界人口显著增加。尤其是第二次世界大战以后，生产力有了极大地提高，世界人口的增长达到了历史高峰，出现了"人口大爆炸"的局面。

第三阶段，低出生率、低死亡率、低增长率阶段。

由于现代科学知识的普及和医疗卫生技术的进步，人类生活水平和文化水平的提升，以及人们生育观念和生育行为的变化，欧美等发达国家人口的自然增长率呈现下降趋势，有些国家出现了人口零增长甚至负增长现象，但发展中国家的人口仍继续增长。从全球来看，人口增长速度开始减缓，但全世界每年仍能增加大约 7800 万人。

**（三）目前世界人口的增长特点**

**1. 人口分布不均匀**

世界人口的分布很不均匀，有的地方人口稠密，有的地方人口稀少。这主要是由于世界各国自然环境和经济发展水平不同造成的。由表 3 - 2 所示，目前世界人口密度为每平方公里 50 人，发达国家和地区为 23 人，比世界水平少 27 人；发展中国家和地区为 67 人，比世界水平多 17 人，可见发达国家与发展中国家人口密度相差很大。此外，人口在各大洲之间的分布也相当悬殊。其中，亚洲人口密度最大，世界人口的 60.34% 居住于此，平均每平方公里 129 人。而大洋洲则地广人稀，人口密度最小，平均每平方公里才 4 人。

**2. 人口城市化加速**

国内外，人口学把城市化定义为农村人口转化为城镇人口的过程。他们所说的城市化就是人口的城市化,指"人口向城市地区集中、或农业人口变为非农业人口的过程"。

城市化是工业化和现代化的标志,随着现代化工业和市场经济的快速发展,世界人口城市化速度日益加剧。如表 3-3 所示,20 世纪 50 年代世界人口城市化开始加速,在经历了 50 多年的发展后,世界人口城市化水平从 1950 年的 29.7%（7.49 亿人）上升到 2000 年的 47.0%（28.45 亿人）。进入 21 世纪后,世界人口城市化水平进一步提高。2009 年,世界人口城市化水平达到 50%,发达国家和地区为 75%,发展中国家和地区为 45%,相差 30%,存在巨大差异,这主要是由于发展中国家和地区与发达国家和地区的工业化和现代化存在着巨大的差距造成的。预计未来发展中国家的城市化速度将超过发达国家。

然而随着人口城市化的加剧,势必引发各种社会问题。由于发达国家与发展中国家城市化水平存在巨大的差异,表现出的问题也不尽相同。人口城市化水平较高的发达国家面临的问题主要是人口老龄化、环境污染、贫富悬殊等,而发展中国家面临的问题主要是由于发展不协调所导致的城市贫困人口的急剧增加。

表 3-2　最新世界人口及其分布（截止 2009 年年中）

| 地　区 | 人口/千人 | 占世界人口的比例/% | 人口密度/人·km$^{-2}$ | 城市化水平/% |
|---|---|---|---|---|
| 亚洲 | 4121097 | 60.34 | 129 | 42 |
| 非洲 | 1009893 | 14.79 | 33 | 40 |
| 欧洲 | 732206 | 10.72 | 32 | 72 |
| 拉丁美洲 | 582418 | 8.53 | 28 | 79 |
| 北美洲 | 348360 | 5.10 | 16 | 82 |
| 大洋洲 | 35387 | 0.52 | 4 | 71 |
| 世界总计 | 6829360 | 100 | 50 | 50 |
| 发达国家和地区 | 1223282 | 18.06 | 23 | 75 |

表 3-3　世界人口城市化水平

| 年　份 | 世　界 | | 发达国家 | | 发展中国家 | |
|---|---|---|---|---|---|---|
| | 城市人口/亿 | 城市化水平/% | 城市人口/亿 | 城市化水平/% | 城市人口/亿 | 城市化水平/% |
| 1950 | 7.34 | 29.2 | 4.47 | 53.8 | 2.87 | 17.0 |
| 1960 | 10.32 | 34.2 | 5.71 | 60.5 | 4.60 | 22.2 |
| 1970 | 13.71 | 37.1 | 6.98 | 66.6 | 6.73 | 25.4 |
| 1980 | 17.4 | 39.6 | 7.98 | 70.2 | 9.66 | 29.2 |
| 1990 | 22.34 | 42.6 | 8.77 | 72.5 | 13.57 | 33.6 |
| 2000 | 28.54 | 46.6 | 9.50 | 74.4 | 19.04 | 39.3 |
| 2001 | 36.23 | 51.8 | 10.11 | 76.0 | 26.12 | 46.2 |

资料来源：United Nations. Department of Economic and Social Affairs. Population Division World Population 2008.

### 3. 人口老龄化趋势加快

随着社会经济的发展,医疗卫生的进步,人们的生活水平得到不断改善和提高,人口的平均预期寿命也不断延长。公元前,人口的寿命一般不超过 20 岁,在古代最多也只能活到 25 岁,到中世纪延长到 30 岁,进入 20 世纪 80 年代后,人口的平均寿命已从 40 岁延长到 62 岁。到目前为止，世界人口的平均预期寿命已达到 69 岁。据预测，到 2050 年世界人口的平均寿命将会进一步延长，可达到 75.4 岁。

根据国际标准，65 岁以上老人占本国总人口 7% 以上或者 60 岁以上老人占本国总人口超过 10%，就称为"老年型人口"。目前，世界 60 岁及以上的人口占总人口的 11%，说明整个世界已经进入老龄化社会。但发展中国家和地区与发达国家和地区的情况却有所不同，发达国家 60 岁及以上人口已经占总人口的 21%，正在发生人口老化，而发展中国家 60 岁及以上人口只占总人口的 8%，还未进入老龄化。目前发达国家人口的老龄化速度要高出发展中国家，但未来几十年，发展中国家人口的老龄化速度将超过发达国家。

## 二、我国人口的发展情况

### （一）我国人口发展历程

纵观我国人口的发展历史，人口总量的增长一直是我国人口发展中最明显的特征。如图 3-2 所示，我国人口大体可以分为四个增长阶段：

第一阶段，从夏至西汉末年（公元前 21 世纪到公元初），在大约 2000 多年的时间里，人口由先秦的 1000 万~2000 万人膨胀到西汉的 6000 万人，人口缓慢增长。

第二阶段，从东汉至明末（公元初到 17 世纪初），在大约 1600 多年的时间里，人口经历数次增减，但大体上一直维持在 5800 万~6500 万之间，人口增长呈水平态势。

第三阶段，从明末至清后期（17 世纪初到 1850 年），在大约 200 年的时间里，人口迅速膨胀，历经 1 亿、2 亿、3 亿，最终达到 4 亿 3 千万左右，人口加速增长。

第四阶段，从清后期至新中国成立（1850 年到 1949 年），在大约 100 年的时间里，人口总量在动荡中继续增长，到新中国成立之初，人口已超过 5 亿 4 千万。

### （二）我国人口增长的特点

1. 人口基数大，总量增长快

我国在世界上是人口大国，目前我国总人口为 13.4 亿人，与第五次全国人口普查相比，十年增加了 7390 万人，增长 5.84%，年平均增长 0.57%，比 1990 年到 2000 年的年平均增长率 1.07% 下降了 0.5%。如图 3-2 所示，我国人口增长曲线表现为：陡升—下降—平稳三个趋势，说明我国人口增长过快的势头得到了有效控制，人口增长缓慢。但由于我国人口基数大，受人口惯性增长的影响，总人口每年继续惯性净增 800 万左右，总量依然十分庞大。

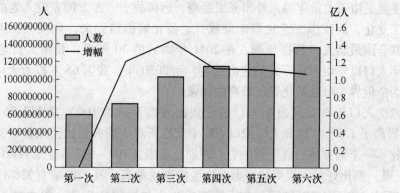

图 3-2 六次人口普查总人口数（包括大陆港澳台）

2. 人口分布不均衡，人口迁移流动大

我国是世界上人口较稠密的国家之一，从地域上看，人口分布很不均衡。第六次人口普查，我国东部地区人口占 31 个省（区、市）常住人口的 37.98%，中部地区占 26.76%，西部地区占 27.04%，东北地区占 8.22%。与第五次人口普查相比，东部地区的人口比重上升 2.41%，中部、西部、东北地区的比重都在下降，其中西部地区下降幅度最大，下降 1.11%；其次是中部地区，下降 1.08%；东北地区下降 0.22%。主要是由于人口的迁移流动大，导致大量人口从欠发达的内陆西部往东部发达地区迁移、流动。

3. 城市人口比重上升，人口城市化加快

如图 3 - 3 所示，我国城镇人口曲线持续上升，表明我国人口城镇化的速度一直在加快，而且是越来越快。1982 年到 1990 年的 8 年间，城市人口比重从 20.60% 提高到 26.23%，上升了 5.63%。在 1990 年到 2000 年的这 10 年中，城市人口比重从 26.23% 提高到了 36.22%，上升了 9.99%。在 2000 年到 2010 年里，城镇人口比重从 36.22% 提高到了 49.68%，上升了 13.46%，此时，城乡人口比例接近持平。城镇人口比重上升，人口城市化加快，一方面说明我国工业化和现代化发展迅速。另一方面，大量人口向城市聚集，势必将给城市的人口就业，基础设施建设，以及环境保护带来巨大的压力，让人担忧。

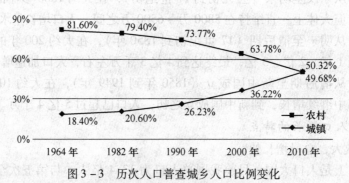

图 3 - 3　历次人口普查城乡人口比例变化

4. 人口老龄化趋势加快，出生人口性别比偏高

2000 年我国进入老龄化社会，此后我国人口老龄化速度越来越快。第六次全国人口普查我国 60 岁及以上人口占 13.26%，比第五次人口普查上升 2.93%，其中 65 岁及以上人口占 8.87%，比第五次人口普查上升 1.91%。我国农村地区的人口老龄化比城镇严重得多，这主要是由于大量年轻人外出务工经商，远离故土。西方国家进入老龄化社会之前已经完成工业化，而我国工业化尚未完成，老龄化就提前到来，规模大、速度快，未富先老。据联合国最新人口数据预测，在 2011 年以后的 30 年里，我国人口老龄化将加速发展，老年人口以年均 800 万人的速度壮大。到 2030 年，我国 65 岁以上人口比例将超过日本，成为全世界人口老龄化程度最高的国家。

第六次人口普查我国出生人口的性别比（以女孩为 100）是 118.06，比 2000 年的 116.86 提高了 1.2%。国际上一般以 100 个女性所对应的男性比值来检验一个国家或民族的性别比。一个国家或民族正常的男女性别比范围是 104～107。显然 118.06 比正常的 107（国际上限）高出好多，说明我国男女出生性别比偏高。我们国家有关部门应采取有效措施，如开展"关爱女孩行动"，综合治理出生人口性别比失衡，打击技术越轨，整治非法胎儿性别鉴定和非法选择性别人工终止妊娠行为等等，遏制出生人口性别比偏高的势头。

5. 人口素质有所提高，但整体水平不高

人口素质是一个国家发展经济，增强国力的重要条件，也是一个国家参与国际竞争的重要资本。它既包括人口的文化素质又包括人口的身体素质。

从人口的文化素质来看，如图3-4所示，我国每10万人中拥有大学文化程度的人口数不断增长，文盲率呈现下降趋势。说明随着我国社会经济的发展，人民生活水平的提高，我国人口的文化素质也在不断提高。第六次全国人口普查，我国具有大学（指大专以上）文化程度的人口为119636790人，同第五次人口普查相比，每10万人中具有大学文化程度的由3611人上升为8930人。文盲人口（15岁及以上不识字的人）为54656573人，同第五次人口普查相比，文盲人口减少30413094人，文盲率由6.72%下降为4.08%，下降2.64%。

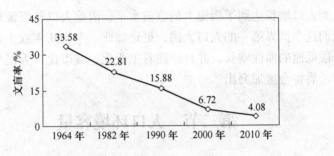

图3-4 历次普查文盲率

从人口的身体素质来看，我国人口的预期寿命，1957年为57岁，1985年为68.92岁，到2009年达到73岁，已有很大的延长。这说明我国人口的身体素质有所提高，但仍存在许多问题。根据我国出生缺陷监测中心调查，从1996年到2011年，全国出生缺陷发生率呈明显上升趋势，每年约有80万~120万例出生缺陷儿降生，15年发生率增加75%。近两年来，这种持续升高的态势正在得到遏制。虽然如此，还是给家庭和社会带来沉重负担。此外，劳动者素质低下，农村剩余大量劳动力，人口红利的效用未能充分发挥，仍是一个不争的事实。从总体来看，我国人口素质有很所提高，但整体水平仍不高。

6. 民族类型多样，少数民族增长较快

我国是一个统一的多民族国家，由56个民族组成，包括汉族和55个少数民族，民族类型多样。如图3-5所示，近年来，我国少数民族的人口增长较快，呈上升趋势。第六次全国人口普查，少数民族人口占8.49%，比第五次人口普查的8.41%上升了0.08%；汉族人口占91.51%，比第五次人口普查的91.59%下降了0.08%。少数民族人口十年年均增长0.67%，高于汉族0.11%。

从人类发展的历史长河考察，人类人口在99%以上的时间里是处于高出生、高死亡、低增长阶段。工业革命开启了人类人口由高出生率、高死亡率向低出生率、低死亡率的转变。20世纪特别是后半叶人类人口发生了人口史上的最大变化：死亡率迅速下降致使世界人口增长率和年增长量都达到了空前绝后的高峰，因此，20世纪成为人类历史进程中的分水岭：人类由高死亡水平传统社会转向了低死亡水平的现代社会。

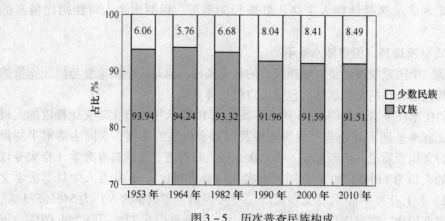

图 3-5　历次普查民族构成
（图中数据均为我国第六次人口普查数据结果）

　　正因为人类人口增长达到了历史上的空前水平，因此人口与资源环境关系的问题才备受关注，对我们这个世界第一的人口大国，更是如此。今后几年或十来年，中国庞大的人口还将持续一段低速的惯性增长，并且伴随着工业化、城市化，人民生活水平提高，人口与资源环境的矛盾将会愈加突出。

# 第二节　人口环境容量

## 一、地球人口环境容量

### （一）人口环境容量的定义

　　人口环境容量又称为人口环境的承载力，是指一定的环境下，一个地区对人口的最大抚养能力或负荷能力。联合国教科文组织给环境人口容量下的定义是：在可预见的时期内，利用本地资源及其他资源、智力和技术等条件，在保证符合社会文化准则的物质生活水平条件下，该国家或地区所能持续供养的人口数量。国际人口生态学界给环境人口容量下的定义是：在不损害生物圈或不耗尽可合理利用的不可再生资源的条件下，世界资源在长期稳定状态下所能供养的人口数量。这一定义强调指出环境人口容量是以不破坏生态环境的平衡与稳定，保证资源的永续利用为前提。

### （二）地球的人口环境容量

　　地球是人类的生存之地，人类在地球上不断地繁衍生息，人口随之迅速膨胀。但地球上的空间是有限的，资源也是有限的，因此地球生态系统所能供养的人口数量也是有限的。地球上究竟能容纳多少人口，成为全人类共同关心的重大问题，根据这一人口环境容量标准估算，地球的人口环境容量到底是多少呢？

　　许多学者从生态学角度分析，以地球植物的能量总生产为基础，按能量计算每年为 $2.77 \times 10^{21}$ J，人类维持正常生存每人每天需能量为 $10^7$ J，则每年需 $3.65 \times 10^9$ J。按此数值计算，地球上植物总产量可养活 7534 亿人。但由于存在以下两方面原因：一方面，以植物为食的，不仅仅是人类，其他各种动物也都直接或间接以植物为食；另一方面，有许多植物是不能被人类食用的。据估计，植物生产量只有 1% 可以被人类食用，即只能养活 75

亿人。

此外，在 1972 年联合国人类环境会议上，大部分科学家认为将全球人口稳定在 110 亿左右，可使地球上的人类维持在健康的生活状态下。

### 二、我国的人口环境容量

我国的国土面积为 960 万平方公里，可谓地大物博，这块土地究竟适宜多少人生存呢？关于我国的人口环境容量问题，许多学者进行过探索。我国著名经济学家马寅初先生早在 1957 年就发表了《新人口论》，提出解决人口问题的几点建议，并指出中国最适宜的人口数量为 7~8 亿。同年，人口学家孙本文教授也从我国当时粮食生产水平和劳动就业角度，提出了相同看法。1980 年，田雪原、陈玉光先生从就业角度研究了中国适宜的人口数量，提出 100 年后我国经济适宜人口为 6.5~7.0 亿。宋健等从食品资源的角度出发，估算了 100 年后我国适宜人口数量应控制在 7 亿或 7 亿以下。宋子成、孙以萍根据我国淡水资源的状况，若按发达国家的用水标准，100 年后最多只能养活 6.5 亿人口。胡保生等利用多目标决策分析方法，从社会、经济、资源等 20 多个因素进行可能度和满意度分析，提出 100 年后我国经济适宜人口维持在 7~10 亿为好。根据上述学者的研究结果，表明我国适宜的人口环境容量应保持在 6.5~8 亿之间。虽然上述各种研究的结论并不完全一致，但就目前情况来说，显然我国实际人口数量已严重超载。

［案例 3-1］　云南师范大学李树梅在 2010 年《区域经济》中发表了文章："可供水资源的主城区适度人口容量初探——以昆明市为例"中，提出昆明市主城区人口规模测算结果，并提出：基于可供水资源的适度人口容量测算模型计算得出：按照国家城镇和人口用水量标准 800L/日作为适宜的人均用水标准，2008 年昆明市主城区人口超载 183.35 万人；按照昆明市主城区人均综合用水标准 220L/日作为最低人均综合用水标准计算，2008 年主城区还能容纳 119.94 万人，仍超载 60 万人以上（见表 3-4）。

表 3-4　昆明市主城区人口规模测算结果

| 年　份 | 可供水量/亿立方米 | 适度人口容量/万人 | 最大人口容量/万人 |
| --- | --- | --- | --- |
| 2008 年 | 3.38 | 115.75 | 419.04 |
| 2011 年 | 4.50 | 154.11 | 467.00 |
| 2015 年 | 4.70 | 160.96 | 487.75 |
| 2020 年 | 4.84 | 165.75 | 502.28 |

# 第三节　人口与环境

世界人口的急剧增长给可持续发展带来巨大挑战，世界人口数量已经从 1950 年的 25 亿和 1980 年的 44 亿猛增到 2000 年的 60 多亿，据可持续发展世界首脑会议提供的资料，联合国预计全球人口将增加到 2025 年的 80 亿和 2050 年的 93 亿，预计全球人口能稳定在 105 亿或 110 亿左右。而未来的几乎所有人口增长均来自于发展中国家，为此未来世界不得不养活另外的 50 亿人。

　　随着人口的增长和人们生活水平的提高，土地、水资源、能源和其他自然资源将更加紧张，特别是在发展中国家，可能会引发空前的危机。根据联合国的最新报告，亚洲的人口增长率出现下降趋势，但人口密度依然高于其他洲，在东亚和南亚，人均占有可耕地只有六分之一公顷，随着人口的增长、土地的压力和农业灌溉用水的短缺，将迫使上述地区需要增加粮食进口以减少饥饿和改善营养结构。

　　人与环境之间相互依存、相互转化和相互影响。关于人口增长对环境的影响，1970 年梅托斯（Meadows）提出一个"人口膨胀－自然资源耗竭－环境污染"的世界模型，如图 3－6 所示。该模型认为，人口增长必然会导致下列 3 种危机同时发生：土地资源过度利用，因而不能继续加以使用，导致粮食产量下降；自然资源因世界人口激活而发生严重枯竭，工业产品产量也随之下降；环境污染严重，进一步加速了作物的减产，人口大量死亡乃至停止增长。

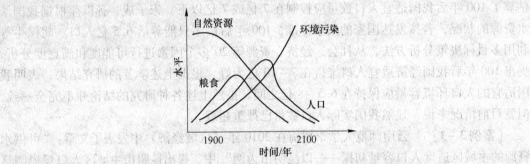

图 3－6　"人口膨胀－自然资源耗竭－环境污染"的世界模型

　　但该模型为纯数学计算结果，未考虑人类控制自身发展的能力和人类的创造力，然而该模型确实表明了生态的平衡与人口增长关系重大。人口增长必然要开垦土地，兴建住宅，采伐森林，开辟水源，结果改变了自然生态系统的结构和功能，使其偏离有利的平衡状态。如果偏离程度超过了生态系统的自身调节能力，生态平衡便遭到破坏，这时自然界就要对人类进行报复。因此考虑人口的增长和人口密度分布问题时，必须尊重自然生态规律，使其不断保持平衡。

　　对于我国的人口与环境的关系，温家宝总理在接受美国华盛顿邮报专访时，说过一句话"一个很小的问题乘以 13 亿，都会变成一个很大的问题；一个很大的总量，除以 13 亿，都会变成一个小数目"，生动地阐明了中国人口的实质。同时也体现了我国人口与资源，环境的作用关系。

　　根据我国现阶段的人口数量，环境特点，人口对环境的作用主要表现在以下几个方面。

## 一、人口增长对水环境的影响

　　我国的淡水资源总量为 28000 亿立方米，占全球水资源的 6%，仅次于巴西、俄罗斯和加拿大，居世界第四位，但人均只有 $2300m^3$，仅为世界平均水平的 1/4、美国的 1/5，在世界上名列 121 位，是全球 13 个人均水资源最贫乏的国家之一。全球部分人均水资源最贫乏国家的人均水量，如图 3－7 所示。

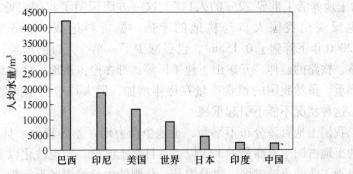

图 3 – 7　全球一些人均水资源最贫乏国家的人均水量

　　我国 660 座城市中有 400 多座城市缺水，三分之二的城市存在供水不足，全国城市年缺水量为 60 亿立方米左右，其中缺水比较严重的城市有 110 个。大量淡水资源集中在南方，北方淡水资源只有南方淡水资源的 1/4。

　　近几年我国人口以每年 1200 万的数量递增。人口预测结果表明，本世纪初人口增长势头仍不会下降，人口过多的压力，在今后 50 年内仍然存在。《2000 年中国水资源公报》显示，在总污水排放中，生活污水已占 34%。目前城市生活污水处理率只有 20% 左右，数量惊人的有机污染物进入河流、湖、海，大量废水、污水的排放造成了城市水体的严重污染，直接影响人们健康和工农业生产。根据对全国 118 个城市浅层地下水的调查，97.5% 城市受到不同程度的污染，其中 40% 的城市受到重度污染。水是人类赖以生存，必不可少的自然资源，它具有不可替代性。水资源作为整个生态环境的一个重要组成部分，既影响经济文化生活、城市兴旺发达的制约因素，又与天气、气候的关系十分密切。从表 3 – 5 中也可以看出，随着人口的持续增长，城市人均综合需水量、生活需水量、工业需水量都有较大幅度的增加，这无疑增大了对水环境的压力，进而加大了排水量，以及加大了对水环境的污染。

表 3 – 5　中国城市需水量近远期预测

| 项　目 | 规划基准年 | | | | |
|---|---|---|---|---|---|
| | 1997 | 2000 | 2010 | 2030 | 2050 |
| 全国总人口/亿 | 12.36 | 12.6 | 14.0 | 15.0 | 16 |
| 城市化率/% | 29.92 | 35 | 40 | 50 | 56 |
| 城市人口/亿 | 3.70 | 4.4 | 5.6 | 7.5 | 9.0 |
| 人均综合需水量/$m^3 \cdot a^{-1}$ | 231 | 235 | 255 | 290 | 300 |
| 人均生活需水量/$L \cdot d^{-1}$ | 175 | 190 | 230 | 240 | 250 |
| 生活需水量/亿 $m^3$ | 250 | 300 | 470 | 660 | 820 |
| 工业需水量/亿 $m^3$ | 608 | 730 | 960 | 1520 | 1880 |
| 城市需水总量/亿 $m^3$ | 858 | 1030 | 1430 | 2180 | 2700 |

资料来源：www.c – water.com.cn.

## 二、人口增长对土地资源的影响

　　人口增长使人口与耕地的矛盾尖锐化。在我国，耕地约占总土地面积的 10%。"用占世界7%的土地养活了世界22%的人口",这一方面说明了我国农业取得了惊人的成绩,另一方面也反映出我国人口与耕地的矛盾。据资料记载,1973年世界人均耕地为0.31hm$^2$,2000年下降到了0.15hm$^2$,已经减少了一半。人口的增长,城市、乡村的不断扩展,公路、铁路的延伸,开矿山、建工厂等,都在侵占耕地,使耕地越来越少,人地矛盾越来越严重。虽然我国的粮食产量在逐年增加,但人均粮食量的增长赶不上人口增长量,因此,这种状况不能不引起重视。

另外,我国土地资源分布不平衡,土地生产力地区差异较大,且后备耕地资源不足,不宜利用的土地占国土总面积的1/3以上,且水土流失、土地沙化以及土壤次生盐渍化严重,而且由于工业的迅速发展,以及农药、化肥的大量使用严重污染了土壤,其使我国的土地资源质量变得较差,人口的增长无疑在我国这种紧张态势下又构成对人类生存和发展的威胁。

### 三、人口增长对生物资源的影响

生物资源包括动物、植物和微生物资源,是自然资源的重要组成部分,它属于可更新资源。随着人口的增长,对生物资源的过度利用不仅破坏了生态环境,造成生物多样性、丰富度的下降,甚至造成许多物种的绝灭或处于濒危境地。

我国是物种繁多、生物资源丰富的国家。据计算,中国生物资源的经济价值在100亿美元以上。但在人口急剧增加的情况下,为解决吃饭问题和发展经济,人类开始毁林开荒,焚草种地,围湖造田,滥伐森林,并向荒野和滩涂、湿地进军。大批水利工程、交通设施和开发区兴建等等,破坏了生物栖息地,导致许多珍贵物种的生存环境缩小。据国家林业局有关负责人介绍,目前我国已有近200个特有物种消失,有些已经濒临灭绝。初步统计还显示,我国有300多种陆栖脊椎动物、约410种和13类的野生植物处于濒危状态。

在《濒危野生动植物物种国际贸易公约》列出的640个世界性濒危物种中,我国占了156种,约占其总数的24%;初步统计显示,我国处于濒危状态的动植物物种约为15%~20%,远高于10%~15%的世界水平。到2010年,我国将有3000种至4000种植物处于濒危之中。由于物种之间的相互关联、相互制约关系,如果有一种植物灭绝,就会有10~30种依附于这种植物的其他生物消失。这与我国的人口增长有密切的关系。

### 四、人口增长对矿产资源的影响

目前,在人口增长和经济增长的压力下,全世界矿产资源开采加工已达到非常庞大的规模。在矿产资源消耗空前增长的过程中,人类也开始面临严重的资源危机。主要矿种以铁、铅、铜为例,随着人口增长和人均消耗量的增加,铁、铅、铜等矿产总消耗量也急剧增长。因此,许多重要矿产储量随着时间的推移,日益贫化和枯竭。

中国矿产资源总量虽然很丰富,但人均量很少。总体上,矿产资源的人均占有量不足世界平均水平的一半,在人均矿产消费还比较低的情况下,但太大的人口基数已使中国成为一个矿产资源消费大国,主要是由于庞大的人口对矿产资源的需求压力造成的。例如,中国目前每年矿石采掘量已达50亿吨,年人均约5t。虽然,我国年人均矿石采掘量还低于美国(14t),但每年矿石采掘总量都已超过美国。事实说明,由于人口的沉重压力,使中国在相当低的国民收入水平下,就承受了和美欧一些经济发达的资源大国相同甚至更为严重的对矿产资源的需求压力。它不仅造成资源供给的长期紧张局面，也诱发出严重的生态环境问题。而且在低收入阶段就进入了污染高峰期，使中国在解决环境问题时，又面临经济困境。从我国经济发展趋势来看，人均矿产资源的消耗量还将有相当程度的增长，庞大的人口数量对矿产资源的需求压力潜伏着资源危机和生态危机。很多矿产品和加工产品被用来满足新增人口的需要。因此，在今后的发展中，我国矿产资源的形势是喜忧并存，形势严峻。

### 五、人口增长对能源的影响

人口对能源的消耗通常指的是不可更新的资源，包括从地下采掘的矿物、用于能量和化工方面的化石燃料（煤、石油、天然气）等。虽然全世界尚在不断发现新的自然资源，技术进步可以提高资源的利用率，可适当延缓资源耗尽的时间，但因消费水平仍在不断地增加，地球上迟早会出现资源耗尽的现象。世界能源的消耗速度增加很快，世界能源生产的增长率远大于人口的增长率。目前，世界上消耗最多的能源是石油、煤炭等化石能源，石油在年能耗量总额中占44%，取代了上半世纪在世界总能耗中占统治地位的煤。而且工业发展越快，石油的消耗量也越多，如日本石油消耗占其总耗能额的75%。天然气使用方便，对环境污染也相对较小，其所占比例会不断增加。同时，应该指出，世界能源消费很不平衡，1975年只占世界总人口25%的发达国家，却消耗了世界总能耗的80%，1980年美国的人口只占世界的5%，而能源消耗却占世界的25%。相反，占世界人口15%的印度，只耗用世界总能源的1.5%。我国人口平均的能耗量是很低的。1980年，我国人均能耗也不过是0.63t的标准煤。因此，为了经济的发展及环境的保护，在世界能源消耗的分配比例上应更趋合理。

人口增长必然会对我国能源供给带来日趋严重的压力。我国可以称得上是能源大国，但能源的人均占有量却很少，特别是与农业快速发展的要求仍有很大差距。能源短缺一直是制约我国经济发展的因素。我国能耗的特点是以煤为主，1990年，煤炭占75.06%，石油占7.0%，天然气占2.1%，水电占5.3%，核能暂属空白。近年来，人们意识到化石燃料的蕴藏量是有限的，而由于人口增长和消费水平的不断提高，能源消费量却随之猛增。我国如按小康水平的人均能耗1.5~1.6t标准煤计算，每年要增加 $(3~3.2) \times 10^8$t 标准煤。这种逐年增长的能源消耗，加上中国以煤为主的不合理的能源结构，一方面导致现用能源在短期内可能趋于枯竭，另一方面又使大气环境污染急剧加重，并带来了酸雨、温室气体排放等一系列新的环境问题，对环境将产生巨大的压力。

### 六、人口增长对城市的影响

我国人口城市化日益加剧，大量人口向城市聚集，这一方面体现了我国经济的发展，另一方面也给我国城市的发展和环境建设带来了一系列问题。首先，社会公共服务设施面临很大压力，如住房紧张，交通拥挤，绿地减少，资源短缺，水、电、气供应紧张。其次，城市环境质量不容乐观，生活污染呈增长态势。城市人口的增加和绿地面积的减少，加剧了城市出现热岛效应，轿车进入家庭后，汽车尾气污染成为城市空气污染不可忽略的一部分，其使城市气候进一步恶化；据调查，我国有2/3的城市居民生活在噪声超标的环境下，这些噪声主要来自工业制造、交通运输和日常生活；我国城市污水排放量日益增加，但污水处理效率却很低；城市垃圾产量与日俱增，人类面临垃圾包围城市的局面。政府处理这些问题时，往往先以保证市民的基本生活为前提，不得不将大量资金用于城市基础建设上，而城市环境建设不得不推后，在一定程度上，延缓或制约了我国城市社会经济的可持续发展。

### 七、人口增长对农村的影响

随着人口的不断增长，我国农村人口数目日趋增加，农村剩余劳动力也日渐庞大。出现大量的农村剩余劳动力，一方面促使了我国人口城市化的加快，另一方面使我国农村出现了一个新兴产业——"乡镇企业"。乡镇企业的出现一方面解决了农村剩余劳动力问题，使农民脱贫致富，促进了农村的经济发展；另一方面也造成了农村环境的进一步污染，这主要是由于乡镇企业大多缺乏合理规划与管理，环境基础设施不到位，生产废物未经处理，直接排入环境中造成的。据调查，全国农村每年产生2.8亿吨生活垃圾，且垃圾几乎全部露天堆放，90多亿吨生活污水几乎全部直排。随着现代农业的发展，农药化肥的使用变得越来越普遍，然而正是这些被人们青睐，并大量使用的农药化肥，给农田土地造成了极大的污染，甚至污染了地下水和空气，直接危害人类健康。此外，为了解决城市的污染问题，一些有污染的企业被迁移到农村，把农村作为城市污染的消纳地方，进一步加剧了农村的环境污染。然而，一直以来，农村污染及其防治却没有引起人们的足够重视，使农村污染问题越来越严重。

从以上我们可以看出人口与资源、环境之间相互影响，相互制约。尽管许多资源环境问题是地方区域性的，但当代资源环境退化形式比人类历史上任何其他时候都更具有全球性，而且它们对人类生命造成的一系列危害和威胁具有重要的历史意义。许多资源环境问题如全球变暖、臭氧枯竭和资源消耗等都产生了一个比任何一个民族国家都要大得多的"环境命运共同体"。面对着人类"公共物品"的资源环境，因为有"公有地悲剧"的困境，任何以国家为单位的单边行动都将是无助的。

我们要实现人口、资源与环境的协调发展，必须了解三者关系，使之相适应。我们在处理某一问题时，不应局限于此，要从多方面考虑，综合治理。

# 第四节　中国人口政策与可持续发展

中国的基本国情是：社会生产力水平还比较低；科学技术水平，民族文化素质还不够高；中国社会主义仍然处于初级阶段；人口基数大，人均资源占有量少，实施可持续发展战略是我国的重要国策之一，是我国发展的必经之路。那么，中国作为世界上人口最多的发展中国家，如何实现人口的可持续发展呢？

现在，在经济快速发展、社会迅速转型的大背景下，在以中国人口未来发展趋势为主要调控手段下，只能借助于人口政策的实施。实际上，人口政策尤其是控制人口增长或促动人口转变的政策，也只能在工业化初期和中期有效。发达国家鼓励人口增长政策的失灵史、东亚儒家文化圈富裕国家和地区（如新加坡、日本和我国港台地区）鼓励出生率上升政策的无力状况说明，在工业化后期或后工业社会，国家或政府调控人口生育政策的能力是有限的。

　　根据我国现阶段的国情，同时根据我国现阶段的人口特点，应合理调整我国的计划生育国策，进一步完善我国的人口政策。1980 年我国政府开始实行计划生育政策，把控制人口的过快增长作为一项基本国策予以贯彻和落实。1980 年中共中央发表了《关于控制我国人口增长问题致全体共产党员和共青团员公开信》，号召大家只生一个孩子。1982 年又把计划生育政策列入宪法。我国的人口再生产类型，很快从高高低转变为低低低的模式，人口增长趋势明显减慢，见图 3-8。随着时代的变化，我国的人口政策也要做出相应的调整，做到与时俱进，具体时代，具体分析。如今我国已采取控制人口数量、提高人口素质和调整人口结构的综合治理方式，只有这样，才能真正走可持续发展的道路，使人口因素由不利于可持续发展的状况，逐渐向适应可持续发展的方向转化，促进人口与经济、社会、资源、环境的协调发展。这不仅是世界许多国家解决人口问题的出路，也是中国这个人口大国现代化建设的必然选择。

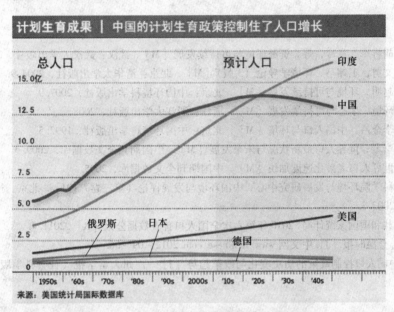

图 3-8　我国计划生育政策对人口增长的效果

　　[**案例 3-2**]　　2011 年 4 月 26 日下午中共中央政治局就世界人口发展和全面做好新形势下我国人口工作进行了第二十八次集体学习。胡锦涛在主持学习时发表了讲话，要求抓好以下重点工作的落实：

　　（1）完善生育政策。坚持和完善现行生育政策，切实稳定低生育水平，创新人口和计划生育工作体制机制和手段方法，全面加强基层基础工作，完善人口和计划生育利益导向政策体系。

　　（2）提高人口素质。着力提高人口素质，切实加快建设人力资源强国，完善人口发展政策体系，重视婴幼儿早期发展，加强青少年健康人格的教育，加强人力资源开发，促进人的全面发展。

　　（3）促进性别平等。综合治理出生人口性别比问题，切实促进社会性别平等，深入开展"关爱女孩行动"，广泛宣传男女平等、少生优生等文明婚育观念，保障妇女的合法权益，加强对未成年人的保护，制定有利于女孩健康成长和妇女发展的经济社会政策，推动妇女儿童事业的全面发展。

（4）人口有序迁移。引导人口有序迁移和合理分布，切实加强流动人口管理和服务，制定引导人口合理流动、有序迁移的政策，积极稳妥的推进城镇化，统筹协调好人口分布和经济布局、国土利用的关系，把流动人口管理和服务纳入流入地经济社会发展总体规划之中，为人口流动迁移创造良好的政策和制度环境。

（5）完善养老体系。完善社会保障和养老服务体系，切实应对人口老龄化，制定实施应对人口老龄化的战略和政策体系，培育壮大老龄事业和产业，加强公益性养老服务设施建设，发扬敬老、养老、助老的良好社会风尚。

（6）促进家庭幸福。建立健全家庭发展政策，切实促进家庭和谐幸福，加大对孤儿监护人家庭、老年人家庭、残疾人家庭、留守人口家庭、流动人口家庭、受灾家庭及其他特殊困难家庭的扶助力度。

## 参 考 文 献

［1］林爱文，胡将军，章玲，等．资源环境与可持续发展［M］．武汉：武汉大学出版社，2005.10.

［2］何强，井文勇，王翊亭．环境学导论（3版）［M］．北京：清华大学出版社，2004.9.

［3］魏智勇，赵明．环境与可持续发展［M］．北京：中国环境科学出版社，2007.9.

［4］应启肇．环境、生态与可持续发展［M］．浙江：浙江大学出版社，2008.

［5］曲格平，李金昌．中国人口与环境［M］．北京：中国环境科学出版社，1992.5.

［6］郭志仪，李琴．世界人口最新状况与未来发展［M］．中国期刊全文数据库，2009.

［7］林晓红．世界人口老龄化速度加快［M］．中国期刊全文数据库，2005.

［8］中国社会科学院环境与发展研究中心．中国环境与发展评论（第三卷）［M］．北京：社会科学文献出版社，2007.3.

［9］中华人民共和国国家统计局．2010年第六次全国人口普查数据公报［R］．2011.4.

［10］李建新，金融时报［J］中文网www.ftchinese.com. 2012－09－06.

［11］张翼．中国人口控制政策的历史变化与改革趋势［J］．广州大学学报（社会科学版）．2006，8：15～22.

　　　　　　　　课后思考与习题

1. 世界和我国的人口发展各有什么特点？
2. 什么叫人口环境容量，我国的人口环境容量目前的状况是什么？
3. 人口与环境是一个什么样的关系？
4. 人口增长对环境有哪些影响？
5. 我国目前的人口政策状况如何？
6. 中国作为世界上人口最多的发展中国家，如何实现人口的可持续发展？

# 第四章 能源及其在环境保护中的作用

能源是现代社会文明的支柱，给人类带来了无限光明和幸福，但同时也给人类带来了环境污染，带来了全球性的环境灾难。当前的环境问题，大部分是由于能源大量开发，特别是能源矿产的利用引起的。不同种类的能源开发和利用过程，不同的能源结构和消费方式，会对环境产生不同的影响。要探索如何解决能源开发和利用过程所造成的环境污染问题，寻找合理有效的控制途径，就必须对各种能源造成的环境问题进行深入了解。

## 第一节 能源概况

### 一、能源的基本概念

涉及能源的几个基本定义：

（1）能源。能源指现实生活中人类取得能量的来源，包括已开采出来可供使用的自然资源与经过加工或转换的能源。未开采出来的能源资源只能称为"能源资源"，不列入"能源"的范畴，以免混淆。

（2）能源资源。自然界中存在而可能为人们利用来获取能量的自然资源称为能源资源。这些资源或者已经具有经济价值，或者预计在不远的将来具有经济价值。如果不具有经济价值，就不可能在国民经济中大量使用，就称不上是"资源"。

（3）能源储量。为了解能源供需情况，必须了解能源储量的含义。能源储量是指在目前的技术和经济条件下，具有开采的经济价值，已准确估计的或已知的资源。能源储量又分为地质储量和探明储量。地质储量是指按地质储藏、形成与分布规律推算、预测的能源储量。探明储量是经过地质勘探工作探明的、有最终勘探报告的、由地质勘探报告统计计算而得到的储量。可采储量是在现有生产科学技术水平和经济条件下，估算出的、能从探明储量中开采的储量。

### 二、能源的分类

能源包括化石能源、水力能、核能、风能、太阳能、生物质能、地热能、海洋能和潮汐能等。目前没有统一的分类方法，可以从不同角度进行多种分类。如一次能源和二次能源，常规能源和新能源，再生能源和非再生能源等。

（1）一次能源和二次能源。一次能源是从自然界取得的未经加工的能源，如开采出的原煤、原油、天然铀矿和天然气等。二次能源是由一次能源经过加工、转换得到的能源。如焦炭、煤气、煤油、汽油等燃料。大部分的一次能源都需要经过转换使其变成容易输送、分配和使用的二次能源，以适应消费者的需求。

储存在自然界的能源有三大类，即太阳辐射、地球本身蕴藏的能量及太阳系行星运行产生的能量。第一类是来自太阳辐射的能源，起源于太阳内部的热核反应，这是地球上最主要的能量来源。地球上截获的阳光总能流达 $1780 \times 10^8 MJ$，如果把到达地球大气上层的太阳辐射作为 100%，其中，被大气吸收了约 19%，被大气中的云层和尘埃反射，被空气分子和微小尘埃散射，以及地面反射等原因回到宇宙空间的约有 34%；被地面吸收的太阳辐射能约占 47%。估计地球每年接收的太阳能超过世界年能耗的 20000 倍。风能、水能、波浪能和生物质能等均来自太阳能。太阳光通过光合作用变成的生物能，每年约有 $8.7 \times 10^{14} kW$，这部分能量贮留在植物中。煤炭、石油、天然气等化石能源，是古代埋在地下的动植物在一定的地质条件下形成的，是间接来自太阳能的能源。

　　第二类是地球本身蕴藏的能量，主要有原子核能和地热能，其来源与地球密切相关。原子核能是铀、钍、氘（重氢）等易发生核反应物质的原子核发生反应时释放出来的能量。最重要的核反应有裂变反应和聚变反应两种，前者是较重的原子核分裂成较轻的原子核的反应过程，1kg 铀 −235 裂变时释放出的能量为 $8.32 \times 10^{10} kJ$，相当于 2000t 石油燃烧释放的能量。目前的核电站均是利用核裂变反应产生的热量发电的。核聚变反应的有效利用尚在研究中，1kg 氘聚变时放出的能量为 $35 \times 10^{10} kJ$，如果核聚变能得以应用，将从根本上解决人类所需能源的问题。地热能的理论储量大，仅在 10km 以内的地壳表层中所拥有的能量就相当于煤炭总储量的 2000 倍。地热是低品位的能源，开发利用受到一定的限制。第三类能源来自太阳系行星的相对运行。月球与地球在各自的运动过程中相对位置在不断改变，不同位置时其吸力不同，这会激发潮流和潮汐的产生。集中于狭窄海面的潮流称为潮汐，由于通道狭窄，能量比较集中，较易于开发。据估计，英吉利海峡蕴藏有 80 百万千瓦的潮汐能，我国黄海也有 55 百万千瓦潮汐能。江河的潮汐流比大海小，但易于开发，我国杭州湾潮差最高可达 8.93m，是一项可观的能源。据估计世界江河潮汐能总量约 77 百万千瓦。潮汐能的利用尚处于试验阶段。

　　（2）再生能源与非再生能源。在一次能源中，不会随人们的使用而减少的能源称为再生能源，如太阳能、水能等。而化石燃料和核裂变燃料都会随着使用而逐渐减少，称为非再生能源。

　　（3）常规能源和新能源。能源按使用状况可分为常规能源和新能源。常规能源是指当前被广泛使用且量大的能源；新能源是指在新技术基础上加以开发利用的能源。还存在其他分类方法，如按能源流通情况划分，可以分为商品能源与非商品能源。商品能源是指经过流通环节大量消费的能源；非商品能源是指未经过流通环节而就地利用的能源，如薪柴、秸秆等。非商品能源在发展中国家的能源供应中占有相当的比重，对环境和生态平衡的影响不可忽视。

### 三、能源矿产资源

（一）世界能源资源

　　到 2009 年，世界化石能源地质储量总共约 819232 百万吨油当量。煤约占 2/3，油、天然气各占 1/6。世界水电资源探明储量是 $22.6 \times 10^8 kW$，目前运转中的水电装机是 372 百万千瓦，年发电量 16000 百万度（按装机容量 50% 利用率计算），占探明资源的 16%。发达国家水电开发利用程度高，日本达到 66%，原联邦德国达 78%；发展中国家开发程度低，利用率低于 10%。水电资源是可再生的能源，应尽量加以利用。

核能的利用具有广阔的发展前景，核电是当代最重要的能源，目前利用热中子反应堆，核燃料是铀和钍，使燃料资源扩大百倍以上。从远景发展看，利用海水中丰富的重氢——氘（D）和氚（T）开发核聚变能，1t 氘相当于 12 百万吨标煤，具有 $552 \times 10^{12}$ 百万吨标煤的能量，可为人类提供长期使用的能源。

根据世界核协会（WNA）网站提供的资料，截至 2010 年 5 月 1 日，全球有 29 个国家共运行着 438 台核电机组，总净装机容量为 374.1 百万千瓦；有 13 个国家正在建设 54 台核电机组，总净装机容量为 56.1 百万千瓦；有 28 个国家计划建设 148 台核电机组，总装机容量为 $162 \times 10^6 kW$。我国核电发展较晚，1991 年 12 月 15 日我国设计能力第一期为 30 万千瓦的秦山核电站并网发电，2009 年我国在建的核电站为 24 台。目前，我国的核电装机容量约 10.82 百万千瓦，在建 30.97 百万千瓦，已成为全球在建核电规模最大的国家。2010 年核电发电量约 768 亿度。现有核电装机只占国际装机容量的 1.1%，相比日本、法国、俄罗斯和美国，比重非常小。遵照《能源开展"十二五"计划》、《新兴能源工业开展计划》的设定，若要在 2020 年实现非化石能源比例达 15% 的目的，核电装机要达到 7500 万千瓦以上，未来有高达 7~8 倍的发展空间。

全世界总的能源储量是丰富的，但常规能源中的石油、天然气的储量不很多，若今后不能继续发现大的油气田，现有的油气资源将在几十年内开采完。煤炭和核裂变燃料储量较大，但假若油气资源耗尽之后，以每年 200 亿~300 亿吨标煤的能耗计算时，现探明的可采储量只能用 50 年左右。太阳能和核聚变燃料这两种能源数量巨大，据预测，到下世纪后半叶，这两种能源将在能耗中占重要地位。水能、生物质能、风能、海洋能、潮汐能必须加快开发利用。

（二）我国的能源资源

我国能源资源丰富，但按人均占有资源量计算则比较低。对石油、天然气的地质勘探工作比较薄弱，有的资源尚未探明。可以看出，我国常规能源储量和生产量均以煤炭为主。我国水能资源可供开发的容量为 680 百万千瓦，位居世界第一。

# 第二节　化石燃料的环境影响

## 一、化石燃料燃烧的污染

煤的组成及结构非常复杂，是由碳、氢及少量的氧、氮、硫等元素构成的复杂的多种高分子物质组成的，复杂的稠环结构是其特点，其中的灰分还含有多种金属、放射性元素。石油主要是由链烷烃、环烷烃、芳香烃等碳氢化合物组成的，含有碳、氢与少量硫、氮、氧组成的复杂化合物，还含有多种微量元素。天然气的组成以甲烷为主，其次是乙烷、丙烷，C4~C10 也可能存在，还含有氮、氢、二氧化碳、硫化氢，有时还有少量惰性气体氦、氩等。

化石燃料燃烧后向大气排放二氧化碳和多种大气污染物质。主要大气污染物有二氧化硫、烟尘、氮氧化物、一氧化碳、碳氢化合物，以及少量醛类（RCHO）、稠环化合物、重金属及放射性物质等。燃料燃烧产生的大气污染物排放量大，会造成严重大气污染。

燃料燃烧是造成大气污染的主要原因。大气污染问题与能源结构及利用情况密切相关。化石燃料品种和质量不同，燃烧方式和燃烧条件不同，排放污染物的质和量都有显著不同。煤炭燃烧造成的大气污染最为严重，煤质不同，燃烧装置不同，燃烧与污染物排放情况都有显著的差别。燃料燃烧不完全会排出大量黑烟，其中含有多环芳烃等致癌物质。随着烟气排放的颗粒物中尚含有砷、铍、铅、汞等重金属及放射性元素等有毒物质。

发达国家的大气污染在 20 世纪 50 年代末至 60 年代初达到了最严重的程度，这与大量燃煤燃烧而没有采取有效的控制措施有关。由于逐步建立了以石油和天然气为主的能源结构，强化了污染治理和实施高烟囱排放等措施，环境污染得到了较好的控制，环境质量得到明显改善，但环境污染问题仍然普遍存在。

发展中国家的大气污染比较严重，与化石燃料的燃烧有关，已引起人们的广泛重视。大量使用化石燃料，可引起全球性的大气污染，$SO_2$，$NO_x$，$CO_2$ 都是降水中酸性物质的来源，尤其是燃煤中 $SO_2$ 的排放，在烟尘中金属离子的催化作用下可形成 $SO_3$，并与大气中的水分结合生成雾状硫酸（$H_2SO_4 \cdot nH_2O$），随雨水一起降落，当达到一定浓度，雨水 pH 值小于 5.6，即所谓酸雨。酸雨成分复杂，除含硫酸外，还可能有硝酸、盐酸等酸性物质及其盐类。酸雨形成的机制很复杂，且由于大气运动的输送作用，造成了酸雨蔓延。20 世纪 50 年代美国东北部工业区出现酸雨，加拿大、北欧、西欧、亚洲也相继出现。由于大气中 $SO_2$ 逐年增加，20 世纪 70 年代以来，降酸雨区大面积扩展，美国 15 个州出现 pH 值为 4 ~ 4.5 的酸雨，瑞典因欧洲大陆排放 $SO_2$，形成的酸雨，9 万个湖泊中有 2 万个濒于死湖边缘。酸雨使大片森林死亡，农作物减产，危及水生动植物和整个生态环境。酸雨使土壤酸化和贫瘠。水域的酸化提高了重金属在水中的溶解度，人体和动物通过饮水和食物链受到毒害。酸雨还对各种材料、建筑物及文物古迹造成严重的腐蚀。总之，酸雨已成为一种严重的世界性的环境问题，被称为"来自空中的死亡"。

化石燃料燃烧对大气的污染还呈现行业部门分布的特点。交通运输主要消耗石油类燃料，是发达国家城市市区大气污染的主要来源。在我国各工业生产部门中，化石燃料消耗量及大气污染物排放量的顺序是电力、建材、化工、钢铁、有色冶金……。但是，若加上生产工艺过程排放，则钢铁和有色冶金行业排放 $SO_2$ 居第二（仅次于电力），颗粒物排放居第三（次于电力和建材），颗粒物中重金属含量高是其特点。

## 二、化石燃料开采和加工转化对环境的影响

### （一）煤炭

煤炭类开采及加工转化对环境的影响主要体现在以下几方面：

（1）煤炭开采。由于煤田地质情况不同，煤炭开采分为地下矿井开采和露天开采。露天开采作业安全，生产规模大，机械化程度高。全世界露天开采产量达到煤炭总产量的40%，德、美、澳、捷等国达到或超过 60%。我国露天开采产量仅占总产量的 3% 左右，云南省露天开采率最高，达到全省总产量的 30%。

煤炭地下开采会造成地表沉陷，沉陷深度最大可达采出煤层总厚度的 80%。我国抚顺、鹤岗等特厚煤层矿区沉陷深度已超过 10m。地表陷落导致相应范围内地面建筑、供水管道、供电线路、铁路公路和桥梁等设施变形以致破坏，土地河流水系状态发生变化，各层地下水漏失、混合和遭污染。沉陷还会威胁到井下安全。

煤炭开采主要是占地和破坏地表植被，同时对地表水和地下水也有影响，破坏自然生

态和环境。占地的多少与剥采比（剥离土石量与采煤量之比）关系较大，因而为恢复土地投入的复田费变化也大，一般每采 1t 煤的复田费为煤炭价格的 5% 左右。

（2）洗煤水和酸性废水污染。首先，洗煤会对水造成污染，洗煤水中的主要污染物是粒度小于 0.5mm 的煤泥。据全国 105 个洗煤厂统计，年入洗原煤 1.1 亿吨，排出洗煤水 5000 万~8000 万吨，流失煤泥 150 万吨。在有浮选工艺的炼焦煤洗煤水中，还含有少量的轻柴油、酚、甲醇等有害物质，高硫煤洗煤水中有较多的硫化物。洗煤水排入河流，会影响水质、填高河床并影响鱼类生存。

煤炭含硫量大于 5% 时，矿井水的 pH 值可能小于 6，还含有其他有害物质，这部分水的排放会造成水体污染和土壤酸化。例如，美国阿巴拉契亚地区 17000m 的河流有 10000m 被井下与露天的酸性矿坑水污染，影响水生物的生长，甚至致其死亡。

（3）矿井瓦斯排放污染。矿井瓦斯是井下煤体和围岩涌出及生产过程中产生的气体，主要成分是甲烷。我国多数矿井为瓦斯矿，含有一定浓度瓦斯的空气遇火能引起燃烧爆炸。我国每年都会发生煤矿瓦斯的矿难事故，此外还有塌方、透水等，严重威胁井下生产安全。瓦斯排出地面不仅浪费能源且污染大气，应合理开发利用。

（4）煤矸石对环境的影响。在采煤和洗选中，排放占原煤产量 10%~20% 的煤矸石，全国每年排放 2 亿~3 亿吨以上。除部分利用外，历年积存数达十余亿吨，再加上露天矿排矸，占用了大面积的土地。矸石还会发生自燃，燃烧会释放出大量 $SO_2$、CO 和烟尘等污染物质，造成了大气污染。国内外广泛开展矸石应用研究，热值高（$I > 8 \times 10^3 kJ$）的可作为沸腾炉燃烧和造气；有的可用于建材生产，在生产过程中可进一步利用其可燃成分。

（5）煤炭贮运造成的污染。在煤炭贮存过程中，常在矿区、车站和码头造成自燃，细煤会随风飞扬，降雨会淋洗煤堆，进而对水系造成危害。在运输过程中，若运输能力不足、运输设施不全及生产管理不善，常会造成煤炭流失。装卸还会造成大量的煤尘，污染大气，破坏环境。使用管道密相输送，可较好解决此问题。

（6）煤炭的焦化、气化和液化对环境的影响。煤炭是一种优质的化工资源，其综合利用价值很高。煤炭的转化是合理综合利用煤炭的重要途径。在煤炭转化过程中，煤的部分硫（焦化过程中）或绝大部分硫（气化和液化过程中）以 $H_2S$ 的形式被除去并制成为含硫产品，能获得宝贵的化工原料。转化过程因控制水平等原因，排放气体中含有烃类、$H_2S$、CO 等污染物。其中多环芳烃是危害大的致癌物质。

（二）石油

在石油开采过程中，污染环境的有泥浆、含油污水和洗井污水。泥浆中含有碱、铬酸盐等试剂，含油污水中的酸、碱、盐、酚、氰等污染物，都需经处理后才能外排。

此外，井喷会造成严重的环境污染，原油外泄会污染土地，影响植物生长。在海上采油，一旦发生井喷等事故，就会对海洋环境造成严重污染，影响水生物生长，破坏海洋的生态平衡。如 2010 年 4 月 20 日夜间墨西哥湾英国石油公司的海上钻井平台"深水地平线"发生爆炸并引发大火后沉入墨西哥湾，事故造成 11 名工作人员死亡，7 人重伤。钻井平台底部油井自 24 日起漏油不止，泄漏的原油 30 日开始漂到路易斯安那州沿岸。约 7.8 亿升原油泄入墨西哥湾，严重破坏沿岸和海洋生态环境，引发美国历史上最严重的漏油事件。大量原油泄漏可造成严重的海洋污染。一年后，漏油使许多地方的土壤受到侵蚀，植被退化，海滩上会不时出现裹满油污的海豚尸体和原油球块，某些海洋生物会因此而灭绝。英国石油公司可能因漏油事件损失 629 亿美元。

在石油加工过程中，会排出含油、硫、碱和盐，以及酚类、硫醇等有机物的污水。炼油厂废气含烃类、CO 及氧化沥青尾气等。炼油厂废渣中毒性大的主要是含有石油添加剂的废渣。其中污水影响最大，每加工 1t 原油需耗水 2～5t。石油加工或炼制的三废排放比煤气化和液化时多十倍以上。

石油贮运中油品漏失。油船压舱水和清舱水、特别是油船事故泄油，会严重影响海洋环境。我国近海域油类污染问题较突出，应引起人们的高度重视。石油输运影响比煤炭更为严重。

石油海运在急剧增长，20 世纪 50 年代最大油船的承载量为 3 万吨，现在达到五十万吨级，甚至百万吨级。石油海运量在快速攀升，1960 年的海运量为 4.49 亿吨，1977 年达到 17 亿吨；到 2011 年海运油量将上升到 28.3 亿吨。洗舱水外排上升，海洋撞船和泄漏事故频繁，如 1970～1978 年的 9 年间，海上跑油达 107 万吨；海湾战争期间，更是造成了大量的石油排入海洋。船舶污染风险的发生不以人的意志为转移，一旦发生重大污染事故，将会带来巨大的经济损失。

（三）天然气

天然气蕴藏在地下多孔隙岩层中，是一种多组分的混合气体，主要成分是烷烃，其中甲烷占绝大部分，另有少量的乙烷、丙烷和丁烷，此外一般还含有硫化氢、二氧化碳、氮气和水蒸气，以及微量的惰性气体，如氦和氩等。在标准状况下，甲烷至丁烷以气体状态存在，戊烷以下的以液体形式存在。

天然气系古生物遗骸长期沉积于地下，经过漫长的转化及变质裂解过程而产生的气态碳氢化合物，具有可燃性，多存在于油田（开采原油时伴随而出）或纯天然气气田中。比空气轻，具有无色、无味、无毒之特性。天然气公司皆须遵照政府规定添加臭剂（四氢噻吩），以资用户嗅辨。天然气在空气中的含量达到一定浓度后会使人窒息，当浓度达到 5%～15% 的范围时，遇明火时容易发生爆炸。这个浓度范围即为天然气的爆炸极限。爆炸会在瞬间产生高温、高压，其破坏力极大。

天然气根据蕴藏状态，可分为构造性天然气、水溶性天然气、煤层天然气三种。构造性天然气又可分为伴随原油的湿性天然气、不含液体成分的干性天然气。天然气开采中的污染物主要是硫化氢的污染，需要进行处理。

天然气可用来发电，降低煤炭的发电比例，是改善环境污染的有效途径。天然气作为化工原料，可用于制氢、制造氮肥等，具有投资少、成本低、污染少等特点。世界平均天然气占氮肥生产原料的比重为 80% 左右。天然气还广泛用于城市居民生活用气。随着人们生活水平的提高及环保意识的增强，大部分城市对天然气的需求量增大。压缩或液化天然气可代替汽油，具有价格低、污染少等优点。

目前人们的环保意识逐渐提高，世界对洁净能源的需求越来越大。天然气是洁净的能源之一，因此，在还未发现真正的替代能源前，天然气需求量在不断增加。

### 三、化石燃料利用对环境的影响

化石燃料的主要用途是化工厂的原料和燃料。石油最早大量用于工业生产，随着油价的逐步攀升，目前主要用于交通运输。而煤炭主要用于发电、供热和加热工业炉窑。可见，化石燃料使用过程中的污染主要是燃烧过程中产生的气态、固态污染物和余热等。它是大气环境污染物的主要来源，可引起温室效应和热污染。

化石燃料的污染源于第一次工业革命，1775 年瓦特发明了蒸汽机，至 1781 年完善以后，促进了工业大发展，进而促进了煤炭的生产，随之而来的是环境污染。英国作家狄更斯在《艰难时代》中描述 19 世纪 50 年代英国伦敦人们的生活环境时写道："这是一个到处都是机器和高耸烟囱的市镇，无穷无尽的长蛇似的浓烟一直不停地从烟囱里冒出来"。"喷出的大量毒烟，不用多久就会把天空罩住"，"使煤炭镇居民看到的太阳呈现出一种日食的状态"。随着时代的发展，当今人类化石燃料的使用所造成的污染相当严重。工业燃烧过程、内燃机的燃烧等都会排放燃烧产物，由于燃烧装备不同和燃料的差别，烟气排放也有明显的区别。化石燃料燃烧对地球环境产生的宏观综合影响主要有下述几方面。

（一）温室效应

随着世界化石燃料消耗的急剧增长，排入大气中的 $CO_2$ 愈来愈多，加之生态环境被破坏，大气中的 $CO_2$ 呈增长趋势。19 世纪工业革命以前，地球大气中 $CO_2$ 的浓度约为（200～280）$\times 10^{-6}$，与海洋和绿色植物的吸收和储存基本平衡。近 50 年来，$CO_2$ 在大气中的浓度以每年略高于 $1 \times 10^6$ 的速度在增加，1960 年大气中的 $CO_2$ 浓度达到了 $317 \times 10^{-6}$，1986 年大气中的 $CO_2$ 浓度为 $347 \times 10^{-6}$，2008 年升高到 $394 \times 10^{-6}$，其结果将导致 1990～2100 年间全球平均气温有可能升高 1.4～5.8℃。许多专家认为，$CO_2$ 浓度的增加已经影响到了全球的气候。大气中的 $CO_2$ 不仅能选择性地吸收太阳的短波长辐射能，还能大量吸收地球表面反射回来的长波辐射能，最终使大气升温，吸收热量后的 $CO_2$ 再将能量逆辐射到地面。因此，大气中的 $CO_2$ 犹如一个防止把热散射到宇宙空间的盖子，从而干扰地球的热平衡，并使地球的平均气温升高。这种效应称为"温室效应"。早在 1985 年，联合国环境规划署、世界气象组织和国际科学联盟理事会就在奥地利拉赫召开了会议，委托瑞典的国际气象研究所进行此项研究，研究得出了到 2030 年世界平均气温将升高 1.5～4.5℃的结论，结果导致海平面升高 1.4m。

"温室效应"引起气候和降雨模式变化，能导致广泛的环境危害，许多国家海拔较低的沿海地区将被淹没，从地球上消失。水位上升使农作物模式改变，严重影响农业生产。

"温室效应"尚待进一步研究。有的科学家已提出了控制 $CO_2$ 排放和制止全球大规模砍伐森林的全球环境战略。同时，世界上的燃烧专家都在全力开发清洁高效的燃烧技术，减排二氧化碳、捕集二氧化碳和封存二氧化碳的技术。

（二）酸雨

酸雨是另一个全球性的环境问题，是一种综合性污染。它指的是 pH 值小于 5.6 的雨雪或其他方式形成的大气降水（雾、霜），广义指酸性物质的干、湿沉降。其酸性成分主要是硫酸，也有硝酸和盐酸等。酸雨主要由化石燃料燃烧产生的二氧化硫、氮氧化合物等酸性气体，经过复杂的大气化学反应，被雨水吸收溶解而成。

目前我国定义的酸雨区的科学标准还没有统一，但一般认为：年均降雨的 pH 平均值高于 5.65，认为酸雨率是 0～20%，为非酸雨区；年降雨的 pH 平均值在 5.30～5.60 之间，认为酸雨率是 10%～40%，为轻酸雨区；年降雨 pH 平均值在 5.00～5.30 之间，认为酸雨率是30%～60%，为中度酸雨区；年降雨 pH 平均值在 4.70～5.00 之间，认为酸雨率是50%～80%，为较重酸雨区；如果年降雨 pH 平均值小于 4.70，认为酸雨率是70%～100%，为重酸雨区。这就是所谓酸雨的五级标准。

我国的酸雨主要是因大量燃烧含硫量较高的煤而形成的，多为硫酸雨，少为硝酸雨，此外，各种机动车排放的尾气也是形成酸雨的重要原因。近年来，我国一些地区已经成为酸雨多发区，酸雨污染的范围和程度引起人们的密切关注。

（三）热污染

由于技术水平的限制，目前国内外火力发电效率和燃烧设备热效率都比较低，一般在38%～46%之间。造成大量的热量未被利用，以余热的形式排入环境，引起环境的热污染。如电站的温水排入水域，会使该水域的水温升高，引起水域中鱼类生活环境的改变，严重的还会导致水生物死亡，水生生态系统也会发生变化。

城市和工业区因大量燃料燃烧，随烟气排出的废热可能使市内气温升高，改变局部气候，即形成所谓"热岛效应"，对该区域的人群健康、动植物的生存和器物寿命造成危害，对周边生态环境亦带来有害影响。这是包括各种能源在内的热污染共有的环境影响。

采用热电联产，"余热"供电厂或民用，发展暖房育种、温水养殖，可以提高热能利用率。技术上大部分采用凉水塔和冷却池降低排水温度，减少水域热污染。生态环境亦带来有害影响。这包括各种能源在内的热污染共有的环境影响。

[案例4-1]　中国气象局国家气候中心监测数据显示，2011年9月1日至12月20日，中国中东部地区雾霾天气多发，共发生12次较大范围的雾霾天气过程，不仅雾霾日数多，而且影响范围广。中国城市空气污染的突出问题之一就是阴霾，特别是长江三角洲和珠江三角洲、京津冀地区的阴霾天气明显增加，在珠江三角洲的部分地区阴霾天气已经占到全年日数的一半。上海市气象局在世界气象日公布的数据显示，长江三角洲地区大气气溶胶浓度有逐年增加的趋势，细颗粒物污染地区的面积也在逐年扩大。中国的城市空气污染相当普遍，污染类型以煤烟型和沙尘型为主，主要污染物为总悬浮颗粒（TSP），二氧化硫。

中科院大气物理研究所与国内外同行合作，对造成北京地区不同季节的污染源进行分析，揭示出化石燃料燃烧排放是北京 PM2.5 的主要来源，科学家解析出北京地区 PM2.5 的6个重要来源，分别是土壤尘、燃煤、生物质燃料、汽车尾气与垃圾焚烧、工业污染和二次无机气溶胶，它们的平均贡献为15%、18%、12%、4%、25%、26%。北京周边省份快速发展的工业生产活动，会带来跨境传输的污染。因此，治理北京本地空气污染，不仅需要改善能源结构，还需区域联合防治。

[案例4-2]　大庆油田是我国最大的油田，也是世界上为数不多的特大型砂岩油田之一，大庆油田在进行石油开采的同时，地下水资源也进行了高强度开发。而大庆油田开发建设过程中，由于受到特殊历史时期的政治和经济技术条件的制约，在历年的开采历程中对区域水文地质环境造成了巨大影响。大庆主力油区的地质构造可以概括为"构造简单、储层复杂、层数众多、相变剧烈"，属严重非均质大型砂岩油田，地质构造的特点决定了开采的难度，虽然油田整体构造简单，但其储层复杂，层数众多，使得油田内部油层物性较差、连通性弱。当油田进入主体开发阶段和深度开发阶段时，"二次"、"三次"开发技术的应用对油田地质环境的影响比较明显，容易造成断层活动或地层滑动。引起套

管载荷变化异常进而损坏套管，造成油、水井报废，严重制约油田开发，并增加生产成本。

大庆市水文地质环境面临的最严重的问题是由于长期过量开采地下水导致的地下水水资源枯竭，地下水降落漏洞面积不断扩大，城市悬空，地面沉降。据地质勘探部门调查公布的数据，现阶段大庆市地下已经形成了两大块漏斗区，油田西部的方圆 4000 多平方千米的漏斗区及东部的方圆 1500 多平方千米的漏斗区，几乎覆盖整个大庆市，并波及与大庆相邻的周边市县。

通过对大庆市石油开采业对水文地质环境的影响分析，建议采取以下对策及措施以保护和改善大庆地区水文地质环境的现状，并规避该地区水文地质环境进一步恶化的潜在威胁：

（1）建立和完善全区水文地质环境综合监测网；

（2）控制地表水水质，保证废水达标排放；

（3）控制地下水开采量，创新油田开采模式。

# 第三节　水电及核能的环境影响

目前世界电力生产发生了巨大变化，其中，煤炭发电占 39%，水力发电占 19%，核能发电占 16%，天然气发电占 15%，石油发电占 10%，其他发电占 1%。水电和核能在世界能源结构中的比例已经超过 35%。在发展中国家，水电近期内将稳定增长。在未来的能源结构中，核电将有很大的发展。

## 一、水力发电对环境的影响

水力资源是一种经济、清洁、可再生的能源，不产生空气污染，但需要建水库。水力发电工程可对江河径流在时间和空间分布上进行人为的调节和再分配，必然引起河川自然环境和生态系统的变化，并对区域社会经济和人们的生活环境带来深远的影响。水力发电工程，特别是具有高库大坝的水电工程，兼有防洪、灌溉、航运、供水及水产、旅游等多种功能，综合效益大，并具有环境美学价值。

我国三峡水电站的建设对我国的经济发展具有重要作用，具有灌溉、航运等多种功能。（1）防洪的功能：库容 221.5 亿立方米，能有效控制洪水；（2）发电功能：年发电 840 亿度，可替代煤炭 5000 万吨，可减轻上述地区的煤炭运输压力，并可减轻因火电燃煤引起的环境污染；（3）航运功能：形成 660km 长的深水航道，改善重庆下游的航道条件。由于险滩淹没，航深增加，坡降变缓，流速减小，船舶的运输效率将明显提高，运输成本可降低 35%~37%，并且大大提高了航运的安全性。但是，它对自然环境、生态环境和社会经济环境会产生某些不利影响。

（1）对自然环境的影响。水库蓄水，抬高了水库周围的地下水位，在一定条件下可形成局部浸渍和沼泽化。水库破坏了河流泥沙的运行规律和平衡条件，可能造成泥沙的淤积。改变了河流的水文条件，水库下游水位降低，可造成土壤盐碱化。因下游泥沙减少，使出口三角洲受到侵蚀。巨大的水库可能引起地面沉降，地表活动，甚至诱发地震。水库建设必须确保大坝安全，以免造成巨大灾害。影响局地气候，蒸发量增大，气候变得凉爽。

（2）对生态环境的影响。水库筑坝蓄水对生态环境产生的影响，其影响大小与水库的地理位置、季节有关。一般情况，上下游的生态系统会发生相反的变化，上游会淹没农田、森林、城市等，往往造成陆地生物的更新和水生生物的增加，大量野生动植物被淹没，改变了鱼类的生存条件，因而打破了原有的生态平衡；对地方病和卫生防疫产生一定的影响，可能导致血吸虫病等疾病蔓延。

（3）对社会经济环境的影响。库区淹没影响较大，建坝蓄水淹没耕地、村镇、古迹文物和交通设施，造成人口迁移，影响农耕。对渔业的影响是：一方面水库水面有利于人工养殖，另一方面回游鱼类及喜流水性鱼类发展受抑制。水库下游有机质减少，影响下游渔业。对航运等其他多方面均有一定的影响。以我国丹江口水电站为例说明其环境影响。丹江口水电站在汉水上游，属狭长水库（面积达 $1050km^2$，库容达 290 亿立方米），挡水建筑物全长 2468m，其中混凝土坝全长 1141m，最大坝高 97m。建库后产生的环境影响有：

（1）平均水温由 16.8℃升高到 18℃；夏季凉爽，雨少，冬季雨多，不稳定；

（2）地震次数增加，从 16 世纪到 1959 年，周围有感地震次数为 43 次，建库以来测得五百多次；

（3）水质变差，水中镉、汞、砷、氰化物、营养物等有害物质增加，如硝酸盐从 0.44mg/L 升高到 90mg/L，增加了近 200 倍；

（4）迁移人口 38 万，重建镇三座，淹没了不少春秋战国和汉唐时期的古墓，经济文化损失不可计量。可见，水电的开发利用必须考虑其对环境的影响，一旦造成危害就不可逆转。从环境的角度考虑，大型水库的副作用较多，一般情况，以建中小型水库为宜。

鉴于上述情况，进行水电站建设时，必须事先进行周密的调查研究，进行严格的环境影响评价，并采取相应措施，趋利避害，保证工程不仅有优良的技术经济指标，同时具有良好的环境效益和社会效益。

**二、核能利用的环境影响**

从技术发展角度看，合理有效地开发核能，一般经过热中子堆、快中子增值堆、核聚变堆三个阶段。现有的核电站绝大部分属热中子堆核电站，只能利用铀资源的 1% 左右。快中子增值反应堆和核聚变堆皆属未来的能源。核能对解决人类未来能源将起到举足轻重的作用。自从 1951 年美国在加利福尼亚州海边希平港（Shipping Port）建成世界上第一座试验性核电站以来，经过 60 多年的发展，核电已成为 30 多个国家能源组成中不可或缺的部分。全世界正在运行的核动力堆已超过 440 座，总装机容量超过 387GW，核电占世界总发电量的比例达到 17%。其中法国核电发电占其国内总电力的 76%，比利时为 56.8%，瑞典为 39%，日本为 33.8%，德国为 30.6%，英国为 22%，美国为 20%，俄罗斯为 16%；而中国仅为 1.1%。但对核能利用的环境影响必须高度重视。

（一）核电站及其对环境的影响

核能是利用 $^{235}U$（铀－235）、$^{239}Pu$（钚－239）的核，在中子的轰击下发生裂变，同时释放出核能，将水加热成蒸汽，由蒸汽驱动汽轮机，汽轮机带动发电机发电。核能发电除核电站外，还包括核燃料的开采、加工制造和核燃料循环。铀矿石按流程顺序加工浓缩为 5% 的 $UO_2$，再制成燃料元件装入核电站反应堆。废燃料元件送到后处理工厂进行处理，

$UO_2$ 循环利用。核能的主要环境影响是核反应堆的安全和放射污染问题。解决好反应堆的安全控制和放射废物的处理，是控制核能环境污染的关键。

（1）核反应堆的安全问题

热核反应使用低浓度铀，并有精密的调控装置，反应堆有厚而密封的外壳，并采取了各种措施预防事故发生。关键是要保证设备符合要求，调控合理，操作正常。在现代技术条件下，完全可以保证安全运行。但是，由于设计技术和设备制造的缺陷，会导致事故的发生。

1986 年 4 月 26 日凌晨，乌克兰加盟共和国首府基辅以北 130km 处的切尔诺贝利核电站发生猛烈爆炸；反应堆机房的建筑遭到毁坏，同时发生了火灾，反应堆内的放射物质大量外泄，其强度是在广岛投掷的原子弹释放的 400 倍，周围环境受到严重污染。25 年后，核电站周边仍为无人居住的荒芜地区。这反映了原有核电站存在着一些潜在问题和不完善的地方，已引起各国的高度重视。国际原子能机构、联合国环境规划署已议定公约，以加强国际合作防止污染和预防紧急事故。

（2）慢性辐射影响

在核燃料的前处理和后处理过程中如有不当，会有少量放射辐射渗入冷却回路，通过水或空气尤其是食物链的放大作用造成对人体的慢性辐射。如：碘 – 131 在甲状腺中富集，锶 –90 在肾中富集，铯 –137 在肌肉中富集，最终对人体产生危害。

核电站生产的各个环节都应采取严密的防辐射措施，美国 1970 年运行的核电站对附近居民的照射量仅为 0.01 ~ 0.05 毫雷姆/年（雷姆，rem：人体伦琴当量，辐射产生的相对生物效应剂量单位），远低于天然本底值，因此辐射剂量是安全的。

（3）放射性废物的环境影响

反应堆每年停车一次更换燃料。有来自裂变碎片产物和中子活化产物的放射。反应堆取出的废料，具有强放射性。对低放射性水平的废料，一般埋入土中，或者装在特殊容器中；对高放射性水平的废料需进行特殊处理，长期隔离。

核废料的处理必须慎重，到 2000 年，美国放射性废物中积累的放射性约 $209 \times 10^9 Ci$，饮用水标准 $10^{-9} Ci/L$，这些放射性废料可污染 $2 \times 10^{14} m^3$ 的水，即全世界淡水的 2 倍，全部水圈的 1/8。有人设想将废料埋入 150 ~ 600m 的盐床中、送到太阳中或贮于南极冰帽中等。

发展核电最突出的问题是放射性废物的污染和处理问题，核燃料后处理工厂废物品种多，其中低放射废水和废弃物经专门处理并检测合格后排放，中度和强放射性废液国际上多采用玻璃化、沥青和水泥固化，以控制其不进入天然水系。目前是将固化物用不锈钢密封贮存。

（二）快中子增殖反应堆

快中子增殖反应堆的目的在于利用极为丰富的同位素 $^{238}U$ 进行裂变反应，将不裂变的 $^{238}U$ 转变为可裂变的 $^{239}U$，可得到的热能是 $^{235}U$ 资源的近百倍，能增殖核燃料。快中子增殖反应堆温度比热堆高，提高了热能利用率，减轻了对环境的热污染。增殖反应堆仍存在着放射性废物的运输和处理问题。原料生产和反应堆的控制要求更为严格。我国在该技术领域已有突破性进展。

（三）核聚变能

核聚变反应燃料是从海水中提炼的氢的同位素氘。每 1L 海水中蕴含的氘如果提取出来，发生完全的聚变反应，能释放相当于 300L 汽油燃烧时释放的能量。以此推算，根据目前世界能源消耗水平和海水存量，核聚变能可供人类使用数亿年，甚至数十亿年。1991年 11 月 9 日，欧洲的科学家在英国首次成功地进行了实验室里的受控热核聚变反应试验，从而揭开了核聚变能利用的序幕。核能是指由原子核的链式反应所产生的能量，它有两种来源：一种是由重原子核裂变释放出来的；一种是由轻原子核聚变产生出来的。核聚变是两个或两个以上的较轻原子核（如氢的两种同位素氘和氚）在超高温等特定条件下聚合成一个较重的原子核时释放出巨大能量的反应。因为这种反应必须在极高的温度下才能进行，所以又叫热核反应。据计算，每 1kg 核燃料完全裂变可以放出 93.6 万亿焦的热量，相当于 3200t 标准煤燃烧放出的热量。而每 1kg 热核聚变燃料聚变放出的热量是核裂变释放能量的 4 倍。可见核聚变能是一种极具发展潜力的能源。

2006 年 5 月 24 日，中国、欧盟、美国等 7 方代表在欧盟总部布鲁塞尔共同草签了《成立国际组织联合实施国际热核聚变反应堆（ITER）计划的协定》。这标志着 ITER 计划进入了正式执行阶段。

ITER 计划是一个大型的国际科技合作项目。它的实施结果将决定人类能否迅速地、大规模地使用核聚变能，可能影响人类从根本上解决能源问题的进程，其意义和影响十分重大。与化石燃料相比，核能无空气污染，无漏油污染，无酸性矿坑污水等；唯一缺点就是放射性污染，使用后的废渣，都必须与环境隔绝，不能进入生态系统。

[案例 4 - 3]　　2011 年 3 月日本福岛核事故给能源产业带来巨大影响，促使核能政策转变，核电站处于停摆检查状态，各方对核电走向展开激烈争论。为了弥补核电短缺，短期内日本通过增加火电满足电力需求，长期内将大力发展可再生能源，确保能源供给。鉴于日本的经验教训，世界各国对核能安全性展开了深刻检查，一些国家已经提出了"零核能"的计划。对中国而言，应该吸取日本的教训，确保核电安全，谨慎发展核电；确保能源供给，实现能源结构多元化；建立能源危机管理体系，提高能源危机应对能力。

日本的经验教训表明，核电规划建设务必安全稳妥，杜绝核电产业利益集团的形成，切实加强监管体系建设。我国核电进入快速发展期，新上项目有过多过快倾向，特别是一些地方政府为了拉动 GDP 增长和制造政绩，核电建设规划过于超前，提高了潜在风险。在确保安全的前提下促进核电发展，必须合理调整中长期规划，积极稳妥地制定建设规模。

# 第四节　新能源开发利用的环境影响

所谓新能源，一般是指在新技术基础上加以开发利用的可再生能源。按照我国的实际情况，可分为下述五种：

（1）太阳能——太阳能的热利用、光电利用和蓄能技术。

（2）生物质能——能源植物、沼气、生物质气化和液化。

（3）风能——风能发电、风能动力及其他利用技术。

（4）地热能——地热发电、中低温地热水的利用。

（5）海洋能——潮汐发电、波浪能发电及其他利用技术。

一般来说，上述新能源的能量密度低，品位低而且分散。除生物质能、地热能外，还有随机性和间歇性的特点。每种新能源又可按其开发利用技术分为若干类，下面结合我国情况，对每种能源就其主要应用方面的环境影响进行讨论。

## 一、太阳能直接利用及其环境影响

太阳能是地球上生物得以生存的重要因素，没有太阳，星球温度会下降到 -268℃。太阳能是一种巨大的、廉价的、无污染的能源。由于地球纬度季节不同、昼夜轮换及其他原因，地面接收的太阳能量不同，每平方米的变化范围在 0～1100W 之间。据我国 700 个气象站实测，各地太阳能总辐射量约为 $(3.3～8.4)×10^9 J/m^2$，中值为 $5.9×10^9 J/m^2$，全年日照时间为 2000～3300h。西北部的新疆、甘肃、青海、西藏大部及内蒙古一部分为太阳能丰富带，我国太阳能资源是相当丰富的。长期以来，在世界范围内太阳能的应用发展不快，主要原因是太阳能的能流密度低，受纬度、气候等自然因素影响大，目前大规模能量收集、转换和储存等问题没有能够完全解决。随着科学技术的进步、能源发展需要符合环境保护的要求，各国在逐步扩大和加速太阳能的开发利用。

通过一定的工艺过程，太阳辐射可转变成热和电。直接利用太阳能的设备有热电转换系统、光电转换系统、太阳能集热器、太阳灶等。太阳能的用途有采暖、空调、炊事、食品冷藏、材料高温处理、干燥、抽水、照明等。近期主要用途是采暖和供热，远期主要用途是发电。

太阳能利用对环境的影响可归纳为：

（1）没有毒气体和 $CO_2$ 排出，不污染大气环境。

（2）占用较多的土地，发电能力为 1MW 的中央接收式太阳能发电站占地 3 万～4 万平方米，而 1000MW 的核电站只占地 50 万平方米。

（3）太阳能集热系统吸收太阳能后，会影响地面、大气的能量平衡，减少地面、建筑物反射回空间的能量，大规模使用太阳能可能对局部气候产生影响。

（4）巨大的集热系统及聚光装置影响景观，改变建筑风格和规范，增加造价，可带来其他新的问题。

（5）太阳能电池光电转换效率低，需要进一步开发研究，提高转换效率。

（6）目前电池材料生产的能耗太高，不宜盲目大规模生产。

## 二、生物质能与沼气对环境的影响

生物质能是指绿色植物通过叶绿素将太阳能转化为化学能储存在生物质内部的能量。光合作用能把太阳能转化为贮存于绿色植物中的化学能，植物可再转化为常规的固态、液态和气态燃料，取之不尽、用之不竭，是一种可再生能源，同时也是唯一一种可再生的碳源。地球上的生物质能资源较为丰富，而且无害。地球每年经光合作用产生的物质有 1730 亿吨，其中蕴含的能量相当于全世界能源消耗总量的 10～20 倍，但目前的利用率不到 3%。所以从广义上讲，生物质能是太阳能的一种表现形式。目前很多国家都在积极研究和开发利用生物质能。通常作为能源消耗的生物质能包括薪柴、木炭、农业残余物（如谷壳、甘蔗渣、秸秆等）、能源树、杂草、人畜粪便，以及由上述物质、农产品及有机废物通过一定工艺生产的醇类和沼气等。

生物质能属可再生资源，通过植物的光合作用可以再生。生物质的硫、氮含量低，燃烧过程中生成的 $SO_x$、$NO_x$ 较少；生物质作为燃料时，由于它在生长时需要的二氧化碳相当于它排放的二氧化碳的量，因而对大气的二氧化碳净排放量近似于零，可有效地减轻温室效应。生物质能的主要利用及其环境影响有如下三个方面。

为解决大量森林植被破坏和满足农村对薪柴的需要，许多国家大量选育发展速生树种。产于墨西哥的银合欢，每年能提供木材 $50t/hm^2$（相当于松树的 5 倍）。我国的速生树种有紫穗槐、泡桐等。发展薪柴林有显著的生态效益。

某些树种被称为能源树，如我国的油楠、南美的苦配巴，均能分泌出可直接燃烧的液体。该液体燃烧时不产生 $SO_2$ 污染。

速生薪柴林的生长周期很短，而且由于是作为经济林作物开发的，所以在种植地区无法形成山林所应有的生态链，植被单一，对野生动物、植物、鸟类、昆虫的生存环境造成巨大的破坏。速生薪柴林通常都具有较强的吸水、吸肥能力，常常使得速生薪柴林周围的植物无法生存，破坏了植被的多样性。由于其具有强吸水能力，熟知这种植物的人，通常给它一个称号"抽水机"。在"抽水机"种植的地区，多年后，常常可以发现该地区土质松散，沙化严重。

利用生物质资源可生产甲醇、乙醇和生物柴油等液体燃料。如用淀粉、甘蔗等制取酒精，可以替代部分汽油。目前巴西用甘蔗酒精替代了 20% 以上的汽油。酒精燃烧时，污染较小。

沼气是一种可燃性气体，最早发现于 1778 年，意大利物理学家沃洛塔在沼泽地发现，故名沼气。一百年后，人们成功地利用了人工沼气。

沼气是动植物有机体在微生物作用下，经厌氧发酵分解产生的。利用农作物废料、树叶、人畜粪便、生活有机垃圾及某些有机工业废渣和各种废水，可以生产沼气。沼气的主要成分是 $CH_4$，约占 60%～70%；$CO_2$ 占 25%～40%，还有少量的 $H_2S$、$N_2$、$H_2$ 和 CO。沼气热值为 16～25MJ/m³，是一种优质的气体燃料。

城市中发展大中型沼气也有很好的综合效益，可以利用有机废液、粪便、生活污水及生活垃圾等。我国一些酿酒厂用酒糟清液生产沼气。

生产和利用沼气有着显著的综合效益，可代替薪柴弥补农村能源的不足，保护了森林资源。沼气与薪柴和煤炭相比，是一种更为清洁的燃料，减少污染。厌氧消化生产沼气为管理好有机废物和废水提供了手段，沼气发生过程消灭了大量细菌病原体和有毒物质，有利于环境和卫生，有利于生态的良性循环。沼渣是很好的肥料，也可作为饲料，用于开展综合养殖。使用沼气关键是注意安全，当沼气与空气混合含量达 5%～15% 时，遇明火会发生爆炸。沼气气体和废水中含有少量的 $H_2S$，对环境有危害。

### 三、风能利用及其环境影响

风能是大气沿地球表面流动而产生的动能资源。风能是由太阳辐射的，部分能量（约 2%）转变成的动力能。目前对地球表面可以利用的风能尚无准确的估计，有人认为每年有相当于电力 10～500 亿度的能量。风能存在分散、间歇、能量密度不高和风力不均匀等缺点，利用时要因地制宜。在远离电网的缺电地区，年平均风速超过 4～5m/s 时，有效利用风能可产生较好的经济效益，可以用来发电、驱动抽水机、贮存能量等。

风能资源决定于风能密度和可利用的风能年累积小时数。风能密度是单位迎风面积可获得的风的功率，与风速的三次方和空气密度成正比关系。据国家气象局估计，我国可开发利用的风能资源约为 1.6 亿千瓦。按照风能利用条件分为四级：一级为风能最佳区，指一年当中风速在 3m/s 以上的时间超过 5000h，6m/s 以上风速的时间超过 2200h，风能密度大于 200W/m² 的地区。这些地区包括西北地区如克拉玛依、敦煌等地及华北地区、东北地区、东部沿海。二级为风能较佳区，一般风能密度大于 150W/m²。三级为风能可用区，风能密度大于 100W/m²。四级为风能贫乏区，风能密度大于 50W/m²。我国的四级区占全国总面积的 1/3。

随着全球能源价格的攀升和能源资源的匮乏，风能市场得以迅速发展。自 2004 年以来，全球风力发电能力翻了一番，2006 年至 2007 年一年间，全球风能发电装机容量增长了 27%。2007 年已达到 9 万兆瓦，到 2010 年已经发展到 16 万兆瓦。预计未来 20~25 年内，世界风能市场每年将递增 25%。随着技术进步和环保事业的发展，风能发电在商业上将完全可以与燃煤发电竞争。

"十一五"期间，中国的并网风电得到迅速发展。2006 年，中国风电累计装机容量已经达到 260 万千瓦，成为继欧洲、美国和印度之后发展风力发电的主要市场之一。2007 年我国风电产业规模延续暴发式增长态势，截至 2007 年底，全国累计装机约 600 万千瓦。2008 年中国风电装机总量已经达到 1250 万千瓦，占中国发电总装机容量的 1%，位居世界第五。这也意味着中国已进入可再生能源的大国行列。2008 年以来，国内风电建设的热潮达到了白热化的程度。

到 2010 年底我国风电装机容量累计超过 4000 万千瓦，跃居世界第一。

截至 2009 年底，我国风电累计发电量约为 516 亿千瓦时，按照发电标煤煤耗每 1kW·h 350g 计算，可节约标煤 1806 万吨，减少二氧化碳排放 5562 万吨，减少二氧化硫排放 28 万吨。同时，风电的利用可起到防风固沙的作用。但是必须看到，风电质量差，并网困难，能效需进一步提高；对大气环流，尤其是地表污染物的扩散、迁移，有显著影响。

### 四、地热能开发利用对环境的影响

地热能是从地壳内部抽取的天然热能，这种能量来自地球内部的炽热熔岩，并以热力形式存在，是导致火山喷发及地震的能量。地球内部的岩浆温度高达 7000℃，在距离地表 80~100km 的深处，温度会降低到 650~1200℃。热量会通过地下水的流动和熔岩的涌动传递至离地面 1~5km 的地壳，热力得以被传送至离地面较近的地方。高温的熔岩将附近的地下水加热，这些被加热了的水最终会渗出地面。运用地热能最简单和最合理的方法，就是直接利用这些热量。地热能是一种可再生能源。

按照地球内部深处温度超过 1000℃ 计算，它所造成的温度梯度的平均值为 25℃/km。温度梯度和热流高出平均值很多的地区就是地热丰富区，约占陆地面积的 10%。在一定技术经济条件下能被人类开发利用的部分地热能量称为地热能。地热资源的储量丰富，有人估计地壳表面 3km 以内可以利用的地热能就达 $8.4 \times 10^{20}$ J。据估计，地壳表面 3km 内的地热能为 $8.3 \times 10^{20}$ J，接近全世界煤储量的热含量，按 10% 转换为电能，相当于五十年内 5800 万千瓦发电机组的发电量。人类很早以前就开始利用地热能，例如利用温泉沐浴、医疗，利用地下热水取暖、建造农作物温室、水产养殖及烘干谷物等。但真正认识地热资源并进行较大规模的开发利用却始于 20 世纪。早在 1904 年意大利（拉德勒罗）就利用地热蒸汽进行发电，直到现在其推广应用仍然进展缓慢。

地热能有干蒸汽、湿蒸汽和热水三种形式。干蒸汽温度在 150℃以上，属高温热田，质量高，但储量少，可以直接用于发电。湿蒸汽温度在 90～150℃之间，属中温地热田，需脱水后才能用来发电，故技术上要复杂一些。湿蒸汽田的储能量为干蒸汽田的 20 倍。热水储量最大，温度一般低于 90%，属低温地热田。我国地热资源分布面广，150℃以上的高温地热田主要分布在西藏、云南西部和中国台湾等地，100℃以下的中低温地热田遍及全国各地，以东南沿海为多。西藏羊八井地热田，井深 200m 以下最高温度为 172℃，井口压力 0.3～0.5MPa。云南腾冲地区井深 12m 处温度达 145℃。中国台湾的大屯火山区，井深 1000m 处温度达 294℃。在现代科学技术条件下，中、高温地热田可用于发电，低温地热田可用于取暖和供热。1997 年，全世界地热发电的容量为 762.2 万千瓦。我国 20 世纪 70 年代就开始建试验地热电站。西藏羊八井地热电站是我国最大的地热电站，目前装机容量达到 2.52 万千瓦。

地热发电对环境的影响有下列几个方面：

（1）化学污染：在地热水和地热蒸汽中，含有许多污染环境的矿物质，如 $CO_2$，$SO_2$，$H_2S$，$NH_3$，Be，有时还会释放出放射性氡。个别地方的地热水中可能含有 As（砷）和 Sb（锑）、汞之类的有毒物质，会对大气和水体造成污染，需要进行适当处理。最好的办法是注入地下，不要排入水体。

（2）热污染：地热蒸汽的温度和压力都不如火力发电厂高，地热电站热利用率低，不到 10%，冷却水用量大于普通电站，会造成更多的热污染，应加以综合利用。

（3）对土地的影响：建设地热电站要占用大量土地，破坏地表的植被，提取地热流体后容易引起地表下沉。

（4）噪声的影响：高压地热蒸汽和水高速喷射会产生高达 120dB（A 声级）的噪声，且有高频的特点。如安装有效的消声器，不会造成太大的环境问题。

总之，地热资源比化石燃料污染小得多，比核能安全，是一种较清洁的能源。

## 五、海洋能利用对环境的影响

海洋储藏了巨大的能量，主要包括潮汐能、潮流能、海流能、波浪能、温差能和盐差能等，是一种可再生能源。这些能量蕴藏于海上、海中、海底，属于新能源的范畴。由于海洋环境恶劣，能源密度小，给开发带来了困难，且开发投资较大。目前关于海洋能利用的研究工作较少，开发程度较低，短期内难以得到大规模的开发利用。

（1）潮汐能。选择海湾等有利地形，围截出口建坝，蓄存涨潮海水是利用潮水涨落造成的水位落差产生的潮汐能可推动水轮发电机发电。1966 年，法国在朗斯河建造了大型潮汐发电站，装机容量 24 万千瓦，年发电 5 亿多度。我国可利用的潮汐资源约为 $2 \times 10^7 kW$，主要集中在浙江、福建沿海。目前我国已有 8 座潮汐电站在运行，装机总容量 7000kW，年发电量 1000 多万度。我国的潮汐发电量，仅次于法国、加拿大，居世界第三位。

（2）波浪能由风能衍生而来，其能量和动力值得考虑，但尚未找到经济有效的利用途径，其可利用的能量约2.7亿千瓦。它不存在任何环境问题，对大气、土壤、水质均无影响；若合理利用，反而有利于港口区的保堤和安全抛锚。波浪能是指海洋表面波浪具有的动能和势能。波浪的能量与波浪高的平方、波浪的运动周期以及迎波面的宽度成正比。虽然大洋中的波浪能巨大，但是难以利用，因此可供利用的波浪能资源仅局限于靠近海岸线的地方。波浪能是利用波浪的上下运动，推动浮筒内的活塞以带动涡轮发电机。我国已将此类发电机用于浮标航标灯，目前每台容量仅几十瓦。

（3）海洋温差能又称海洋热能。可利用海洋中受太阳能加热的表层水与深层较冷的水之间的温差进行发电而获得能量。在南北纬30°之间的海面，表层海水和深层海水之间的温差在20℃左右；在南、北纬20°海面上，每隔15km建造一个海洋温差发电装置，理论上最大发电能力达500亿千瓦。赤道附近太阳直射多，其海域的表层温度可达$25 \sim 28℃$；波斯湾和红海由于被炎热的陆地包围，其海面水温可达35℃；而在海洋深处$500 \sim 1000m$处，海水温度却只有$3 \sim 6℃$，其间蕴藏着丰富的能源。

目前很难估计海洋能的可开发程度。海洋能开发的环境影响方面，一般认为海洋发电起了消波器作用，可能干扰海洋循环和海洋—大气的转换运动，进而影响气候。海洋温差发电可能影响盐分和热量分配，局部会影响海洋生态。

### 六、未来能源可燃冰及其环境问题

可燃冰也称甲烷水合物、甲烷冰（methane clathrate），最早发现于20世纪60年代，存在于海底沉积物或永冻土中，蕴藏量丰富。其组成为1mol甲烷和5.75mol水，该比例取决于甲烷分子"嵌入"的多少；密度约$0.9g/cm^3$。在标准状况下，1L可燃冰固体平均包含168L的甲烷气体。一旦温度升高或压力降低，甲烷会逸出；$1m^3$可燃冰在常温常压下可释放$164m^3$天然气及$0.8m^3$淡水。可燃冰的分子结构式为$CH_4 \cdot 8H_2O$，呈白色固体状，外形像冰，燃点很低，极易燃烧，同等条件下燃烧产生的能量比煤、石油、天然气要多出数十倍，而且燃烧后不产生任何残渣和废气，属优质能源。

可燃冰的燃烧方程式为：

$$CH_4 \cdot 8H_2O + 2O_2 === CO_2 + 10H_2O（反应条件为"点燃"）$$

可燃冰的形成须具备温度、压力和气源三个基本条件，在0℃以上即可生成，超过20℃便会分解；在0℃时，只需3MPa大气压即可生成；海底富含碳的有机物沉淀经生物转化，可产生充足的气源。科学家们称可燃冰为"属于未来的能源"，27%的陆地和90%的大洋属潜在区域。据潜在气体联合会（PGC，1981年）估计，永冻土下可燃冰的资源量为$1.4 \times 10^{13} \sim 3.4 \times 10^{16} m^3$，资源总量为$7.6 \times 10^{18} m^3$。但大多数人认为储存在可燃冰中的碳至少有$1 \times 10^{13} t$，是当前已探明的所有化石燃料中碳含量的2倍。如能证明这些预计属实的话，可燃冰将成为未来一种储量丰富的重要能源。科学家的评价结果表明，仅仅在海底区域，可燃冰的分布面积就达4000万平方千米，占地球海洋总面积的1/4。目前，世界上已发现的可燃冰分布区多达116处，其矿层之厚、规模之大，是常规天然气田无法相比的。有科学家估计，海底可燃冰的储量至少够人类使用1000年。世界上海底可燃冰已发现的主要分布区域是大西洋海域的墨西哥湾、加勒比海、南美东部陆缘、非洲西部陆缘和美国东海岸外的布莱克海台等，西太平洋海域的白令海、鄂霍茨克海、千岛海沟、冲绳海槽、日本海、四国海槽、日本南海海槽、苏拉威西海和新西兰北部海域等，东太平洋海域的中美洲海槽、加利福尼亚湾和秘鲁海槽等，印度洋的阿曼海湾，南极的罗斯海和威德尔海，北极的巴伦支海和波弗特海，以及大陆内的黑海与里海等。在美国东南沿海水下 2700km² 面积的水化物中，含有足够供应美国 70 多年的可燃冰。其储量预计是常规储量的 2.6 倍，如果全部开发利用，可使用 100 年左右。中国在藏北高原羌塘盆地开展的大规模地球物理勘探成果表明：继塔里木盆地后，西藏地区很有可能成为中国 21 世纪第二个石油资源战略接替区。

由于可燃冰在常温常压下不稳定，因此开采可燃冰的方法设想有：热解法、降压法和二氧化碳置换法。1960 年，苏联在西伯利亚发现了可燃冰，并于 1969 年投入开发；美国于 1969 年开始实施可燃冰调查，1998 年把可燃冰作为国家发展的战略能源列入国家级长远计划；日本是在 1992 年开始关注可燃冰的，完成周边海域的可燃冰调查与评价。最先挖出可燃冰的是德国。从 2000 年开始，可燃冰的研究与勘探进入高峰期，世界上至少有 30 多个国家和地区参与其中。其中以美国的计划最为完善，印度和日本的开发工作也走在了前列。全球只有美国、日本、印度及中国四个国家具有开采能力。

我国是世界上最大的发展中的海洋大国，能源十分短缺。我国的油气资源供需缺口很大，从 1993 年开始转变为净进口国，能源对外依存度增大，能源安全问题严峻，因此急需开发新能源以满足经济的高速发展。海底天然气水合物资源丰富，其上游的勘探开采技术可借鉴常规油气，下游的天然气运输、使用等技术也都很成熟。因此，加强天然气水合物调查评价是贯彻实施党中央、国务院确定的可持续发展战略的重要措施，也是开发我国 21 世纪新能源、改善能源结构、增强综合国力及国际竞争力、保证经济安全的重要途径。

中国对海底可燃冰的研究与勘查已取得一定成果，在南海西沙海槽等海区已相继发现可燃冰的地球物理标志 BSR，这表明中国海域也分布有可燃冰资源，值得开展进一步的研究。同时，青岛海洋地质研究所已建立有自主知识产权的可燃冰实验室并成功点燃可燃冰。2005 年 4 月 14 日，在北京举行中国地质博物馆收藏我国首次发现的天然气水合物碳酸盐岩标本仪式；宣布中国首次发现世界上规模最大被作为"可燃冰"即天然气水合物存在重要证据的"冷泉"碳酸盐岩分布区，其面积约为 430km²。按照国家发展战略规划的安排，2006～2020 年是调查阶段，2020～2030 年是开发试生产阶段，2030～2050 年，我国可燃冰将进入商业生产阶段。

可燃冰的开采对环境有较大的影响，会改变它赖以赋存的温度、压力条件，引起天然气水合物的分解。因此，在可燃冰的开采过程中，如果不能有效实现对温度和压力条件的控制，就可能引发一系列环境问题，如温室效应的加剧、海洋生态的变化以及海底滑塌等。天然气水合物在给人类带来新的能源前景的同时，对人类生存环境也提出了严峻的挑战。天然气水合物中的甲烷，其温室效应为 $CO_2$ 的 20 倍。温室效应造成的异常气候和海面上升正威胁着人类的生存。全球海底可燃冰中的甲烷总量约为地球大气中甲烷总量的 3000 倍，若不慎让海底可燃冰中的甲烷气逃逸到大气中去，将产生无法想象的后果。而且固结在海底沉积物中的水合物，一旦条件发生变化使甲烷气从水合物中释出，还会改变沉积物的物理性质，极大地降低海底沉积物的工程力学特性，使海底软化，出现大规模的海底滑坡，毁坏海底工程设施，如海底输电或通讯电缆和海洋石油钻井平台等。天然可燃冰呈固态，不会像石油开采那样自喷流出。如果把它从海底一块块搬出，在从海底到海面的运送过程中，甲烷就会挥发殆尽，同时还会对大气造成巨大危害。为了获取这种清洁能源，世界上许多国家都在研究天然可燃冰的开采方法。科学家们认为，一旦开采技术获得突破性进展，可燃冰立刻会成为 21 世纪的主要能源。

[案例 4-4] 1954 年美国贝尔研究所的 PEARSON 等 3 位科学家在美国首次研制成功了实用的单晶硅太阳能电池，从此诞生了将太阳能转换为电能的实用光伏发电技术。20世纪 70 年代，发达国家以国家级计划积极研究开发太阳能发电，其中日本于 1974 年开始的国家 "Sunshine" 计划尤为突出。20 世纪 80 年代后期，太阳能电池的种类不断增多，应用范围不断扩大，20 世纪 90 年代光伏发电迅速发展。1990 年德国率先提出并实施 "一千屋顶计划"，1997 年美国宣布实施 "百万太阳能屋顶计划"。1999 年 1 月德国又开始实施 "十万屋顶计划"，2000 年安装光伏容量超过 40MW。

水利电力规划总院的数据显示，截至 2012 年年底，中国光伏发电容量已经达到了7982.68MW，超越美国占据世界第三。但是最重要的还是集中在西部地区。中国 19 个省（区）共核准了 484 个大型并网光伏发电项目，核准容量是 11543.9MW；中国 15 个主要省（区）已累计建成 233 个大型并网光伏发电项目，总的建设容量为 4193.6MW，2012 年兴建 98 个。其中青海、宁夏、甘肃 3 省（区）的建设容量和市场份额都占据了半壁江山。为了解决这种光伏发电集中的情况，从 2012 年 12 月开始了分布式光伏发电示范项目的一个技术评审，到 2013 年 5 月，中国 26 个省（区）市共上报了 140 个示范区，每一个示范区项目不是一个独立项目，可能涵盖了若干个市、县或者是镇，它的总容量是16529.6MW。根据 OFweek 行业研究中心的最新数据显示，2013 年上半年，中国新增光伏装机 2.8GW，其中 1.3GW 为大型光伏电站。截至 2013 年上半年，中国光伏发电累计建设容量已经达到 10.77GW，其中大型光伏电站 5.49GW，分布式光伏发电系统 5.28GW。

[案例 4-5] 美国能源部和农业部 2002 年联合发布了 9 个生物质技术路线图，该路线图提出了 2020 年和 2050 年的发展目标，与此同时，各州政府也制定了相应的发展规划，如《联邦政府能源政策法案》、《农业部生物能源计划》、《清洁替代能源计划》和能源部《生物燃料系统计划》等。在立法方面，为了支持燃料乙醇产业的发展，美国采用立法等手段来保障该产业的发展，如 1970 年美国出台了生物质能源产业的第一个法案《空气清净法》，该法案为车用乙醇汽油的发展和应用提供了法律依据和外部的推动力，为保障燃料乙醇产业的进一步发展，美国在 1978 年和 1990 年分别出台了《能源税收法案》和《空气清净法修正案》，这些法案为其乙醇产业的发展提供了强有力的立法保障。

美国政府为了推广使用车用乙醇汽油采取了一系列扶持政策：联邦政府和州政府的免税支持和对新建乙醇企业的一次性补贴等，并制定了相应的法规。对于乙醇汽油调和商的财税优惠政策主要为：减免消费税，减免销售税等，其中销售税是由州政府征收，各州减免的幅度不同。美国政府给燃料乙醇生产企业的补贴，如每 4.55L 燃料乙醇可得到大约4.1 元人民币的税收返还。在税收优惠政策上鼓励小型农场主生产变性燃料乙醇；由于小企业无法像大企业那样进行经济运作，联邦政府为扶持中小企业的发展，小型燃料乙醇生产企业可享有所得税减免的优惠。此外，从 2000 年开始，美国联邦政府对新建燃料乙醇企业实施一次性补贴。目前，美国有 30 个州政府对燃料乙醇实施减免税。虽然各州政策不尽相同，但归纳起来主要包括：政府财政补贴、减免税、提供低价原料、提供低息贷款和贷款担保等。虽然这些政策相对于联邦政府的税收减免要小得多，但正是由于这些立法要求和国家免税补贴后，使得汽油调和商和变性燃料乙醇生产商均有利可图，变性燃料乙醇和车用乙醇汽油的使用得到快速发展。

# 第五节　解决我国能源环境问题的途径

我国能源环境问题主要表现为以下两类情况：一是城市和以城市为代表的工业区，以煤为主要能源，造成煤烟型大气污染；二是广大农村，生活能源以燃烧秸秆、薪柴为主，乱砍滥伐林木造成的水土流失和自然生态平衡的破坏。必须综合考虑能源资源状况和技术经济基础，以我国的能源政策为依据来解决我国能源环境。

（1）解决城市能源环境问题的途径：

1）改变煤炭供应不合理状况，尽可能做到按质用能和按需用能。为了减轻城市大气污染，要采取既节能又环保的技术经济政策，低硫分、低挥发分的煤优先供应民用，工业上应用高硫煤时，应洗选脱硫或实施排烟脱硫。

2）煤的气化和综合利用。燃用气体燃料既可取得节能效果，又可获得较高的环境效益。在有石油、冶金、煤炭、化工等企业的城市和地区，要充分利用油田气、天然气、煤矿瓦斯以及工业联产的液化气、焦炉煤气等高热值的气体，除部分工业应用外，应尽量供给民用。有气源的城市或地区，可以用煤制气或利用合成氨厂联产煤气作为民用燃料。

3）逐步实现集中供热、联片采暖、热电结合和余热利用。

4）改进燃煤技术和设备；推广使用型煤。

5）大力发展天然气，通过国内开发和国际购买，增加天然气的使用量以及在能源消费中的比例，尤其是城市尽可能使用天然气。上述措施既有利于节能、提高能源的有效利用率，又可有效地控制能源造成的环境污染。

（2）解决农村能源环境问题。我国地域辽阔，农村人口占总人口的70%，农村能源引起的环境和生态问题，要根据农村能源实际状况，本着因地制宜多能互补的原则去解决。主要的途径有：推广节柴灶，营造速生薪柴林，积极发展沼气，有条件的地方要大力发展小水电，合理调配生活用煤等。

（3）解决工业能源环境问题。工业是我国的能耗大户，也是污染物排放大户。工业节能是解决能源环境污染问题的主要途径。首先要淘汰陈旧设备和落后的高耗能工艺。采用先进工艺和现代化装备，开发新的节能工艺和节能设备。加强管理和节能意识以及环保理念，逐步调整能源结构，减少煤炭的消耗比例，增加水电、风电、太阳能的应用比例。节约非能源物质，会有较大的节能减排效果。可以说，节约非能源物质与节约能源是同等重要的。如收得率就是考核节约非能源物质的重要指标。降低各工序原材料消耗，提高成品率也是节约非能源物质的重要内容。目前，一些企业在购买低品位的原料，认为可降低成本。但是增加了能源消耗和污染物排放，有负面的影响。应采用技术经济的科学方法进行技术经济分析，采用优化的解决方案。

研究工业企业生产过程中的物质流、能源流、能源转换、物质的合理循环利用，实现生产工艺流程的最优化，实现工业系统节能。要结合企业的不同情况，找出最佳方案。要对单体设备节能、工序节能、管理节能进行综合研究；要认识到节能减排不是个体或某个环节的问题，而是全局的问题，通过系统优化才能取得预期效果。

# 第五章　大气环境

## 第一节　大气结构与组成

### 一、大气结构

地球是宇宙中存在着生命体的一个星球。地球上生命的存在，特别是人类的存在，与地球具备生命存在的环境有关，而大气就是必不可少的环境要素之一。

地球表面覆盖着多种气体组成的大气，称为大气层。一般将随地球旋转的大气层叫做大气圈。大气圈中空气质量的分布是不均匀的，总体看，海平面处的空气密度最大，随高度的增加，空气密度逐渐变小。在超过1000km的高空，气体已经非常稀薄，因此，通常把地球表面到1000~1400km的气层作为大气圈的厚度。大气在垂直方向上的温度、组成与物理性质也是不均匀的。根据大气温度垂直分布的特点，在结构上可将大气圈分为五个气层，见图5-1。

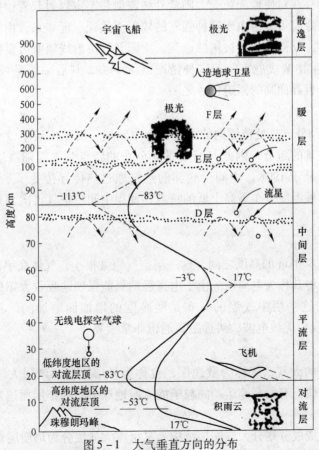

图 5-1　大气垂直方向的分布

（一）对流层

对流层是大气圈中最接近地面的一层，对流层的平均厚度为12km。对流层集中了占大气总质量75%的空气和几乎全部的水蒸气量，是天气变化最复杂的一层，对流层具有如下两个特点。

（1）气温随高度增加而降低。由于对流层的大气不能直接吸收太阳辐射的能量，但能吸收地面反射的能量而使大气增温，因而靠近地面的大气温度高，远离地面的空气温度低，高度每增加100m，气温约下降0.65℃。

（2）空气具有强烈的对流运动。近地层的空气接受地面的热辐射后温度升高，与高空冷空气发生垂直方向的对流，构成了对流层空气强烈的对流运动。对流层中存在着极其复杂的气象条件，各种天气现象也都出现在这一层，因而在该层有时会形成污染物易于扩散的条件，有时又会形成污染物不易扩散的条件。人类活动排放的污染物主要是在对流层中聚集，大气污染主要也是在这一层中发生，因而对流层的状况对人类生活影响最大，与人类关系最密切，是我们进行研究的主要对象。

（二）平流层

对流层层顶之上的大气为平流层，其上界伸展到约55km处。平流层内温度垂直分布的特点是大气温度随高度的增加而升高。这一方面是由于它受地面辐射影响小，另一方面也是由于该层含有臭氧，存在臭氧层。臭氧层可直接吸收太阳的紫外线辐射，造成了气温的增加。臭氧层的存在对使地面免受太阳紫外线辐射和宇宙辐射起着很好的防护作用，否则，地面所有的生命将可能会由于这种强烈的辐射而致死。近年来，由于人类向大气排放氯氮烃化合物过多，局部臭氧层被销蚀成洞，太阳及宇宙射线辐射可直接穿过"臭氧层空洞"，给地球上的生物造成危害。若这种情况继续下去，其后果将是极为严重的。因此，保护臭氧层是当今世界面临的紧迫任务之一。

（三）中间层

由平流层顶至85km高处范围内的大气称为中间层。由于该层中没有臭氧这一类可直接吸收太阳辐射能量的组分，因此其温度垂直分布的特点是气温随高度的增加而迅速降低，其顶部气温可低于190K。中间层底部的空气通过热传导接受了平流层传递的热量，因而温度最高。这种温度分布下高上低的特点，使得中间层空气再次出现强烈的垂直对流运动。

（四）暖层

暖层位于85~800km的高度之间。这一层空气密度很小，气体在宇宙射线作用下处于电离状态，因此又将其称为电离层。由于电离后的氧能强烈地吸收太阳的短波辐射使空气迅速升温，因此在这一层中气温的分布是随高度的增加而增加的，其顶部可达750~1500K。电离层能反射无线电波，对远距离通讯非常重要。

（五）散逸层

暖层层顶以上的大气，统称为散逸层，也称为外层大气，该层大气极为稀薄，气温高，分子运动速度快。有的高速运动的粒子能克服地球引力的作用而逃逸到太空中去，所以称其为散逸层。

如果按空气组成成分划分大气圈层结构，又可将大气层分为均质层及非均质层。

（1）均质层。均质层的顶部高度可达 90km，包括对流层、平流层和中间层。在均质层中，大气中的主要成分氧和氮的比例基本保持不变，只有水汽及微量成分的组成有较大的变动，因此，均质层的主要特点为大气成分是均匀的。

（2）非均质层。在均质层以上范围的大气统称为非均质层。其特点是气体的组成随高度的增加有很大的变化，非均质层主要包括暖层和散逸层。

## 二、大气的组成

大气是由多种成分组成的混合气体，该混合气体的组成通常认为应包括如下几部分。

### （一）干洁空气

干洁空气即干燥清洁的空气。它的主要成分为氮、氧和氩，它们在空气的总容积中约占 99.96%。此外还有少量的其他成分，如二氧化碳、氖、氦、氪、氙、氢、臭氧等。以上各组分在空气总容积中所占的容积百分数见表 5-1。干洁空气中各组分的比例，在地球表面的各个地方几乎是不变的，因此可看成大气的不变组成。

表 5-1　近海面干洁大气的组成

| 组　分 | 浓　度 | | 组　分 | 浓　度 | |
| --- | --- | --- | --- | --- | --- |
| | 体积/% | ppm(V) | | 体积/% | ppm(V) |
| 氮 | 78.09 | 780900 | 一氧化亚氮 | $0.25 \times 10^{-4}$ | 0.25 |
| 氧 | 20.94 | 209400 | 氢 | $0.5 \times 10^{-4}$ | 0.5 |
| 氩 | 0.93 | 9300 | 甲烷 | $15 \times 10^{-4}$ | 15 |
| 二氧化碳 | 0.0318 | 318 | 二氧化氮 | $0.001 \times 10^{-4}$ | 0.001 |
| 氖 | $18 \times 10^{-4}$ | 18 | 臭氧 | $0.002 \times 10^{-4}$ | 0.002 |
| 氦 | $5.2 \times 10^{-4}$ | 5.2 | 二氧化硫 | $0.2 \times 10^{-4}$ | 0.2 |
| 氪 | $1.0 \times 10^{-4}$ | 1.0 | 一氧化碳 | $0.1 \times 10^{-4}$ | 0.1 |
| 氙 | $0.08 \times 10^{-4}$ | 0.08 | 氨 | $0.01 \times 10^{-4}$ | 0.01 |

### （二）水汽

大气中的水汽含量，比起氮、氧等主要成分含量，所占的百分比要低得多，但它在大气中的含量会随时间、地域、气象条件的不同而发生很大变化，在干旱地区可低到 0.02%，而在温湿地带可高达 6%。大气中的水汽含量虽然不大，但对天气变化却起着重要的作用，因而也是大气中的重要组分之一。

### （三）悬浮微粒

悬浮微粒是指由于自然因素而生成的颗粒物，如岩石的风化、火山爆发、宇宙落物以及海水溅沫等。无论是它的含量、种类还是化学成分，都是变化的。

以上为大气的自然组成，或称为大气的本底，有了这个组成就可以很容易地判定大气中的外来污染物。若大气中某个组分的含量远远超过上述含量时，或自然大气中本来不存在的物质在大气中出现时，可判定它们就是大气的外来污染物，在上述各个组分中，一般不把水分含量的变化看做外来污染物。

# 第二节　大气污染

所谓大气污染是指大气中某些物质的含量超过正常含量，从而引起空气质量恶化，造成对人体健康和动植物生长的危害。按照国际标准化组织（ISO）做出的定义："大气污染，通常指由于人类活动和自然过程引起某些物质进入大气中，呈现出足够的浓度，达到了足够的时间，并因此而危害了人体的舒适、健康和福利，或危害了环境。"

这里所说的舒适和健康，包括对人体正常生活环境和生理机能的影响达到引起慢性疾病、急性病以致死亡等；而所谓福利，则包括了与人类协调共存的生物、自然资源以及建筑物和设备财产等。目前，国内常把大气污染和空气污染当做同一词使用，但在环境科学中，这两个词的界定范围是不同的。空气污染常被理解为室内空气污染，室外空气污染，而地区性或全球性的空气污染则大多使用大气污染一词。它们各自有相应的质量标准和评价方法。

## 一、大气污染源及污染的类型

### （一）大气污染源

大气污染源是指大气污染的发源地，按污染物产生的原因，可分为天然污染源和人为污染源。

1. 天然污染源

天然污染源是自然灾害造成的，如火山爆发喷出大量火山灰和二氧化硫；有机物分解产生的碳、氮和硫的化合物；森林火灾产生大量的二氧化硫、二氧化氮、二氧化碳以及碳氢化合物；"流星"在地球及大气层中燃烧变成尘埃和多种气体；大风刮起的砂土以及散布于空气中的细菌、花粉等。天然污染源目前还不能得到有效控制，但它造成的污染是局部的、暂时的，通常在大气污染中起次要作用。

2. 人为污染源

人类生产和生活活动造成的污染称为人为污染源。一般所说的大气污染问题，主要是指人为因素引起的污染。人为污染源主要分为以下几类：

（1）生活污染源、工业污染源和交通污染源，这是按污染物产生的类型划分的。

1）生活污染源：指人类生活活动过程中排放污染物的设施，如烧饭、取暖用的液化气、煤气炉及各种燃油、燃煤炉灶等。在我国，这是一种排放量大、分布广、排放高度低、危害性大的大气污染源。

2）工业污染源：指人类生产活动过程中造成大气污染的污染源。几乎所有的工业生产都排放污染大气的有害物质。

3）交通污染源：指汽车、飞机、火车和船舶等交通工具排放的尾气中含有一氧化碳、氮氧化物、碳氢化合物、铅等污染物，这类污染物能造成大气的污染，这类污染源称为交通污染源。

（2）固定污染源和移动污染源，即按污染源存在的形式划分。

1）固定污染源：主要指由固定设施排放的污染物，如工矿企业的烟囱、排气囱、民用炉灶等。生活污染源和工业污染源都属于固定污染源。

2）移动污染源：主要指排放污染物的交通工具，又称交通污染源。

（3）点污染源、线污染源和面污染源，即按污染物的排放方式划分。

1）点污染源：指一个烟囱或几个相距很近的固定污染源，其排放的污染物只构成小范围的大气污染。

2）线污染源：主要指汽车、火车、轮船、飞机在公路、铁路、河流和航空线附近构成的大气污染。

3）面污染源：指在一个大城市或大工业区，工业生产烟囱和交通运输工具排出的废气，构成较大范围的空气污染。

（4）一次污染源和二次污染源，即按污染物转化方式划分。

1）一次污染源：指直接向大气排放一次污染物的设施。

2）二次污染源：指可产生二次污染物的发生源。二次污染物是指不稳定的一次污染物与空气中原有成分发生的反应，或污染物之间相互反应，生成一系列新的污染物质。表5-2列举了大气中气体污染物的分类。

表5-2　大气中气体污染物的分类

| 污 染 物 | 一 次 污 染 物 | 二 次 污 染 物 |
|---|---|---|
| 含硫化合物 | $SO_2$、$H_2S$ | $SO_3$、$H_2SO_4$、硫酸盐 |
| 含氮化合物 | $NO$、$NH_3$ | $NO_2$、$HNO_3$、硝酸盐 |
| 碳氢化合物 | $C_1 \sim C_5$ 化合物 | 醛、酮、过氧乙酰硝酸酯 |
| 碳的氧化物 | $CO$、$CO_2$ | 无 |
| 卤素化合物 | $HF$、$HCl$ | 无 |

（5）连续污染源、间断污染源、瞬时污染源，即按污染物排放时间划分。

连续污染源是指污染物连续排放，如化工厂的排气筒等。间断污染源是指污染物排放时断时续，如取暖锅炉的烟囱。瞬时污染源是指污染物排放时间短暂，如工厂由于事故排放的污染。

（6）高架污染源、地面污染源，即按污染物排放空间划分。高架污染源是指在距地面一定高度处排放污染物，如高烟囱。地面污染源是指在地面上排放污染物，如煤炉、锅炉等。

综上所述，燃料燃烧和原料加工（炼油、冶金、化工等）是大气中污染物的主要来源。

（二）污染的类型

大气污染可以从不同角度进行类型的划分。

1. 以污染物的化学性质及存在状况为依据划分

（1）还原型污染。这种类型的污染常发生在以使用煤炭为主，同时也使用液化气的地区，主要污染物是二氧化硫、一氧化碳和颗粒物。在低温、高湿的阴天，风速很小，伴有逆温存在的情况下，一次污染物受阻，容易在低空聚积，生成还原性烟雾。伦敦烟雾事件就是这类污染的典型代表。故还原型污染又称伦敦烟雾型污染。

（2）氧化型污染。这种类型的污染源主要是汽车排气、燃油锅炉以及石油化工企业。

一次污染物是一氧化碳、氮氧化物、碳氢化合物等。它们在太阳光的照射下引起光化学反应，生成二次污染物，如臭氧、醛类、过氧乙酰硝酸酯（简称 PAN）等物质。这类物质具有极强的氧化性，对人的眼睛、黏膜有强刺激作用。洛杉矶光化学烟雾就属此类型污染。故氧化型污染又称为洛杉矶烟雾型污染。

2. 根据燃料的性质及污染物的组成和反应分类

（1）煤炭型污染。燃烧时向大气中排放粉尘和二氧化硫，二氧化硫再在空气中被氧化，并与水蒸气生成硫酸烟雾，对人和动物的呼吸道有强烈的刺激作用，对植物也有危害，对设备有腐蚀作用。

（2）石油型污染。大气中的氮氧化物在强烈紫外线辐射下，能与石油中的烃、氧发生一系列的光化学反应，产生臭氧、过氧乙酰硝酸酯等一系列的强氧化剂，在一定条件下，这些强氧化剂能形成光化学烟雾。此烟雾对人、生物和植物都有严重的危害。

（3）混合型污染。它既包括以煤炭为主要污染源排出的污染物及氧化物所形成的气溶胶，又包括以石油为燃料的污染源排出的污染物。在混合型工业城市，如日本横滨、川崎等地发生的污染事件，就属于这种类型。

（4）特殊型污染。有关工业企业排放特殊气体造成的污染，如某些工厂排放氯气、金属蒸气、酸雾、氯化氢等气体。

以上的前三种污染往往在大范围内造成空气质量下降，而特殊型污染涉及范围小，主要发生在工厂附近的局部地区内。

## 二、大气中的主要污染物及其危害

大气中污染物的种类繁多，已经产生危害并受到人们注意的污染物大致有 100 种，其类别如表 5-3 所示。

表 5-3　大气污染物的类别

| 类　别 | 成　分 |
| --- | --- |
| 粉尘微粒 | 炭粒、白灰、碳酸钙、二氧化铅、各种重金属尘粒 |
| 含硫化合物 | $SO_2$、$SO_3$、$H_2SO_4$、$H_2S$、硫醇等 |
| 含氮化合物 | $NO$、$NO_2$、$NH_3$ 等 |
| 氧化物 | $O_3$、$CO$、过氧化物 |
| 卤化物 | $Cl_2$、$HCl$、$HF$ 等 |
| 有机化合物 | 烃类、甲醛、有机酸、焦油、有机卤化物、酮类、稠环致癌物等 |

目前，被普遍列入空气质量标准的污染物有粉尘、硫氧化物、氮氧化物、一氧化碳、臭氧、碳氢化合物等。一般情况下，大气污染物中粉尘和 $SO_2$ 占 40%，CO 占 30%，$NO_2$ 和碳氢化合物及其他废气占 30%。全世界每年排入大气中的污染物质量大约为 6 亿~7 亿吨。

下面选几类主要的大气污染物分别进行讨论。

（一）粉尘

大气中危害最广、最严重的一种污染物质。它主要由燃烧煤和石油引起，水泥、石棉、冶炼、炭黑等厂都会有不同程度的粉尘产生。

粉尘按颗粒大小分两类。直径大于 $10\mu m$ 的粉尘颗粒会很快降落,这类粉尘称为降尘。直径小于 $10\mu m$ 的粉尘颗粒,是以气溶胶的形式长时间(几个月至数年)飘浮在空中,这类粉尘称为飘尘。大气中粒径大的降尘,因在空中停留时间很短,不易被人吸入,故危害不大。而飘尘能通过呼吸道侵入人体,沉积于肺泡内或被吸收到血液及淋巴液内,从而危害人体健康。更为严重的是,飘尘具有很强的吸附能力,很多有害物质都能吸附在微粒上而被吸入人肺部,从而促成急性或慢性病症的发生。有些飘尘表面吸附有致癌性很强的苯并〔a〕芘3、苯并〔a〕芘4等,大气中污染危害最大的二氧化硫主要以飘尘为"载体",吸入人肺泡内而造成严重危害。

尘埃也会对气象造成影响,它可使大气的能见度降低,减少日光照射达地面的辐射量,对气温有制冷作用。直径 $0.1\sim10\mu m$ 的尘粒达到一定浓度时,就会形成雨滴,增加云量和降雨量。

### (二) 硫氧化物

大气中硫化物的污染物主要以 $SO_2$、$SO_3$、$H_2S$ 的形式存在。大气中的硫氧化物主要是由燃烧含硫的煤和石油等产生的。此外,金属冶炼厂、硫酸厂等也排放出相当数量的硫氧化物气体。一般 $1t$ 煤中含硫 $5\sim50kg$,$1t$ 石油中含硫 $5\sim30kg$,这些硫在燃烧时,将产生的 $SO_2$ 排入大气。全世界每年排入大气中的 $SO_2$ 在 $1.5$ 亿吨以上。因此,$SO_2$ 是目前排放量最大,对环境污染影响最大的污染物。

$SO_2$ 具有强烈的刺激性,大气中 $SO_2$ 浓度在 $0.86mg/m^3$ 时,人的嗅觉就可以感觉到,当浓度在 $17\sim26mg/m^3$ 时,能刺激人的眼睛,伤害呼吸器官,如果浓度再高些,可引起支气管炎,甚至可发生肺水肿和呼吸道麻痹。当浓度在 $1143\sim1429mg/m^3$ 时,可立即危及生命。

当受 $SO_2$ 污染的大气中混入一定量的烟尘粒子后,两者结合会加剧危害。据报道,当大气中 $SO_2$ 浓度为 $0.6mg/m^3$、烟尘浓度大于 $0.3mg/m^3$ 时,可使呼吸道疾病的发病率增高,慢性病患者的病情迅速恶化。

$SO_2$ 还可以被空气中的氧氧化成 $SO_3$,在有水蒸气存在时,$SO_3$ 很容易形成硫酸雾和硫酸盐雾,对人体的危害更大,它引起的生理反应比 $SO_2$ 强 $4\sim20$ 倍。这是因为 $SO_2$ 气体在呼吸道的鼻腔和咽喉处就几乎完全被吸收,而 $SO_3$ 的微粒可侵入肺的深部组织,引起肺水肿和肺硬化而导致死亡。受 $SO_2$ 污染的地区常出现酸性雨雾,其腐蚀性很强,直接影响人体健康和植物生长,并能腐蚀金属器材和建筑物表面。

### (三) 氮氧化物

氮氧化物的种类很多,但造成大气污染的主要是 $NO$ 与 $NO_2$。常以 $NO_x$ 来表示大气中这两种成分,总称为氮氧化物。氮氧化物主要来自重油、汽油、煤炭、天然气等矿物燃料在高温条件下的燃烧。此外,生产和使用硝酸的氮肥厂、有机中间体厂、金属冶炼厂等也会排放一定数量的氮氧化物。

一氧化氮会使人的中枢神经受损,引起痉挛和麻痹。对正常人,一氧化氮最高允许浓度为 $33.5mg/m^3$,一旦发生高浓度急性中毒,将迅速导致肺部充血和水肿,甚至窒息死亡。

二氧化氮的毒性是一氧化氮的 $4 \sim 5$ 倍，甚至比二氧化硫还大。其主要影响肺部，对人的心、肝、肾、造血组织等重要脏器都会产生严重影响。氮氧化物进入大气后，如被水雾粒子吸收，就会形成硝酸、硝酸盐、亚硝酸盐等酸性雨雾，产生严重的腐蚀作用。

### （四）碳氧化物

碳氧化物主要指一氧化碳和二氧化碳。一氧化碳是城市大气中数量最多的污染物，约占大气污染物总量的 1/3。大气中的一氧化碳主要来自燃料的不完全燃烧和汽车的尾气。据报道，全世界由人为污染源向大气排放 CO 量的 55% 以上是由汽车排放的，发达国家城市空气中 CO 量的 80% 是汽车排放的。

CO 是无色、无味的气体，毒性很大，当吸入人体后，很容易与血红蛋白结合（其结合力比氧大 $200 \sim 300$ 倍），妨碍氧气的补给，人会产生头晕、头痛、恶心、疲劳等缺氧症状，危害中枢神经系统，严重时会令人窒息死亡。

$CO_2$ 是无色、无臭、不助燃也不可燃的气体，是植物必需的"食粮"。有机物的生物分解以及人和动物的呼吸作用，是环境中 $CO_2$ 的主要自然来源。因为植物在进行光合作用的同时，会吸入 $CO_2$，放出氧气，从而维持了大气中氧和二氧化碳的动态平衡。随着工业和交通运输事业的发展，燃料用量不断增加，使大气中的 $CO_2$ 含量不断上升。当 $CO_2$ 浓度达 $982mg/m^3$ 时，并未发现对人体健康有直接危害，但是大气中 $CO_2$ 浓度增高，会给气候带来某些变化。因为 $CO_2$ 能吸收来自地球外的红外辐射，使近地面大气层的温度增高，这就会使地面的蒸发增强，使大气中水蒸气增多，而这又使低层大气对红外辐射的吸收增强，从而使近地面气温进一步升高。因此，大气中的 $CO_2$ 就好像是防止近地层的热能散射到宇宙中的一个屏蔽，如同农业上所设的温室一样，故把大气中 $CO_2$ 等气体对环境影响所产生的热效应称为 $CO_2$ 的"温室效应"。

据估计，大气中 $CO_2$ 的浓度从 $589mg/m^3$ 增加到 $1178mg/m^3$，平均气温将上升 $1.5 \sim 3.6℃$。按目前原料和燃料消耗增长率的发展，大气中 $CO_2$ 浓度将在 50 年内增加 1 倍，这将使中纬地区地表温度升高 $2 \sim 3℃$，极地温度升高 $6 \sim 10℃$。曾有人指出，地球能量平衡只要稍有干扰，全球平均气温就可能改变 2℃，若平均气温降低 2℃，就是另一个冰河时期；若平均气温升高 2℃，则变为无冰时代。无论何种情况，都会给全球带来灾难，故全球 $CO_2$ 含量的增长已引起人们的普遍高度重视。

### （五）碳氢化合物

碳氢化合物又称为烃，包括饱和烃、不饱和烃和各种烃的衍生物，一般以 $C_nH_m$ 表示。

碳氢化合物的污染源，工业上主要来自炼油厂、石油化工厂、用油或气为原料的热电厂及各种锅炉，城市里则主要来自汽车、柴油机车辆等。污染大气的碳氢化合物，主要是以乙烯为代表的不饱和烯烃类，当它们大量进入大气后，遇阳光会发生光化学反应，生成危害性很大的光化学烟雾。另外，碳氢化合物及其衍生物含有致癌物苯并芘类稠环烃，近二三十年来，世界各国都发现癌症的发病率有成倍上升的趋势，许多研究指出汽车排气中含有此成分，据文献报道，苯并芘（Bap）对半数以上的动物致癌剂量为 $8\mu g/kg$，最小致癌剂量为 $0.4 \sim 2\mu g/kg$。汽车排出 1g 废气，大致可附有苯并芘类致癌物 $75.4\mu g$，如果汽车行驶 1h，就可产生大约 300kg 的苯并芘。由此可知，在大力发展交通运输的今天，汽车尾气中产生的致癌物数量是惊人的。

（六）光化学烟雾

排入大气的氮氧化物、碳氢化合物、一氧化碳、二氧化硫、烟尘在太阳紫外线照射下发生光化学反应，形成了毒性很大的二次污染物，主要成分为臭氧、醛类、过氧乙酰硝酸酯、硫酸及硫酸盐气溶胶、硝酸及硝酸盐气溶胶、氧原子等氧化剂，其中臭氧占 90% 左右。光化学烟雾是对一次与二次污染物的总称，目前公认的有氧化型和还原型两种光化学烟雾，其主要特征见表 5-4。

表 5-4　两种光化学烟雾的主要特征

| 分　类 | | 氧化型（洛杉矶型） | 还原型（伦敦型） |
|---|---|---|---|
| 主要燃料 | | 石油 | 煤 |
| 污染源 | | 汽车、炼油、石油化工 | 燃煤等设备 |
| 主要污染物 | | $NO_x$、$C_nH_m$、$O_3$、CO、醛类、过氧乙酰硝酸酯 | 烟尘、$SO_2$、CO、硫酸盐、气溶胶 |
| 化学反应 | | 氧化反应 | 还原反应 |
| 气象条件 | 气温 | >23℃（气温越高越易发生） | <5℃（气温越低越易发生） |
| | 相对湿度 | <75% | >85% |
| | 风速 | <(2~3)m/s（相当于二级风） | 无风（有逆温时最易发生） |
| | 日照 | 明亮 | 不明亮也可发生 |
| 发生时间 | 季节 | 夏秋（每年 5~9 月最严重） | 冬（每年 12~3 月最严重） |
| | 时间 | 白天（中午 12 时最严重） | 白天、晚上都可发生、清晨最严重 |
| 影响能见度 | | 中度（能见度 0.8~1.6km） | 严重 |
| 对人体的主要危害 | | 刺激眼睛 | 刺激上呼吸道 |

光化学烟雾对人体有强烈的刺激和毒害作用，当浓度为 $0.214mg/m^3$ 时，会刺激眼睛，引起流泪；浓度达 $2.14mg/m^3$ 时，眼睛发痛、难睁并伴有头痛，中枢神经发生障碍；如果浓度达 $107mg/m^3$，人会立即死亡。所以光化学烟雾又被称为"杀人烟雾"。

当然，大气中的污染物不是仅有以上几种，根据生产工厂不同还有氯气、氯化氢、氟及氟化氢、硫化氢、氮和各种有机物，如甲烷、乙烯、丙烯等。

光化学烟雾（氧化型）的形成分以下几步进行。

（1）汽车排出的 NO 与空气中的氧结合成 $NO_2$。

$$2NO + O_2 \longrightarrow 2NO_2$$

二氧化氮在紫外线作用下，分解为一氧化氮和原子氧。

$$NO_2 \xrightarrow{\text{紫外线}} NO + [O]$$

原子状态的氧与空气中的氧结合成臭氧。

$$[O] + O_2 \longrightarrow O_3$$

（2）形成游离基是光化学反应的重要特征。如酮类在紫外线能量作用下，$\begin{matrix} R \\ \\ R \end{matrix} \!\!\! \rangle C{=}O$ 中的 R—C 键断开，形成两个基团（分别用 R— 和 RCO 表示），因为它们分别有一个键是空着的，还可以与其他化合物产生各种反应，所以有一定的危害性。汽车排出的尾气中还含有烯烃（如$CH_2=CH_2$，用$R-CH=CH_2$表示烯烃类），紫外线作用下与臭氧反应也产生各种游离基。

$$R-CH=CH_2+O_3 \xrightarrow{\text{紫外线}} R, RO, RCO, R-\overset{O}{\underset{\|}{C}}-OOH$$

（3）由光化学反应产生的游离基与空气中的氧化合生成过氧自由基（ROO）等。

$$\dot{R}+O_2 \longrightarrow R\dot{O}O$$

这种过氧基再与氧分子、二氧化氮等作用，又产生臭氧及过氧酰基硝酸酯：

$$R\dot{O}O+NO_2 \longrightarrow ROONO_2 \text{（过氧硝基烷）}$$

$$R\dot{C}O+O_2 \longrightarrow RC\overset{O}{\underset{\|}{O}}\dot{O} \text{（过氧酰自由基）}$$

$$R\overset{O}{\underset{\|}{C}}O\dot{O}+NO_2 \longrightarrow R\overset{O}{\underset{\|}{C}}OONO_2 \text{（过氧乙酰硝酸酯）}$$

由臭氧、氮氧化物、醛类和过氧乙酰硝酸酯气体组成的光化学烟雾，因具有强氧化性，又称为氧化烟雾。在氧化烟雾中，臭氧含量最多约占90%，它的危害是主要的，其次是占总量10%的过氧乙酰硝酸酯。

### 三、大气污染对全球气候及生态系统的影响

大气污染会危害人体健康，影响植物生长，损害各类材料和文化古迹，会对全球气候及生态系统产生影响，最为突出的是二氧化碳的温室效应，会使全球变暖，大气污染形成的酸雨及对臭氧层的破坏，会对生态系统造成严重的危害。

（一）全球变暖

全球变暖是指全球平均地表气温的升高，它是就地球环境总体而言的，并不是说全球每个地区或每个季节都会变暖。在全球变暖过程中，有的地区变暖幅度大，有的地区可能小，甚至可能局部地区还会降温。

人们经陆地观测及海洋监测统计的数据发现，全球地表气温在过去100年内上升了0.3～0.6℃。同时，有8个全球平均最暖年（1980年、1981年、1983年、1987年、1988年、1989年、1990年、1998年），其中6个出现在20世纪80年代，1987年南极一座面积两倍于美国罗德岛的巨大冰山崩塌后溅入大海。1988年夏季，以火炉著称的美国弗尼斯克里克的气温达到46.7℃的最高纪录。1998年是迄今气温最高的一年，这年的地球平均表面温度比1961～1990年期间的平均温度高0.58℃。

1. 温室气体

温室效应是造成全球变暖的主要原因，而温室气体在大气中的浓度增加时，就会加剧"温室效应"，引起地球表面和大气层下沿温度的升高。二氧化碳、甲烷、臭氧、氯氟烃、氧化亚氮等气体可以让太阳短波辐射自由通过，又可以吸收地球发生的长波辐射，从而使地表升温。因此，这类气体像玻璃一样，具有保温作用，被称为"温室气体"。

（1）二氧化碳（$CO_2$）是最重要的温室气体，它对温室效应的贡献率为55%。目前，石油、煤、汽油等化石能源占全球能源消耗总量的90%，世界森林正以每年1700万公顷

的速度消失，因此二氧化碳排放仍呈持续上升态势，仅 1995 年全球二氧化碳的排放量就达 220 亿吨。到 21 世纪中叶，大气中二氧化碳可能比现在增加 60%，比工业化革命时期增加 1 倍。这样，地球将平均升温 2~3℃。

（2）氯氟烃（$CFC_s$）是化工产品，广泛用于制冷剂（约占 1/3）、喷雾剂、清洁剂和塑料生产的发泡剂，全世界每年生产和消费量达 100 多万吨。20 世纪 80 年代对温室效应的贡献率为 24%，是仅次于二氧化碳的温室气体。氯氟烃是破坏臭氧层的主要物质，国际社会正采取措施限制和减少它的使用，因此，从 20 世纪 90 年代开始，大气中氯氟烃浓度的增长速度已经减缓。

（3）甲烷（$CH_4$）。甲烷的来源主要有两种，一种是自然源，如沼泽等，其排放量约占甲烷总排放量的 25%。甲烷主要排放量来自人为源，即稻田、反刍动物、生物燃烧、化石燃料的生成和使用等。100 年以前，大气中甲烷的浓度约为 $0.9mg/m^3$，1988 年则为 $1.72mg/m^3$，即以每年 0.6% 的速率增长，它的增长与世界人口数量的增长趋势是一致的。由于它的温室效应比 $CO_2$ 大 20 倍，因此其浓度持续增长是不容忽视的。

（4）氧化亚氮（$N_2O$）。氧化亚氮释放源既有天然也有人为的。据联合国环境规划署的报告，全球每年由土壤、水域自然产生的氧化亚氮约 800 万吨，由于化石燃料及沼气燃烧、含氮化肥施用等人为产生的有 350 万~720 万吨。过去大气中氧化亚氮的含量一直较稳定，但从 1940 年开始，大气中氧化亚氮的浓度呈明显增长趋势，约以每年 0.26% 的速率增长。另外，氧化亚氮在大气中的平均寿命高达 170 年，因而会在大气中不断积累。

（5）臭氧（$O_3$）。臭氧是大气中浓度仅次于 $CO_2$ 的温室气体。目前对流层的臭氧浓度约为 $0.02~0.1mg/m^3$，并且正在以每年 0~0.7% 的速率增长。

2. 全球变暖产生的影响

（1）海平面上升。海平面上升是温室效应的必然结果，由于全球变暖将使海水受热膨胀，地球南北两极的冰山融化，造成海平面上升。

根据资料统计，近百年来全球气温升高了 0.6℃，海平面大约上升了 10~15cm。实际观测资料表明，我国沿海海面也上升了 11.5cm。如果温室气体排放按目前的速度增长，海平面将按每 10 年平均 6cm 的速度上升，到 2100 年将上升 66cm。

当前，全球人口约有 1/3 居住在距海岸 60km 以内的范围内，这是经济和财富最为集中的地方，人口增长也特别迅速，海平面上升将给沿海地区和岛屿构成严重的灾难，低地被淹没、海滩和海岸被冲蚀、地表水和地下水的盐分增加、地下水位升高、洪涝风暴破坏增加、航运和水产养殖受到影响、土地被淹没、人口要迁移、海岸维护工程费用剧增（1987 年在奥地利 Billach 会议上，科学家估计仅修筑防护堤防御设施，就可能耗资 300 亿~3000 亿美元）。

（2）气候变化。全球变暖引起的气候变化主要表现为温度带向高纬度移动，如我国把 1 月 0℃ 等温线作为副热带北界，目前这一界线位于秦岭 - 淮河一带，如果气温升高会使这一界线移至黄河以北，届时徐州、郑州一带冬季气温将与现在杭州、武汉相似。

温度带移动会使大气运动发生相应的变化，全球降水也将改变。据科学家模拟实验显示，低纬度地区如东南亚季风区的降水量会增加，世界上其他一些地区，如中纬度地区夏季降水量将会减少。

气候变化引起的一系列环境变化可导致干旱、洪涝等自然灾害增多及生态环境的破坏。如亚洲季风区属热带多雨地区，降水的增加将导致洪水发生概率的增大。而在北美洲中部、中国西北内陆等地区，则会因夏季雨量减少而变得更加干旱。全球气候的变化必然给生物圈造成多种冲击，可能有部分植物，高等真菌物种会处于濒临灭绝和物种变异的境地，植物的变异也必然引起动物群落的迁移或灭绝。气候变暖会使森林火灾更为频繁和严重。据估算，气候变暖将使森林覆盖面积从现在的 58% 减少到 47%，沙漠面积则从 21% 扩增到 24%，草原将从 18% 上升到 29%，苔原将从 3% 减到零。

但是气候变化，并非对任何地区都是有害的，多伦多大学的气候学家 F. K. Hare 认为：如果到 2050 年，$CO_2$ 浓度升高到 $500mg/m^3$，加拿大用于供暖的燃料费用将减少到 15%。现在栖养旅鼠和北美驯鹿的次北极草原将由于气候转暖而更适宜人类居住并发展工农业生产，或许数以万计的美国人将移民去那里发展，$CO_2$ 倍增后，加拿大、北欧、西伯利亚、北非的农业将会受益。

因此，气候的变化，有利有弊，各地不一，但总体而言，将是弊大于利。

（3）疾病增多。全球变暖使目前主要发生在热带地区的疾病可能向中纬度地区传播，平均气温、降水、地下水、年温差等气候要素与人类健康有着密切的关系，反常的天气将降低人类及动物的免疫力，加快病毒的繁殖和变异，使得古老的瘟疫、疟疾、霍乱、脑膜炎、结核病、黑热病、登革热等死灰复燃，而且还使新的汉塔病毒等出现和爆发。

人类健康取决于良好的生态环境，全球变暖将成为影响下个世纪人类健康的一个主要因素。

3. 控制全球变暖的对策

（1）能源战略。全球变暖主要是由于人类过多地排放温室气体，干扰了地球热量平衡造成的。二氧化碳是排放量最大的温室气体，因此控制温室气体的排放，首先要控制二氧化碳的排放，这可通过调整以下几方面实现。

1）调整能源结构。可从以下两方面采取措施提高能源的利用率，这是节约能源的重要途径：从技术上说主要有改进燃料设备，提高传热效率，改进燃烧技术，提高热的有效利用率、余热利用率，加强废旧物质的回用等。另一方面，要建立节约能源的消费观，改变高消费、大浪费，一味追求舒适的生活方式。

2）开发新能源：目前，石油、煤炭和天然气等化石燃料是世界能源系统的主体，占世界能源构成的 90% 左右，它们排放的 $CO_2$ 占总量的 70%。化石燃料属不可再生能源，储量有限，因此应积极开发新能源，多使用核能、水能、太阳能、风能、地热能、沼气等污染少的清洁能源。我国的水能资源丰富，水力发电条件得天独厚，应让这一能源优势发挥其应有的作用。太阳能是最理想的能源品种，一无污染，二普遍存在，三能永续使用。我国太阳能资源颇丰，位居世界第二，目前正加快研制以太阳能为主的可再生能源利用技术，争取早日进入"太阳能时代"。

我国在能源消费中，煤炭占 73.5%，石油占 18.6%，天然气占 2.2%，在短期内改变以煤为主的能源结构是不现实也是不可能的。为了减少环境污染，提高能源利用率，我国正在开发和推广应用洁净煤技术。洁净煤技术是减少污染和提高效益的煤炭加工、燃煤转换和污染控制等项技术的总称。

（2）绿色战略。植树造林，增加森林对二氧化碳的吸收，阻止二氧化碳在大气中的增长，称为绿色战略。计算表明，如果每年世界净增林地 0.5 亿公顷，20 年后新增林地可吸收 $CO_2$ 约 200 亿吨，达到阻止 $CO_2$ 增长的目的。

（3）全球合作。全球变暖主要由发达国家造成，他们是温室气体的主要排放者，目前仍占全球温室气体排放量的 2/3，他们对削减温室气体有不可推卸的责任和义务。

广大的发展中国家是全球变暖最大的受害者，他们要汲取发达国家的教训，不要走先污染后治理的老路，要走可持续发展的路子。发达国家和发展中国家应该以理性的态度建立广泛的国际合作，采取切实有效的行动，这是人类唯一正确的决策。

### （二）臭氧层破坏

#### 1. 臭氧层的作用

臭氧是大气中的微量气体之一，仅占百万分之一，总质量约 30 亿吨。它主要集中在大气的臭氧层，有约 10% 的臭氧存在于对流层中。臭氧层对地球生命起着两种主要作用，一是保护地球上的生命，使其免受过量紫外线的伤害；二是调节地球气温。在太阳光谱中，能达到地球表面的有紫外光和可见光，紫外光按其波长分为紫外线 A 波、B 波、C 波三类。紫外线可以促进人类皮肤合成维生素 D，这对骨骼组织的生成及保护起着有益的作用，但紫外 B 波的过度照射可引起皮肤癌、导致免疫功能降低和眼部疾病，对动植物也有伤害。臭氧层能吸收 99% 以上的有害紫外线，其中 UV – C 波全部被吸收，90% 的 UV – B 波被吸收，因此臭氧保护了地球上的生命。另外，臭氧层吸收紫外线后转化为热能，使得平流层的温度升高，只有少数的紫外线能抵达离地面较近的地方，使得这些地区的温度较低。因此，臭氧层对调节地球气温有很大的作用。

#### 2. 臭氧层的破坏

1984 年，英国科学家首次公布南极上空出现了臭氧层空洞。这是指臭氧层浓度局部变低或变薄，与周围相比好像形成了一个空洞。1985 年，美国"雨云 – 7 号"气象卫星测得空洞面积与美国的领土面积基本相等。1987 年，原联邦德国发现北极上空出现了臭氧层空洞，面积约为南极空洞的 1/5。1995 年 12 月 7 日，世界气象组织宣布，地球臭氧层破坏规模达到创纪录的水平：南极臭氧层空洞面积为 2500 万平方千米，臭氧减少现象比往年早出现了 2 个月；北极臭氧层损害也到了历史最坏水平；同时在西伯利亚上空、美洲南部、英伦三岛也发现有臭氧层被破坏。根据全球总臭氧的观测结果，除赤道地区外，臭氧浓度的减少在全球范围内发生，臭氧总浓度的减少情况随纬度的不同而有差异，臭氧的损耗随着纬度的升高（从低纬到高纬）而加剧，1978 ~ 1991 年间，每 10 年总臭氧减少率为 1% ~ 5%。

#### 3. 臭氧层破坏的原因

臭氧层中的 $O_3$ 是分子 $O_2$ 在高空太阳辐射的作用下，首先离解出原子氧 O，然后 O 与 $O_2$ 再结合，形成 $O_3$。

臭氧形成：
$$2O_2 \xrightarrow[180 \sim 240nm]{UV} 2O + O_2$$

$$O + O_2 \longrightarrow O_3$$

臭氧破坏：
$$O_3 \xrightarrow[200 \sim 320nm]{UV} O_2 + O$$

因 $O_3$ 的电离能很低（1.1eV），因而在太阳紫外线照射下很容易离解。在正常情况下，大气中的臭氧层处于动态平衡状态，臭氧的形成和破坏速度几乎是相等的，因而其总量处于恒定状态。当大气中有过量的氯、溴、氮氧化物及其他活性物质，特别是有氯氟烃类存在时，就会破坏臭氧的平衡。以氟利昂为例：

$$CFCl_3 \xrightarrow{UV} CFCl_2 + Cl\cdot$$
$$Cl\cdot + O_3 \longrightarrow ClO\cdot + O_2$$
$$ClO\cdot + O_3 \longrightarrow Cl\cdot + 2O_2$$

在强烈的紫外线照射下，氟利昂分解产生氯游离基（$Cl\cdot$），它与臭氧分子（$O_3$）作用生成氧化氯游离基（$ClO\cdot$），氧化氯游离基又与臭氧作用生成氯游离基。这样下去，氯游离基不断产生，又不断与臭氧分子作用，一个 $CFCl_3$ 分子就可以消耗掉近 10 万个臭氧分子。

4. 臭氧层破坏的危害

臭氧层的破坏，使平流层的臭氧总量减少，到达地面的有害紫外线（UV－B）增加，对地球生命系统产生极大危害。

（1）对人体健康的影响。UV－B 辐射会损坏人的免疫系统，引发红斑狼疮、天疱疹等恶性疾病，使单纯性疱疹、淋巴肉芽肿等传染病易于流行。过多的 UV－B 辐射还会增加皮肤癌和白内障的发病率。据科学家预测，如果地球平流层臭氧每减少 1%，则太阳紫外线的辐射量将增加 2%，皮肤癌的发病率将增加 2%～5%，白内障患者将增加 0.2%～1.6%。

（2）对生态系统的影响。经过 200 多种植物的试验，发现有 2/3 品种对 UV－B 产生敏感反应，紫外线辐射增加，使植物叶片变小，光合作用减弱，并使植物更易遭受病虫害，最终导致减产。实验表明，臭氧水平损耗 25%，可使大豆减产 20%～25%。此外，过多的紫外线还可改变某些植物的再生能力及产品质量，也可能导致某些生物物种的突变。

最近研究表明，UV－B 辐射的增加会直接导致浮游植物、浮游动物、幼鱼、幼虾等的死亡，由于浮游生物是海洋食物链的基础，浮游生物种类和数量的减少还会影响鱼类和贝类生物的产量，从而破坏整个水生生态系统。

此外，UV－B 的增加会使光化学烟雾加剧，还会加速建筑、喷涂、包装及电线电缆等材料的损坏，尤其是使塑料等高分子材料老化和分解变质。

5. 臭氧层的保护

科学家比较趋于一致的共识是：大气层中臭氧的耗损，主要是由消耗臭氧层的化学物质引起的，因此对这些物质的生产及消费量应加以限制，减少或停止其向大气的排放，并研究其替代品。达成国际协议，采取共同行动，是防止臭氧层进一步被破坏的有效措施。

据研究，对臭氧损耗最严重的物质是制冷剂氟利昂（CFC－12）和溴化烃［商品名为哈龙（Halons），卓越的灭火剂］。为了限制制冷剂的生产，联合国环境规划署于 1987 年 9 月在加拿大蒙特利尔签署了《蒙特利尔保护臭氧层协定书》，规定了破坏臭氧层物质的生产量和消费量。1989 年，通过了《赫尔辛基宣言》，提出最迟到 2000 年底前全部废除 $CFC_s$，尽早全部废除哈龙，并控制和削弱对臭氧层有破坏作用的其他物质，全力开发代用品和代用技术。1996 年，在哥斯达黎加召开了《世界保护臭氧层首脑会议》，164 个国家的代表一致许诺以实际行动保护臭氧层。保护臭氧层国际行动是国际环保行动中最为成功的例子。

目前，国际上正致力于开发 CFC$_s$ 的替代物，有些替代物已投入工业使用。一些含氢的卤代烃 HCFC$_s$ 和 HFC$_s$ 已用做替代物，HCFC$_s$ – 22 目前已被广泛用作家用空调的制冷剂，由于 HCFC$_s$ 仍含有氯原子，排到大气后，少部分或它们的部分中间产物仍可能到达平流层，释放出氯原子而破坏臭氧。HFC$_s$ 不含氯，它即使进入平流层后也无氯放出，因此是更加理想的替代物，HFC$_s$ – 134a 已被国外普遍用作家用冰箱和汽车空调的制冷剂，世界上 HFC$_s$ – 134a 的产量正在急剧上升，成为使用最普遍的制冷剂替代物。我国已经开始使用替代物，家用空调已全部使用 HCFC$_s$ – 22，HFC$_s$ 的生产线也开始运作。

（三）酸雨

酸雨也叫酸沉降，是指 pH 值小于 5.6 的天然降水（雨、雪、霜、雹、雾、露）。

因为大气中二氧化碳的存在，所以即使是清洁的雨、雪等降水，也会因为二氧化碳溶于其中而形成碳酸而呈弱酸性。二氧化碳在空气中的浓度平均在 $316mg/m^3$ 左右，此时雨水中饱和二氧化碳的 pH 值为 5.6，故规定 pH 值小于 5.6 为酸雨指标。

酸沉降包括湿沉降（酸雨）和干沉降两种类型。干沉降是指含有硫酸根和硝酸根等阴离子的微小气溶胶连续不断降落的现象。其对环境的影响与湿沉降一样，在降水量小的地区，干沉降的危害更大。

1. 酸雨的形成

人为排放的二氧化硫和氮氧化物是酸雨形成的根本原因。人为排放的二氧化硫主要是燃烧含硫化石燃料造成的，其次，是在金属冶炼和硫酸生产过程中的排放。人为排放的氮氧化物主要来自化石燃料的燃烧过程及机动车排放。发达国家是世界二氧化硫与氮氧化物的主要排放国，美国二氧化硫和氮氧化物的排放量居全球第一，中国二氧化硫的排放量居世界第二。

酸雨的形成过程是含硫化合物和含氮化合物在大气中扩散、迁移、化学转化以及被雨水吸收、降落的过程。$SO_2$ 在大气中，通过大气尘埃中所含的锰、铁等金属催化剂的催化作用氧化成 $SO_3$，也可以通过光化学氧化而转变为 $SO_3$，再与水结合生成 $H_2SO_4$。

$$2SO_2 + 2H_2O + O_2 \xrightarrow[\text{催化剂}]{\text{氧化}} 2H_2SO_4$$

NO$_x$ 的氧化过程略为复杂，最终生成物是硝酸及硝酸盐。

酸雨跟正常雨水的降落过程一样，具有可播性、渗透性、跨国界性和季节性。特别是酸雨的远距离输送，使得酸雨污染成为区域环境问题和跨国污染问题。加拿大东部地区，每年就从美国接受约 60 万吨的 $SO_2$，挪威接受外来 $SO_2$ 大约是它本身排放量的 5 倍。又如中国三大酸雨区：华南地区酸雨时空分布与华南静止锋、西南地区的昆明静止锋、华东地区酸雨都与东亚季风和梅雨有密切的关系。

2. 酸雨的危害

酸雨最初发生于 19 世纪 80 年代。到 20 世纪 50 年代以后，欧洲许多国家相继受到酸雨的污染，80 年代后，酸雨的危害加剧，世界范围内均出现酸雨危害。我国的酸雨污染在 20 世纪 80 年代开始呈急剧发展态势。主要分布在长江以南，有西南、华东、华南以及华中四个稳定的酸雨区，酸雨总面积达 280 万平方千米，占国土总面积的 30%，每年因酸雨造成的直接经济损失超过140亿元。酸雨有"空中死神"之称，危害极大。其危害表现在以下几方面：

（1）影响人体健康。酸雨会刺激人的眼睛，使眼睛红肿、发炎。酸雨使地表水和地下水变成酸性，引起水中重金属含量增高，人长期饮用这种水或食用生长在酸性河水中的鱼类，都会危害健康。据报道，由于酸性水的影响，不少国家或地区地下水中铝、铜、锌、镉的浓度已上升到正常值的10～100倍。

（2）危害生态系统。酸雨使河流和湖泊酸化，水质下降，水中的微生物、水藻、无脊椎动物和鱼类受到毒害甚至死亡，从而使水生生态系统受到严重破坏。酸雨对植被有很强的破坏作用，可导致陆生生态系统被破坏。由于受酸雨的影响，北美和欧洲出现大面积的森林萎缩。酸雨对农作物危害较大，可使烟草、大麦、萝卜等严重减产，酸雨还会伤害植物的芽和叶，影响植物生长发育。广东、广西两省，每年因酸雨而导致的农、林损失就超过10亿元，在重酸雨区重庆，1800公顷的马尾松死亡率达46%。

（3）土壤硬化和贫瘠化。酸雨可使土壤的pH值降低，导致几种重金属（如Cu、Pb、Zn）迁移，被植物根系吸收致死亡，重金属的毒性随着pH值的下降而增大。随着土壤酸度的增加，土壤中微生物的活性和数量受到影响，使土壤中的氨化作用、硝化作用和固氮作用下降而影响植物的生长。酸雨不但能抑制土壤中有机物的分解和氮的固定，而且淋洗土壤中钙、镁、钾等营养因素，使土壤贫瘠化，影响农作物生长。

（4）腐蚀建筑物和艺术品。酸雨通过直接化学腐蚀和电化学腐蚀可加速破坏各种建筑物、古迹、桥梁、水坝、地下贮罐、电力通信电缆等设施。故宫的汉白玉石雕正受酸雨的侵蚀；重庆市江边的元代石刻佛像，完好无损地保存了几个世纪，如今却因为酸雨面目全非。德国每年由于混凝土被腐蚀造成的经济损失约为190亿马克。美国社区供水管线由于酸雨的腐蚀，每年要损失3.75亿美元。

3. 酸雨的防治

酸雨的危害已引起全球范围的重视，各国都采取了一定的措施来防治，这些措施已经取得了明显的成效。采取的措施主要有以下几点。

（1）健全法规，强化管理，控制排放。建立空气质量、燃料质量和排放标准，实行排放许可证制度；加强对大气污染物的环境监测，对不执行法规的单位采取有效的经济手段。

（2）发展清洁煤技术。清洁煤技术是解决二氧化硫排放最为有效的途径，具体内容为：

1）洗煤技术：洗煤技术是煤炭清洁利用的重要环节。煤炭清洗后可脱除50%～70%的无机硫，$SO_2$可减少30%～50%。洗煤技术是国际上通用的减硫技术措施之一，发达国家的煤炭洗选率已达到99%，但我国只有25%。如果将洗选率提高到50%，仅此一项，我国每年就可减少$SO_2$排放量300万吨左右。

2）改进煤炭燃烧技术：减少$SO_2$和$NO_x$排放可以使用新型流化床锅炉，其燃烧率最高可达99%，并可除去80%～95%的二氧化硫和氮氧化物以及重金属。此外，还可使用高效低污染粉煤燃烧、燃煤联合循环发电等技术。减少$SO_2$排放量的有效途径还有燃烧固硫型煤、低硫油或以煤气、天然气代替原煤等。

3）烟道气脱硫：在烟道气排出之前，喷以石灰等，可使二氧化硫与碳酸钙反应生成硫酸钙，其脱硫率高达90%，副产品还可用作建筑材料等。使用烟道脱硫技术可使烟气中85%～90%的$SO_2$除去。

（3）控制汽车尾气的排放。在发达国家，汽车的$NO_x$排放量约占$NO_x$总排放量的50%，而汽车所用的一般柴油中含硫约0.4%，为工厂所用燃料含硫量的3倍。所以必须控制汽车尾气污染物的排放量。目前，世界各国都在积极采取减少汽车废气的各种措施，如改进发动机、提高燃烧效率、安装汽车尾气净化器等。

### 四、我国大气污染的基本情况

（一）现状

我国是世界上大气污染最严重的国家之一，大气污染是我国环境问题中最突出的问题。2000年中国环境状况公报表明，全国废气中二氧化硫排放总量为1995万吨，其中工业来源的排放量为1612万吨，生活来源的排放量为383万吨；烟尘排放总量为1165万吨，其中工业烟尘排放量953万吨，生活烟尘排放量212万吨；工业粉尘排放量1092万吨。

我国的$SO_2$排放总量位居世界第二，酸雨区面积占国土总面积的30%。2000年监测的254个城市中，降水pH值范围在4.1～7.7，157个城市出现过酸雨，占总城市数的61.8%，72个城市降水平均pH值<5.6的占总城市数的36.2%。

目前，我国大多数城市空气的首要污染物是颗粒物。全球大气污染物的监测结果表明，北京、沈阳、西安、上海、广州5座城市大气中总悬浮颗粒物日均浓度在200～500$\mu g/m^3$，超过世界卫生组织标准的3～9倍，被列入世界10大污染城市之中，而这5座城市的污染在国内仅属中等。全国500座城市中符合大气环境质量一级标准的只有1%。统计的338个城市中，36.5%城市达到国家空气质量二级标准，63.5%的城市超过国家空气质量二级标准，其中超过三级标准的有112个城市，占监测城市的33.1%。总悬浮颗粒物（TSP）或可吸入颗粒物（$PM_{10}$）的年均值超过国家二级标准限值的城市占61.6%，$SO_2$浓度年均超过国家二级标准限值的城市占20.7%。以上数据表明：大气受污染的整体水平仍较严重。

（二）我国大气污染的特点

我国大气污染的特点是：

（1）降尘和总悬浮颗粒、二氧化硫是我国大气污染的主要污染物。

（2）$SO_2$降尘的污染程度北方城市重于南方城市，但酸雨现象，南方城市重于北方城市。

（3）从时间上看，我国大气污染冬季重于夏季，污染物的浓度早、晚又高于中午。

（4）我国的产煤区，尤其是高硫煤区大气污染严重，局部地区氟、铅等污染也很严重，这都与工业的发展和管理水平有关。

（三）我国大气污染严重的原因

我国大气污染严重的原因主要是：

（1）直接燃煤是我国大气污染严重的根本原因。我国现年产原煤已达10亿吨以上，其中70%以上作为工业窑炉和民用燃料。从统计资料可以看出，燃煤排放的$SO_2$占我国各

类污染源排放 $SO_2$ 总量的 87%；燃煤排放的粉尘，占各类污染源排放粉尘总量的 60%；燃煤排放的 $NO_x$ 占各类污染源排放 $NO_x$ 总排放量的 67%；燃煤排放的 CO 占各类污染源排放总量的 71%。此外，能源浪费严重，燃烧方式落后，燃烧效率非常低，加重了大气污染。

（2）工业生产过程对大气产生污染，如化工厂、钢铁厂、水泥厂等各类工厂，在原料和产品运输以及成品生产过程中，都会产生大量污染物，如粉尘、碳氢化合物、含硫和含氮化合物等等排入大气中。

（3）农药和化肥的使用也可对大气产生污染，如氮肥可直接从土壤表面挥发成气体而进入大气；DDT 施用后能在水面上漂浮，可同水分子一起蒸发进入大气层。

（4）交通运输过程中，各种机动车辆、飞机、轮船等排放有害废物到大气中，尤其在城市交通阻塞处，对大气污染更为严重，如在交通干线的十字路口，CO 和 $NO_x$ 的浓度比一般交通线上高 4~5 倍。

（5）城市布局不合理，人口密度过大，工厂集中。如有的城市将重大污染源布置在城市的上风口区域，有的城市工业区与居民区混杂。辽沈地区、京津唐地区是我国重要的工业基地，城市密集，大中型企业和厂矿集中，人口密度过大，成为我国大气污染严重的区域。

案例：2013 年 1 月，罕见的连续高强度大气雾霾污染席卷了中东部地区，造成大量航班延误、高速公路封闭、呼吸道疾病患者涌向医院急诊室。我国中央电视台及美国和英国电视台第一时间播报了此次污染事件，紧接着，多国各种媒体对这次污染事件进行了追踪报道，引起了世界范围内的高度关注。本次雾霾污染范围涉及我国中东部、东北及西南共计 10 个省市自治区，受害人口达 8 亿以上，其中污染最严重的是京津冀区域。据统计，2013 年 1 月京津冀共计发生 5 次雾霾污染过程。第一次发生在 6~8 日，北京 $PM_{2.5}$ 小时浓度最高值 $320\mu g/m^3$，大于 $300\mu g/m^3$ 的时数为 1h；第二次发生在 9~15 日，北京 $PM_{2.5}$ 小时浓度最高值 $680\mu g/m^3$，大于 $300\mu g/m^3$ 的时数超过 46h；第三次发生在 17~19 日，$PM_{2.5}$ 小时最高浓度 $320\mu g/m^3$，大于 $300\mu g/m^3$ 的时数为 1h；第四次发生在 22~23 日，$PM_{2.5}$ 小时最高浓度 $400\mu g/m^3$，大于 $300\mu g/m^3$ 的时数超过 21h；第五次发生在 25~31 日，$PM_{2.5}$ 小时最高浓度 $530\mu g/m^3$，大于 $300\mu g/m^3$ 的时数超过 50h。整个 1 月份（1~31 日），北京共计 22 天 $PM_{2.5}$ 超过国家空气质量二级标准（$75\mu g/m^3$），27 天超过国家一级标准（$35\mu g/m^3$），$PM_{2.5}$ 小时最高值达到 $680\mu g/m^3$，只有 4 天晴好天气；天津共计 21 天 $PM_{2.5}$ 超过国家二级标准，只有 5 天晴好天气；石家庄共计 26 天 $PM_{2.5}$ 超过国家二级标准，只有 1 天晴好天气，$PM_{2.5}$ 小时最高值超过 $690\mu g/m^3$ 和 $1000\mu g/m^3$。京津冀地区兴隆的 $PM_{2.5}$ 共计 6 天超过国家二级标准，京津冀空气污染形势十分严峻。长三角及珠三角空气污染形势同样十分严峻。

由于我国的 $PM_{2.5}$ 来源复杂，形成原理不清，观测分析设备落后，难以制定科学合理的治理方案。此时，切勿盲目采用国外监测技术及照搬国外调控标准，应抓紧时间进行基础研究，加大科学投入，并根据科学研究结果制定出一套详尽完备的 $PM_{2.5}$ 减排控制方案。在控制技术方面更要抓紧研究，当发现问题后，如何解决就成了关键。我国大气的 $PM_{2.5}$ 污染来源和形成机制与发达国家不同，治理技术也不能完全照搬。

公众行为是面源强度大小的最重要控制因子，小到餐饮出行，大到择业置产，都要考虑到尽量减少污染排放，因此首先要提高公民的整体素质，只有每个人都从自我做起，从点滴小事做起，才有可能保障我们有干净的空气呼吸。加大宣传力度，提高公民的环保意识，使公众有合理的参与途径和方式，能够从科学上认识正确防控 $PM_{2.5}$ 的方法，才能与政府部门一道控制 $PM_{2.5}$，保护生存环境，保护我们的家园。

# 第三节　大气污染治理技术简介

## 一、颗粒污染物的治理技术

从废气中将颗粒物分离出来并加以捕集、回收的过程称为除尘。实现上述过程的设备称为除尘器。

（一）除尘装置的技术性能

全面评价除尘装置性能应该包括技术指标和经济指标两项内容，技术指标常以气体处理量、净化效率、压力损失等参数表示，而经济指标则包括设备费、运行费、占地面积等内容。本节主要介绍其技术性能指标。

1. 烟尘的浓度表示

根据含尘气体中含尘量的大小，烟尘浓度可表示为两种形式。

（1）烟尘的个数浓度。单位气体体积中所含烟尘颗粒的个数，称为个数浓度，单位为个/$cm^{-3}$，在粉尘浓度极低时用此单位。

（2）烟尘的质量浓度。每单位标准体积含尘气体中悬浮的烟尘质量数，称为质量浓度，单位 $g/m^3$（标态）。

2. 除尘装置的处理量

该项指标表示的是除尘装置在单位时间内所能处理烟气量的大小，是表明装置处理能力大小的参数，烟气量一般用体积流量表示（$m^3/h$，$m^3/s$，标态）。

3. 除尘装置的效率

除尘装置的效率是代表装置捕集粉尘效果的重要指标，也是选择、评价装置的最主要的参数。

（1）除尘装置的总效率（除尘效率）。是指在同一时间内，由除尘装置处理的粉尘量与进入除尘装置的粉尘量的百分比，常用符号 $\eta$ 表示。总效率反映的实际上是装置净化程度的平均值，它是评定装置性能的重要技术指标。

除尘装置总效率的表示方法可用图 5-2 来说明。该图表示一个除尘装置。设 $Q_0$ 为含尘气体入口流量（$m^3/s$），$G_0$ 为粉尘流入量（$g/s$），气体含尘浓度为 $C_0(g/m^3)$；除尘装置出口处的含尘气体流量为 $Q_1(m^3/s)$，粉尘流量为 $G_1(g/s)$，气体含尘浓度为 $C_1(g/m^3)$；装置捕集的粉尘量为 $G_2(g/m^3)$。根据定义，除尘装置的总效率为：

$$\eta = \frac{G_2}{G_0} \times 100\%$$

因为 $G_2 = G_0 - G_1$，所以：

$$\eta = \frac{G_0 - G_1}{G_0} \times 100\% = (1 - \frac{G_1}{G_0}) \times 100\%$$

因为 $G = CQ$，所以上式还可以表示为：

$$\eta = (1 - \frac{C_1 Q_1}{C_0 Q_0}) \times 100\%$$

当装置不漏风或气体中含尘浓度很低时，上式可简化为：

$$\eta = (1 - \frac{C_{1N}}{C_{0N}}) \times 100\%$$

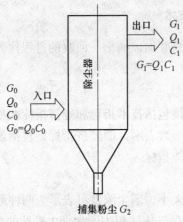

图 5-2　除尘装置效率计算

（2）除尘装置的分级效率。分级效率是指装置对某一粒径 $d$ 为中心、粒径宽度为 $\Delta d$ 范围的烟尘除尘效率，具体数值用同一时间内除尘装置除去的该粒径范围内的烟尘量占进入装置的该粒径范围内的烟尘量的百分比来表示，符号为 $\eta_d$。

若设由除尘装置捕集下来的某粒径范围 $\Delta d$ 的烟尘量为 $G_{2d}$，进入装置的粒径范围为 $\Delta d$ 的烟尘量为 $G_{0d}$，则该除尘装置对粒径为 $\Delta d$ 范围内的粉尘的分级效率为：

$$\eta_d = (1 - \frac{G_{2d}}{C_{0d}}) \times 100\%$$

总除尘效率只能表示对气流中各种粒径的颗粒污染物去除效率的平均值，而不能说明对某一粒径范围粒子的去除能力，因此不能完全反映除尘器效果的好坏。在粉尘颗粒密度一定的情况下，除尘效率的高低与颗粒大小的分散度有着密切的关系，粒径愈大，除尘效率愈高。

因此单用总除尘效率来描述某一除尘装置的捕集分离性能是十分不够的，引入分级效率后，即可根据对不同粒径的粉尘去除情况，更准确地判断效果的好坏，也就可以根据要处理的烟气中的粒径分布情况选择更适宜的除尘装置。

4. 除尘装置的压力损失

压力损失是表示除尘装置消耗能量大小的指标，有时也称为压力降。压力损失的大小是用除尘装置进出口处气流的全压差来表示，压力损失的大小与流体流经装置所耗机械能成正比，与风机所耗功率成正比，因此压损的大小直接影响到风机的选择，除尘装置的压损过大，就需选用压力大的风机，不但使造价提高，而且会使风机的噪声、振动加大，带来一系列的消声减振问题。

（二）除尘装置的分类与除尘原理

1. 除尘装置的分类

除尘器种类繁多，根据不同的原则，可对除尘器进行不同的分类。

依照除尘器除尘的主要机制，可将其分为机械式除尘器、过滤式除尘器、湿式除尘器、静电除尘器等4类。根据在除尘过程中是否使用水或其他液体，可分为湿式除尘器、干式除尘器。此外，按除尘效率的高低，还可将除尘器分为高效除尘器、中效除尘器和低效除尘器。

近年来，为提高对微粒的捕集效率，还出现了综合几种除尘机制的新型除尘器。如声凝聚器、热凝聚器、高梯度磁分离器等。但目前大多仍处于试验研究阶段，还有些新型除尘器由于性能、经济效果等方面原因不能推广应用。因此本书以介绍常用除尘装置为主。

2. 各类除尘装置的除尘原理

A　机械式除尘器

机械式除尘器是通过质量力的作用达到除尘目的的除尘装置。质量力包括重力、惯性力和离心力，主要除尘器的形式为重力沉降室、惯性除尘器和旋风除尘器等。

（1）重力沉降室除尘原理。重力沉降室是利用粉尘与气体的密度不同，使含尘气体中的尘粒依靠自身的重力从气流中自然沉降下来，达到净化目的的一种装置。图5－3即为单层重力沉降室的结构示意图。

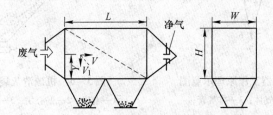

图5－3　重力沉降室示意图

（2）惯性除尘器的除尘原理。利用粉尘与气体在运动中的惯性力不同，使粉尘从气流中分离出来的方法为惯性力除尘。图5－4表示的是含尘气流冲击挡板时尘粒分离的机理。惯性除尘器适于非黏性、非纤维性粉尘的去除，设备结构简单，阻力较小，但其分离效率较低，故只能用于多级除尘中的第一级除尘。

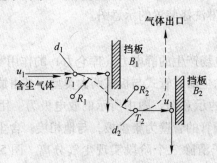

图5－4　惯性除尘器原理示意图

（3）旋风除尘器的工作原理。使含尘气流沿某一定方向作连续的旋转运动，粒子在随气流旋转中获得离心力，使粒子从气流中分离出来的装置为离心式除尘器，也称为旋风除尘器。图5-5为一旋风除尘器的结构示意图，普通旋风除尘器是由进气管、排气管、圆筒体、圆锥体和灰斗组成的。

**B 过滤式除尘器的滤尘原理**

过滤式除尘是使含尘气体通过多孔滤料，把气体中的尘粒截留下来，使气体得到净化的方法。这种除尘方式最典型的装置是袋式除尘器，它是过滤式除尘器中应用最广泛的一种。普通袋式除尘器的结构形式如图5-6所示。

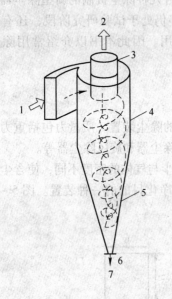 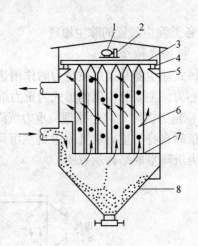

图5-5 旋风除尘器工作原理示意图
1—气体；2—净化气体；3—排气管；
4—圆柱体；5—圆锥体；6—排尘；7—灰斗

图5-6 机械清灰袋式除尘器示意图
1—电机；2—偏心块；3—振动架；4—橡胶垫；
5—支座；6—滤袋；7—花板；8—灰斗

**C 湿式除尘原理**

湿式除尘也称为洗涤除尘。该方法是用液体（一般为水）洗涤含尘气体，使尘粒与液膜、液滴或气泡碰撞而被吸附、凝集变大，尘粒随液体排出，气体得到净化。

湿式除尘器的种类很多，主要有各种形式的喷淋塔、离心喷淋洗涤除尘器和文丘里式洗涤器等，图5-7即为喷淋洗涤装置的示意图。

**D 静电除尘原理**

静电除尘是利用高压电场产生的静电力（库仑力）的作用实现固体粒子或液体粒子与气流分离的方法。常用的除尘器有管式与板式两大类型，是由放电极与集尘极组成的，图5-8即为一管式电除尘器的示意图，图中所示的放电极为一用重锤绷直的细金属线，与直流高压电源相接。金属圆管的管壁为集尘极，与地相接。含尘气体进入除尘器后，通过粒子荷电、粒子沉降、粒子清除三个阶段实现尘气分离。图5-9即为电除尘器的除尘原理。

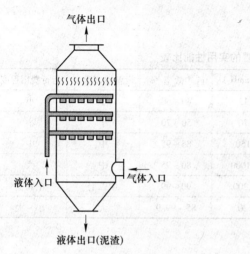

图 5 - 7　喷淋洗涤装置的示意图

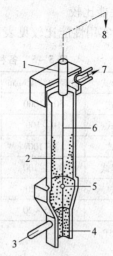

图 5 - 8　管式电除尘器的示意图

1—绝缘瓶；2—集尘板表面上的粉尘；3—气流入口；
4—捕集的粉尘；5—吊锤；6—放电极；7—气流出口；8—接电源

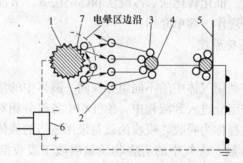

图 5 - 9　电除尘器中荷电粒子运动示意图

1—放电极；2—电子；3—离子；4—尘粒；5—收尘极；6—供电装置；7—电晕区

电除尘器是一种高效除尘器，对细微粉尘及雾状液滴捕集性能优异，除尘效率达 99% 以上，对于小于 $0.1\mu m$ 的粉尘粒子，仍有较高的去除效率。由于电除尘器的气流通过阻力小，又由于所消耗的电能是通过静电力直接作用于尘粒上的，因此能耗低。电除尘器处理气量大，又可应用于高温、高压的场合，因此被广泛用于工业除尘。电除尘器的主要缺点是设备庞大、占地面积大，因此一次性投资费用高。

（三）除尘装置的性能比较与选用原则

1. 除尘装置的选择原则

除尘器的整体性能主要是用 3 个技术指标（处理气体量、压力损失、除尘效率）和 4 个经济指标（一次投资、运转管理费用、占地面积及使用寿命）来衡量的。在评价及选择除尘器时，应根据所要处理气体和颗粒物的特性、运行条件、标准要求等，进行技术、经济的全面考虑。理想的除尘器在技术上应满足工艺生产和环境保护的要求，同时在经济上要合理、合算。

## 2. 除尘装置的性能比较

各种除尘装置的实用性能比较见表 5 – 5。

表 5 – 5　各种除尘装置的实用性能比较

| 类　型 | 结构形式 | 处理的粒度/μm | 压力降/mmH$_2$O | 除尘效率/% | 设备费用程度 | 运行费用程度 |
|---|---|---|---|---|---|---|
| 重力除尘 | 沉降式 | 50 ~ 1000 | 10 ~ 15 | 40 ~ 60 | 小 | 小 |
| 惯性力除尘 | 烟囱式 | 10 ~ 100 | 30 ~ 70 | 50 ~ 70 | 小 | 小 |
| 离心除尘 | 旋风式 | 3 ~ 100 | 50 ~ 150 | 85 ~ 95 | 中 | 中 |
| 湿式除尘 | 文丘里式 | 0.1 ~ 100 | 300 ~ 1000 | 80 ~ 95 | 中 | 大 |
| 过滤除尘 | 袋式 | 0.1 ~ 20 | 100 ~ 200 | 90 ~ 99 | 中以上 | 中以上 |
| 电除尘 | | 0.05 ~ 20 | 10 ~ 20 | 85 ~ 99.9 | 大 | 小 ~ 大 |

注：1mmH$_2$O = 9.80665Pa。

## 二、气态污染物的治理技术

工农业生产、交通运输和人类生活活动中所排放的有害气态物质种类繁多，依据这些物质不同的化学性质和物理性质，需采用不同的技术方法进行治理。气态污染物的常用治理方法有吸收法、吸附法、催化转化法、冷凝法和燃烧法等。下面对这些方法的应用原理以及主要气态污染物的治理作一简单介绍。

（一）主要治理方法及原理

1. 吸收法

当气 – 液相接触时，利用气体中的不同组分在同一液体中的溶解度不同，可使气体中的一种或数种溶解度大的组分进入到液相中，使气相中各组分相对浓度发生改变，气体即可得到分离净化，这个过程称为吸收。吸收法就是采用适当的液体作为吸收剂，使含有有害物质的废气与吸收剂接触，废气中的有害物质被吸收于吸收剂中，使气体得到净化的方法。

化学反应的存在增大了传质系数和吸收动力，加大了吸收速率，因而在处理以气量大、有害组分浓度低为特点的各种废气时，化学吸收的效果要比单纯物理吸收好得多，因此在用吸收法治理气态污染物时，多采用化学吸收法进行。

吸收法具有设备简单、捕集效率高、应用范围广、一次性投资低等特点。但由于吸收是将气体中的有害物质转移到了液体中，因此对吸收液必须进行处理，否则容易引起二次污染。此外，由于吸收温度越低吸收效果越好，因此在处理高温烟气时，必须对排气进行降温的预处理。

2. 吸附法

由于固体表面存在着未平衡和未饱和的分子引力或化学键力，因此当其与气体接触时就能吸引气体分子，使其浓集并保持在固体表面上，这种现象称为吸附。吸附法治理废气的原理就是利用固体表面的这种性质，使废气与表面多孔性固体物质相接触，将废气中的有害组分吸附在固体表面上，使其与气体混合物分离，达到净化目的。具有吸附作用的固体物质称为吸附剂，被吸附的气体组分称为吸附质。

根据吸附作用力的不同，吸附可分为物理吸附与化学吸附。前者是分子间力作用的结果，而后者是固体表面分子与气体分子间形成了化学键的结果，当前的吸附治理大多应用的是物理吸附。吸附净化法的净化效率高，特别是对低浓度气体具有很强的净化能力。

3. 催化法

催化法净化气态污染物是利用催化剂的催化作用，使废气中的有害组分发生化学反应并转化为无害物或易于去除物质的一种方法。在进行化学反应时，向反应系统中加入某些少量物质，可使反应进行的速度明显加快，而在反应终了时，这些物质的量及性质几乎不发生什么变化，加入的这些少量物质被称为催化剂，催化剂的这种作用称为催化作用。催化剂的活性表现为对反应具有明显的加速作用，同时催化剂对反应还具有特殊的选择性，即一种催化剂只对某一特定反应具有加速作用，因此筛选适宜的催化剂是催化反应的核心问题。而催化剂对反应的活性和选择性则是衡量催化剂性能好坏的最主要的指标。催化方法净化效率较高，净化效率受废气中污染物浓度影响较小，而且在治理过程中，无需将污染物与主气流分离，可直接将主气流中的有害物转化为无害物，避免了二次污染。

4. 燃烧法

燃烧伴随有光和热的激烈化学反应过程，在有氧存在的条件下，当混合气体中可燃组分浓度在燃烧极限范围浓度以内时，一经明火点燃，可燃组分即可进行燃烧。燃烧净化法就是对含有可燃有害组分的混合气体进行氧化燃烧或高温分解，从而使这些有害组分转化为无害物质的方法。因此燃烧法主要应用于碳氢化合物、一氧化碳、恶臭物、沥青烟、黑烟等有害物质的净化治理。实用的燃烧净化方法有三种，即直接燃烧、热力燃烧与催化燃烧。燃烧法工艺比较简单，操作方便，可回收燃烧后的热量，但不能回收有用物质，并容易造成二次污染。

5. 冷凝法

物质在不同温度下具有不同的饱和蒸气压，利用这一性质，采用降低废气温度或提高废气压力的方法，使一些易于凝结的有害气体或蒸气态的污染物冷凝成液体并从废气中分离出来。

冷凝法对废气的净化程度与冷却温度有关，冷却温度越低，对易凝结组分的清除程度越高。从理论上说，冷凝法可以达到很高的净化程度，但要达到这种程度，除需用水对废气进行冷却外，还需用冷冻剂进行冷冻，能量消耗大，对设备要求也高，在经济上是十分不合算的，因此冷凝法只适于处理高浓度的有机废气，常用作吸附、燃烧等方法净化高浓度废气的前处理，以减轻这些方法的负荷。冷凝法设备简单，操作方便，并可回收到纯度较高的产物，因此也成为气态污染物治理的主要方法。

（二）主要气态污染物治理简介

1. 低浓度 $SO_2$ 废气的治理

$SO_2$ 是量大、影响面广的污染物。燃烧过程及一些工业生产排出的废气中，$SO_2$ 的浓度较低，而对低浓度 $SO_2$ 的治理，还缺少完善的方法，特别是对大气中烟气脱硫更需进一步进行研究。目前常用的脱除 $SO_2$ 的方法有抛弃法和回收法两种。抛弃法是将脱硫的生成物作为固体废物抛掉，方法简单、费用低廉，在美国、德国等一些国家多采用此法。回收法是将 $SO_2$ 转变成有用的物质加以回收，成本高，所得副产品存在应用及销路问题，但对保护环境有利。在我国，从国情和长远观点考虑，应以回收法为主。

目前，在工业上已应用的脱除 $SO_2$ 的方法主要为湿法，即用液体吸收剂洗涤烟气，吸

收所含的 $SO_2$；其次为干法，即用吸附剂或催化剂脱除废气中的 $SO_2$。其中，湿法包括氨法、钠碱法、钙碱法等；干法包括活性炭吸附法、催化氧化法等。

2. 含 $NO_x$ 废气的治理

对含 $NO_x$ 的废气也可采用多种方法进行净化治理（主要是治理生产工艺尾气）。

（1）吸收法。目前常用的吸收剂有碱液、稀硝酸溶液和浓硫酸等。常用的碱液有氢氧化钠、碳酸钠、氨水等。碱液吸收设备简单，操作容易，投资少，但吸收效率较低，特别是对 NO 吸收效果差，只能消除 $NO_2$ 形成的黄烟，达不到去除所有 $NO_x$ 的目的。

（2）吸附法。用吸附法吸附 $NO_x$，已具有工业规模的生产装置，可以采用的吸附剂为活性炭与沸石分子筛。活性炭对低浓度 $NO_x$ 具有很高的吸附能力，并且经解吸后可回收浓度高的 $NO_x$，但由于温度高时活性炭有燃烧的可能，给吸附和再生造成困难，限制了该法的使用。

（3）催化还原法。在催化剂的作用下，用还原剂将废气中的 $NO_x$ 还原为无害的 $N_2$ 和 $H_2O$ 的方法称为催化还原法。依据还原剂与废气中的 $O_2$ 发生作用与否，可将催化还原法分为非选择性催化还原和选择性催化还原两类。

3. 有机废气及恶臭的治理

有机废气是指含各种碳氢化合物的气体，这些碳氢化合物很多具有毒性，同时又是造成环境恶臭的主要根源。因此对废气中的碳氢化合物进行净化，不仅可以消除对人体的危害，同时也可以消除恶臭，只不过由于一些引起恶臭的物质阈值较低，因此在以消除恶臭为主要目的的净化中要求更为严格。对有机废气的净化治理，常用的是吸收法、吸附法和燃烧法。其中燃烧法还可分为直接燃烧、热力燃烧和催化燃烧等。

4. 含氟废气的治理

含氟废气中的主要有害组分是氟化氢和四氟化硅。它们主要来源于电解铝生产、炼钢、磷肥、氟塑料生产和搪瓷、玻璃的生产过程中。主要治理方法是吸附法和吸收法两种。

5. 汽车废气治理

汽车发动机排放的废气中含有 CO、碳氢化合物、$NO_x$、醛、有机铅化物、无机铅、苯等多种有害物。控制汽车尾气中有害物排放浓度的方法有两种，一种方法是改进发动机的燃烧方式，使污染物的产生量减少，称为机内净化；另一种方法是利用装在发动机外部的净化设备，对排出的废气进行净化治理，这种方法称为机外净化。从发展方向上说，机内净化是解决问题的根本途径，也是今后应重点研究的方向。机外净化采用的主要方法是催化净化法。具体可分为一段净化法、二段净化法和三元催化法等。

# 第四节　大气污染综合防治与管理

大气污染已经给人类和生态环境造成了严重威胁。为了有效地控制大气污染，我们应以合理利用资源为基点，以预防为主，防治结合。具体可采取下列综合防治措施。

（1）改变能源结构。煤烟型污染是我国城市大气污染的主要特征。应当努力改变我国的能源结构，提高低污染能源（如天然气、沼气）和无污染能源（如太阳能、风能、水力发电等）在总能源消耗中所占的比例。为此，必须进一步开发我国丰富的水力资源；大力发展太阳灶；积极稳妥地发展沼气利用；发展城市煤气；提高全国燃料气化率等。

（2）合理工业布局。厂址选择要考虑地形，新建工矿企业应尽量选择在有利于污染物扩散稀释的位置。工厂区和生活区要保持合理距离，工厂区应设在城市主导风向的下风口，以减少废气对居民的危害。把有原料供应关系的化工厂放在一起，相互利用，以减少废气排放量。

（3）采用区域集中供暖、供热。在城市的郊外设立大热电厂，代替千家万户的小炉灶，以减轻煤烟对大气的污染。

（4）减少交通废气污染。交通废气包括汽车、火车、飞机等排出的废气，其中以汽车废气对城市大气的污染最为严重。目前世界各国正研究减少汽车废气的各种措施，如汽车废气通过催化进一步净化，用无铅汽油代替含铅汽油等。

（5）绿化造林。绿化造林不仅可以美化环境，而且植物能净化空气，这是防治大气污染比较经济有效的一项措施。因为绿色植物有吸收二氧化碳放出氧气的能力，有些植物还有吸尘和吸收有毒气体的性能。如柳杉、柑橘、玉米、黄瓜等吸收二氧化硫的能力很强，西红柿、扁豆等对氟化氢有很强的吸收作用，有些植物对某种有毒气体反应敏感，能预示大气中某些毒物的浓度及其危害，起到报警作用。

（6）加强对大气污染物的治理。针对不同的污染，采用不同的治理措施，开展综合利用，努力达到国家规定的大气质量标准和废气排放标准。

# 第六章  水 环 境

## 第一节  水循环及水资源保护利用

### 一、水循环

水是地球上最丰富的化合物，约占地球外层五公里地壳中的50%，覆盖地球71%的表面积，其平均深度达到3.8km，总量约有$1.36 \times 10^9 km^3$。

（一）世界的水资源及其特点

不能被直接利用的海水占总水量的97.2%；人类可以利用的河水、淡水湖及浅层地下水，大约为总水量的0.2%，约为$3 \times 10^6 km^3$；由于世界各地的水文、气象条件的差异，地区和季节的不同，水的分布也极不均衡，这造成一些地区严重缺水。

（二）水循环

1. 自然循环

传统意义上的水循环即水的自然循环，它是指地球上各种形态的水在太阳辐射和重力作用下，通过蒸发、水汽输送、凝结降水、下渗、径流等环节，不断发生相态转换的周而复始的运动过程。从全球范围看，典型的水的自然循环过程可表达为：从海洋的蒸发开始，蒸发形成的水汽大部分留在海洋上空，少部分被气流输送至大陆上空，在适当的条件下这些水汽气凝结成降水。海洋上空的降水回落到海洋，陆地上空的降水则降落至地面，一部分形成地表径流补给河流和湖泊，一部分渗入土壤与岩石空隙，形成地下径流，地表径流和地下径流最后都汇入海洋。由此构成全球性的连续有序的水循环系统（见图6-1）。

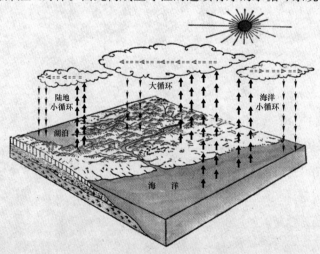

图6-1  水的自然循环过程示意图

水循环的基本动力是太阳辐射和重力作用。在地表温度、压力下水可以发生气、液、固三态转换，这是水循环过程得以进行的必要条件。水循环服从质量守恒定律，地球的水循环可视为是闭合系统，而局部地区的水循环则通常既有水输入又有水输出的开放系统。局部地区水循环在空间和时间上的不均匀，可能导致某些时段及地区严重旱灾，而另一些时段及地区则出现严重洪涝的情况。

由于水循环的存在，可使地球上的水不断得到更新，成为一种可再生的资源。不同水体在循环过程中被全部更换一次所需时间（更替周期）各不相同，河流、湖泊的更替周期较短，海洋更替周期较长，而极地冰川的更新速度则更为缓慢，更替周期可长达数万年（见表6－1）。水的更替周期是反映水循环强度的重要指标，也是水体水资源可利用率的基本参数，从水资源可持续利用的角度看，各种水体的储水量并非全部都适宜利用，一般仅将一定时间内能迅速得到补充的那部分水量计作可利用的水资源量。

表6－1　地球各种水体的循环更替周期

| 水 体 类 型 | 更 替 周 期 | 水 体 类 型 | 更 替 周 期 |
|---|---|---|---|
| 海洋 | 2500 年 | 湖泊 | 17 年 |
| 深层地下水 | 1400 年 | 沼泽 | 5 年 |
| 极地冰川 | 9700 年 | 土壤水 | 1 年 |
| 永久积雪和高山冰川 | 1600 年 | 河川水 | 16 天 |
| 永冻带底冰 | 10000 年 | 大气水 | 8 天 |
| 生物水 | 几小时 | | |

2. 水的社会循环

水是关系人类生存发展的一项重要资源，人类社会为了满足生活、生产的需要，从各种天然水体中取用大量的水，经过使用后水被排放出来，最终又流入天然水体中，构成了一个局部的循环体系。人类社会为了生产、生活的需要，抽取附近河流、湖泊等水体，通过给水系统用于农业、工业、生活，在此过程中，部分水被消耗性使用掉，而其他用过的水则成为污废水，需要通过排水系统妥善处理后排放。

给水系统的水源和排水系统的受纳水体大多是邻近的河流、湖泊或海洋，取之于附近水体，还之于附近水体，形成另一种受人类社会活动作用的水循环，这一过程与水的自然循环相对而言，称之为水的社会循环，又称为"循环"，是从天然水的资源效能角度而言的，它可使附近水体中的水被多次更换，多次使用，在一定的空间和一定的时间尺度上影响着水的自然循环。

## 二、水资源保护

（一）水资源

1. 水资源含义

地球表层的水包括：大气中的水汽和水滴，海洋、湖泊、水库、河流、土壤、含水层和生物体中的液态水，冰川、积雪和永久冻土中的固态水，以及岩石中的结晶水等。人类可大量直接利用的是大气降水，江河、湖泊、水库、土壤和浅层地下水的淡水（含盐量 < 0.1%），冰川和积雪只在融化为液态水后，才容易被利用，海水和其他水体中的咸水被直

接利用的数量很小，两极冰盖和永久冻土中的水被直接利用的机会极少，岩石中的结晶水则很难被人类利用。由此可见，天然水量并不等于可利用的水量，水资源则一般仅指地球表层中可供人类利用并逐年得到更新的那部分水资源，据估计，地球上可被人类直接利用的水资源总量约为 $1 \times 10^5 km^3$，仅占地球总水量的 $0.007\%$。随着社会发展和科技的进步，人类可通过海水淡化、人工降水、极地冰块的利用等手段，逐步扩大水资源的开发范围。

2. 水资源特点

水资源与其他自然资源相比，具有如下一些明显的特点：

（1）作用上的重要性。水资源在维持人类生命、发展工农业生产、维护生态环境等方面具有重要和不可替代的作用。

（2）补给上的有限性。水资源属于可再生资源，地球上各种形态的水一般均可通过水的自然循环实现动态平衡。但随着社会经济的发展，人类对水资源的需求量越来越大，而可供人类利用的水资源量却不会有大的增加，甚至会因人为的污染等因素而使质量变差，导致水资源减少。因此水的自然循环保证的水资源量是有限的，并非"取之不尽、用之不竭"。

（3）时空上的多变性。水是自然地理环境中较活跃的物质，其数量和质量受自然地理因素和人类活动的影响。在不同地区水资源的数量差别很大，同一地区也多有年内和年际的较大变化。这是水资源时空分布的一个重要特点，也是人类对水资源进行开发利用应考虑的一个重要因素。

（4）利用上的多用性。即水资源具有"一水多用"的多功能特点。水资源的利用方式各不相同，有的需消耗水量（如农业用水、工业用水和城市供水），有的仅利用水能（如水力发电），有的则主要利用水体环境而不消耗水量（如航运、渔业等）。各种利用方式对水资源的质量要求也有很大差异，有的质量要求较高（如城市供水、渔业），而有的质量要求则较低（如航运）。因此应对水资源进行综合开发、综合利用、水尽其用，以同时满足不同用水部门的需要。

3. 水资源短缺

多少世纪来，人类普遍认为水是大自然赋予人类的取之不尽、用之不竭的天然源泉，因而未加爱惜，恣意污染和浪费。近年来，越来越多的人警觉到，水资源并不像想象的那么丰富，目前这种不可持续的水资源利用方式已经对许多地区的人类生活、经济发展和生态环境造成了严重的不利影响。

世界水资源研究所提出用四级水平来评估人均占有水资源量的多少：人均占有水量小于 $1000 m^3$ 为最低水平，严重缺水；$1000 \sim 5000 m^3$ 为低水平，缺水；$5000 \sim 10000 m^3$ 为中等水平，不缺水；大于 $10000 m^3$ 为高水平，水资源丰富。此外，联合国可持续发展委员会将人均水资源量 $1750 m^3$ 确定为缺水警告数字。

按照这个标准，我国人均水资源量处于缺水上下限（$1000 \sim 5000 m^3/人$）的中低值，总体缺水。而且我国的水资源分布也极不均衡。北方人均水资源量仅 $988 m^3/人$，属于低于 $1000 m^3$ 的重度缺水标准，黄河、淮河、海河流域及内陆河流域共有 11 个省、市、区的人均水资源拥有量低于 $1750 m^3$，属缺水紧张线，其中山东为 $380 m^3$，河北为 $330 m^3$，北京不足 $300 m^3$，天津仅为 $150 m^3$，成为世界上最缺水的地区之一。更为严峻的是，部分地区的水受到严重污染，合格水源逐渐减少，水质性缺水已威胁到我国的水资源供给。例如，上海的水资源总量丰富，但由于受污染影响，人均水资源拥有量仅为全国平均水平的40％，实际可供饮用的水仅占地表水资源的20％。为此，联合国已将我国列为全球13个最缺水的国家之一。

农业缺水、城市缺水及生态环境缺水是我国水资源短缺的三大主要问题。

由于中国是农业大国，农业用水占全国用水总量的绝大部分。目前有效灌溉面积约为$0.481 \times 10^8 hm^2$，约占全国耕地面积的51.2％，因此，近一半的耕地得不到有效灌溉，其中位于北方的无灌溉耕地约占72％。河北、山东和河南三省缺水最严重；西北地区缺水量也较严重，而且区内大部分地区为黄土高原，人烟稀少，改善灌溉系统的难度较大；宁夏、内蒙古的沿黄灌区以及汉中盆地、河西走廊一带，也亟须扩大农田的灌溉面积。随着社会经济的快速发展，由于受到工业用水及城市生活用水的挤占，农业缺水的形势将更加严峻。

城市是人口和工业、商业密集的地区，城市缺水在我国表现得十分尖锐。据统计，在我国668个建制城市中，约有400余座城市缺水，其中严重缺水的城市有108个，北方城市更为严重，如天津、哈尔滨、长春、青岛、唐山和烟台等地水资源已全面告急，而大多数南方城市则陷入水质性缺水的困境。据专家统计，2000年我国城市缺水量达400亿立方米，因缺水影响的国民生产总值达2400亿元。

缺水不但给人民生产、生活带来严重影响，而且还威胁到生态环境的安全。目前，我国荒漠化面积达188万平方千米，接近国土总面积的1/4；由于地下水超采，我国北方黄淮海地区近年来地下水位不断下降，地下水降落漏斗面积及漏斗中心水位埋深在不断增大；河北、河南豫北地区和山东西北地区的地下水降落漏斗已连成一片，形成包括北京和天津在内的华北平原地下水漏斗区，面积超过4万平方千米。据有关专家统计，我国生态环境用水的总量尚有110多亿立方米的缺口，主要分布在黄淮海流域和内陆河流域，需从区外调水补充。生态缺水将直接加剧生态环境的恶化，制约我国整体的可持续发展。

据有关研究报告，到21世纪中叶我国人口总量将达到15亿~16亿高峰，人均水资源量将减少到1760m³，十分接近联合国的人均用水警告线。我国未来水资源形势十分严峻。

（二）水资源保护

水资源保护（water resources protection）是指为防止因水资源不恰当利用造成的水源污染和破坏，而采取的法律、行政、经济、技术、教育等措施的总称。

水资源保护工作应贯穿在人与水的各个环节中。从更广泛地意义上讲，正确客观地调查、评价水资源，合理地规划和管理水资源，都是水资源得到保护的重要手段，因为这些工作是水资源保护的基础。从管理的角度来看，水资源保护主要是"开源节流"、防治和控制水源污染。它一方面涉及水资源、经济、环境三者平衡与协调发展的问题，另一方面还涉及各地区、各部门、集体和个人用水利益的分配与调整。这里面既有工程技术问题，也有经济学和社会学问题。同时，还要让广大群众积极响应，共同参与，就这一点来说，水资源保护也是一项社会性的公益事业。

通过各种措施和途径，使水资源在使用上不致浪费，使水质不致污染，以促进合理利用水资源。主要保护措施有：农业措施、林业措施、水土保持和工程措施。

首先，国家要加强立法，将水资源的污染和治理写入法律。要强化监督和执法，以法律手段控制污染，最终保护我们的水资源，保障水资源的可持续利用。进行水污染控制，要注意防治结合，运用法律、行政、经济、技术和教育的手段，对各行业进行污染监督，预防新的污染产生。加强对经济发展规划和建设项目的环境影响评价，还应包括重要建设政策的评价，防患于未然，对危害环境的策略不得予以通过，不进行危害环境与资源的项目建设。通过科学的评估，积极监督水污染的发生，科学开展治理活动，加强国家的生态保护。

我们要大力推行清洁生产，预防污染。首先要对工业污染的源头进行控制，实现对资源的合理利用，而不是着眼于废水浓度的达标排放。在水污染物的排放标准制定上面，由单一的浓度和污染指标的控制转向污染总量和各项污染指标严格控制相结合。由于我国的工业经济还是比较落后的，要根据我国的实际情况，走可持续发展的道路，走出一条以保护资源与环境为目标的全新的发展道路来。

我们还要大力倡导节水型产业，提高水资源利用率。由于环境的承载力是有限的，国家管理机构负责建立水域安全利用指标，对水资源的使用量要加以限定，我们应鼓励企业创新技术，加大水资源的利用率，实现循环利用，节约用水。加快建设城市废水处理厂，城市的废水要在处理的过程中实现循环利用，在缺水地区更应大力实现废水的资源化，利用处理后的废水开展市政建设，城市基础设施建设等，缓解水资源的矛盾。

# 第二节  水污染及水体自净

## 一、水污染状况

### （一）全球水污染现状

目前，全世界每年约有4200多亿立方米的污水排入江河湖海，造成5.5万亿立方米的淡水受到污染，这相当于全球径流总量的14%以上。

第四届世界水论坛提供的联合国水资源世界评估报告显示，全世界每天约有数百万吨垃圾倒进河流、湖泊和小溪，每升废水会污染8L淡水；所有流经亚洲城市的河流均被污染；美国40%的水资源流域被加工食品的废料、金属、肥料和杀虫剂污染；欧洲55条河流中仅有5条水质勉强能用。

水污染对人类健康造成的危害很大。发展中国家约有10亿人喝不到清洁水，每年约有2500多万人死于饮用不洁水，全世界平均每天约5000名儿童死于饮用不洁水，约1.7亿人饮用被有机物污染的水，3亿城市居民面临水污染。在肝癌高发区进行流行病的调查表明，饮用藻菌类毒素污染的水是肝癌的主要原因。

世界各地水污染的严重程度主要取决于人口密度、工业和农业发展的类型和数量以及所使用的三废处理系统的数量和效率。每年3月21日为世界水日，联合国发布的资料表明：目前全球有11亿人缺乏安全饮用水，每年有500多万人死于同水有关的疾病。据联合国环境规划署预计，2015年世界上将有1200万人死于水污染和水资源短缺。如果人类改变目前的消费方式，到2025年全球将有50亿人生活在用水难以完全满足的地区，其中25亿人将面临用水短缺。由于人们饮用了被污染的水，这正是人得病，甚至传染的主要起因之一。据有关报道，发展中国家中估计有半数人，不是饮用了被污染的水或食物直接受感染，就是由于带菌生物（带病媒）如水中孳生的蚊子间接感染，而罹患与水和食品关联的疾病。这些疾病中最普遍且对人类健康状况造成影响最大的疾病是腹泻、疟疾、血吸虫病、登革热、肠内寄生虫感染和河盲病（盘尾丝虫病）。联合国教科文组织发布的数据显示，大约80%的类疾病是由质量低劣的饮用水造成的。"世界环境日"联合国秘书长安南宣读的声明说，全球每6人中有1人在生活中无法固定获得干净的水源。世界卫生组织估计，仅仅饮用了不安全的水以及缺乏卫生用水而得的疾病，每年死亡的总人数在500万人以上，亚洲开发银行认为，亚洲人口的寿命缩短的年数约有42%是由于水源污染和卫生条件差引起的。

由于在水资源保护方面投入不足，印度每天有200多万吨工业废水直接排入河流、湖泊及地下，造成地下水大面积污染，水中各项化学物质指标均严重超标，其中，铅含量比废水处理较好的工业化国家高20倍。此外，未经处理的生活污水的直接排放也加剧了水污染程度。流经印度北方的主要河流——恒河已被列入世界污染最严重的河流之列。当地居民饮用和在烹饪时使用受污染的地下水已经导致了许多健康问题，例如腹泻、肝炎、伤寒和霍乱等。在印度首都新德里，有条件的家庭都给自家的自来水设施安装了净水器，桶装纯净水也日益受到人们的青睐。由于地下水污染严重，目前在印度市场上销售的12种软饮料，存在有害残留物含量超标的现象。有些软饮料中杀虫剂残留物含量超过欧洲标准10~70倍。

世界卫生组织统计，世界上许多国家正面临水污染和资源危机：每年有300万~400万人死于和水污染有关的疾病。在发展中国家，各类疾病有80%是因为饮用了不卫生的水而传播的。据初步调查表明，我国农村有3亿多人饮水不安全，其中约有6300多万人饮用高氟水，200万人饮用高砷水，3800多万人饮用苦咸水，1.9亿人的饮用水有害物质含量超标，血吸虫病地区约1100多万人饮水不安全。

统计显示，每年全世界有12亿人因饮用污染水而患病，1500万5岁以下儿童死于不洁水引发的疾病，而每年死于霍乱、痢疾和疟疾等因水污染引发的疾病的人数超过500万。

全球每天有多达6000名少年儿童因饮用水卫生状况恶劣死亡。在发展中国家，每年约有6000万人死于腹泻，其中大部分是儿童。

在19世纪20世纪曾发生好多起严重事件。如1832~1886年英国泰晤士河因水质被病菌污染，使伦敦流行过4次大霍乱，1849年一次死亡14000人以上，1892年德国汉堡饮水受传染病菌污染，使16000人生病，7500人死亡。1965年春天，美国加利福尼亚的一个小镇，因饮水受病菌污染，发生18000多人患病，5人死亡。

（二）我国水污染现状

经过多年的建设，我国水污染防治工作取得了显著的成绩，但水污染现象仍然十分严峻。2005年，全国废水排放总量为524.5亿吨，工业废水排放达标率为91.2%，城市污水处理量仅为149.8万吨。其中工业废水占39%~35%，城市污水占61%~65%，城市污水已经成为主要的污染源。

根据国家环保局发布的中国环境质量公告，全国七大水系中，珠江、长江水质较好，辽河、淮河、黄河、松花江水质较差，海河污染严重。411个地表水检测断面中，Ⅰ~Ⅲ类的断面仅占41%，Ⅳ~Ⅴ类的断面占32%，劣Ⅴ类水质的断面达27%，说明已有59%的河段不适宜作为饮用水水源。与河流相比，湖泊、水库的污染更加严重。2005年，28

个国控重点湖泊及水库中，满足Ⅱ类水质的仅有 2 个，满足Ⅲ类水质的只有 6 个；Ⅳ～Ⅴ水质的 8 个，劣Ⅴ类的竟达 12 个，即 72% 的湖泊和水库已不宜作为饮用水水源，43% 的湖泊和水库失去了使用功能。目前全国有 25% 的地下水体遭到污染，35% 的地下水源不合格；平原地区约有 54% 的地下水不符合生活用水水质标准。据全国 118 个城市浅层地下水调查，97.5% 的城市地下水受到不同程度污染。一半以上的城市市区地下水受到严重污染。2005 年，全国主要城市地下水污染存在加重趋势的城市有 21 个，污染趋势减轻的城市 14 个，地下水水质基本稳定的城市 123 个，说明地下水的污染应当引起人们重视。

　　河流、湖泊及地下水遭受的污染直接影响到饮用水源，来自国家环保总局的一组最新数据显示，我们的饮用水，50% 以上是不安全的。目前我国农村约有 1.9 亿人的饮用水有害物质含量超标，城市中污水的集中排放，严重超出水体自净能力，许多城市存在水质型缺水问题。从 2001 年到 2004 年，全国共发生水污染事故 3988 起，平均每年近 1000 起。2005 年发生了松花江水污染、珠江北江镉污染，沱江污染等重大污染事件，在全国乃至国际上造成十分严重的影响。

　　2005 年，远海海域水质保持良好，局部近海域污染严重，Ⅳ类和劣Ⅳ类海水占 23.9%。胶州湾和闽江口中度污染，劣Ⅳ类海水占 50%；珠江口、辽东湾、渤海湾污染较重，Ⅳ类、劣Ⅳ类海水比例在 60%～80% 之间；长江口、杭州湾污染严重，以劣Ⅳ类海水为主。

　　2005 年全海域共发现赤潮 82 次，累计发生面积约 27070 $km^2$，其中有毒藻类引发的赤潮次数和面积大幅增加。大面积赤潮集中在浙江中部海域、长江口海域、渤海湾和海州湾等，东海仍为赤潮的重灾区。海洋的污染对海洋渔业、养殖业造成巨大损失，并间接危害人类健康。赤潮主要对沿岸鱼类和藻类养殖造成影响，因赤潮造成的直接经济损失逾 6900 万元。

　　中国预防医学科学院环境卫生监测所进行的饮用水监测显示，水质量问题已经非常严重。全国 26 个省、区的 180 个县市，有 43.3% 的人在喝着不安全的水。近来关于水污染的报道越来越多，越来越严重。

## 二、水污染来源

　　水污染源可分为自然污染源和人为污染源两大类：自然污染源是指自然界自发向环境排放的有害物质、造成有害影响的场所，人为污染源则是指人类社会经济活动所形成的污染源。水污染最初主要是自然因素造成的，如地表水渗漏和地下水流动将地层中某些矿物质溶解，使水中盐分、微量元素或放射性物质浓度偏高，导致水质恶化，但自然污染源一般只发生在局部地区，其危害往往也具有地区性。随着人类活动范围和强度的加大，人类生产、生活活动逐步成为水污染的主要原因。按污染物进入水环境的空间分布方式，人为污染源又可分为点污染源和面污染源。

### （一）点污染源

　　点污染源的排污形式为集中在一点或一个可当做一点的小范围，实际上多由管道收集后进行集中排放。最主要的点污染源有工业废水和生活污水，由于产生污染的过程不同，这些污废水的成分和性质也存在很大差异。

　　1. 工业废水

　　长期以来，工业废水是造成水体污染最重要的污染源。

（1）根据废水的发生来源，工业废水可分为工艺废水、设备冷却水、洗涤废水以及场地冲洗水等；

（2）根据废水中所含污染物的性质，工业废水可分为有机废水、无机废水、重金属废水、放射性废水、热污染废水、酸碱废水以及混合废水等；

（3）根据产生废水的行业性质，又可分为造纸废水、石化废水、农药废水、印染废水、制革废水、电镀废水等等。一般来说，工业废水具有以下几个特点：

（1）污染量大。工业行业用水量大，其中70%以上转变为工业废水排入环境，废水中污染物浓度一般也很高，如造纸和食品等行业的工业废水中，有机物含量很高，$BOD_5$（生化耗氧量，即微生物分解有机物所耗费的氧）常超过 2000mg/L，有的甚至高达 30000mg/L 以上。

（2）成分复杂。工业污染物成分复杂、形态多样，包括有机物、无机物、重金属、放射性物质等有毒有害的污染物。特别是随着合成化学工业的发展，世界上已有数千万种合成品，每周又有数百种新的化学品问世，在生产过程中这些化学品（如多氯联苯）不可避免地会进入废水当中。污染物质的多样性极大地增加了工业废水处理的难度。

（3）感官不佳。工业废水常带有令人不悦的颜色或异味，如造纸废水的浓黑液，呈黑褐色，易产生泡沫，具有令人生厌的刺激性气味等。

（4）水质水量多变。工业废水的水量和水质随生产工艺、生产方式、设备状况、管理水平、生产时段等的不同而有很大差异，即使是同一工业的同一生产工序，生产过程中水质也会有很大变化。

每个工业部门废水中都有其独特的组合污染物，表现出不同的水质特点（见表6-2）。

表6-2　工业废水的水质特点

| 工业部门 | 工业企业性质 | 废水特点 |
| --- | --- | --- |
| 化工业 | 化肥、纤维、橡胶、染料、塑料、农药、油漆、洗涤剂、树脂 | 有机物含量高，pH 值变化大，含盐量高，成分复杂，难生物降解，毒性强 |
| 石油化工业 | 炼油、蒸馏、裂解、催化、合成 | 有机物含量高，成分复杂，水量大，毒性较强 |
| 冶金业 | 选矿、采矿、烧结、炼焦、冶炼、电解、精炼、淬灭 | 有机物含量高，酸性强，水量大，有放射性，有毒性 |
| 纺织业 | 棉毛加工、漂洗、纺织印染 | 带色，pH 值变化大，有毒性 |
| 制革业 | 洗皮、鞣革、人造革 | 有机物含量高，含盐量高，水量大，有恶臭 |
| 造纸业 | 制浆、造纸 | 碱性强，有机物含量高，水量大，有恶臭 |
| 食品业 | 屠宰、肉类加工、油品加工、乳制品加工、水果加工、蔬菜加工等 | 有机物含量高，致病菌多，水量大，有恶臭 |
| 动力业 | 火力发电、核电 | 高温，酸性，悬浮物多，水量大，有放射性 |

## 2. 生活污水

生活污水主要来自家庭、商业、学校、旅游、服务行业及其他城市公用设施，包括厕所冲洗水、厨房排水、洗涤排水、沐浴排水及其他排水。不同城市的生活污水，其组成有一定差异。一般而言，生活污水中99.9%是水，固形物不到0.1%，虽也含有微量金属如锌、铜、铬、锰、镍和铅等，但污染物质以悬浮态或溶解态的有机物（如氮、硫、磷等盐类）、无机物（如纤维素、淀粉、脂肪、蛋白质及合成洗涤剂等）为主，其中的有机物质大多较易降解，在厌氧条件下易生成恶臭。此外，生活污水中还含有多种致病菌、病毒和寄生虫卵等。

生活污水中悬浮固体的含量一般在 200 ~ 400mg/L 之间，$BOD_5$ 在 100 ~ 700mg/L 之间。随着城市的发展和生活水平的提高，生活污水量及污染物总量都在不断增加，部分污染物指标（如 $BOD_5$）甚至超过工业废水成为水环境污染的主要来源。

（二）面污染源

面污染源又称非点污染源，污染物排放一般分散在一个较大的区域范围，通常表现为无组织性。面污染源主要指雨水的地表径流、含有农药化肥的农田排水、畜禽养殖废水以及水土流失等。农村中分散排放的生活污水及乡镇工业废水，由于其进入水体的方式往往是无组织的，通常也被列入面污染源。

（1）农村面源。由于过量施加化肥和农药，农田地表径流中含有大量的氮、磷营养物质和有毒的农药。此外，不合理的施用化肥和农药还会改变土壤的物理特性，降低土壤的持水能力，产生更多的农田径流并加速土壤的侵蚀。农田径流中氮的浓度为 1 ~ 70mg/L，磷的浓度为 0.05 ~ 1.1mg/L，在农业发达的地区，已对水环境构成危害。由于农业对化肥的依赖性增加，畜禽养殖业的动物粪便已从一种传统的植物营养物变成了一种必须加以处置的污染物，畜禽养殖废水常含有很高的有机物浓度，如猪圈排水中 $BOD_5$ 为 1200 ~ 1300mg/L，牛圈排水中 $BOD_5$ 可达 4300mg/L，这些有机物易被微生物分解，其中含氮有机物经过氨化作用形成氨，再被亚硝酸和硝酸菌作用，转化为亚硝酸和硝酸，常引起地下水污染。目前，农业已成为大多数国家水环境最大的面污染源。

（2）粗放发展的乡镇工业所排废水，在部分地区常成为当地水环境重要的污染源。据统计，1995 年我国乡镇工业废水排放量 59.1 亿吨，占全国工业废水排放总量的 21.0%；废水中化学需氧量排放量为 611.3 万吨，占全国工业化学需氧量排放总量的 44.3%；氰化物排放量 438.3t，占 14.9%；挥发酚排放量 11958.5t，占 65.4%；石油类排放量 10003.9t，占 13.5%；悬浮物排放量 749.5 万吨，占 47.9%；重金属（铅、汞、铬、铜）排放量 1321.4t，占 42.4%；砷排放量 1875.3t，占 63.3%。散乱排放的乡镇工业废水已成为水环境保护的突出问题和影响人体健康的重要因素。

（3）城市径流。在城市地区，大部分土地为屋顶、道路、广场覆盖，地面渗透性很差。雨水降落并流过铺砌的地面，常夹带有大量的城市污染物，如汽车废气中的重金属、轮胎的磨损物、建筑材料的腐蚀物、路面的砂砾、建筑工地的淤泥和沉淀物、动植物的有机废弃物、动物排泄排遗物中的细菌、城市草地和公园喷洒的农药、润滑油、石油、阻冻液以及融雪撒的路盐等等。城市地区的雨水一般排入雨水下水道，直接排入附近水体，通常并不经过任何处理。城市径流对受纳溪流、河流或湖泊有较严重的不利影响。研究发现，城市径流中所含的重金属（如铜、铅、锌等）、氯化有机物、悬浮物，对多种鱼类和无脊椎水生动物具有潜在的致命影响。

（4）大气中含有的污染物随降雨进入地表水体，也可以归入面污染源。例如，酸雨降低了水体中的 pH 值，影响幼鱼和其他水生动物种群的生存，并可使幸存的成年鱼类丧失生殖能力。

由于面污染源量大、面广、情况复杂，故其控制要比点污染源难得多。并且随着对点污染源管制的加强，面污染源在水环境污染中所占的比重也在不断增加。据调查，在损害美国地表水的污染源中，面源所作的贡献已分别达到 65%（河流）和 75%（湖泊）。

### 三、水污染物类型及特征

造成水体污染的来源具有多样性，不同污染源所排放的污染物也具有多样性，这些污染物质的种类和环境效应可概括为：

（1）悬浮物。悬浮物是指悬浮在水中的细小固体或胶体物质，主要来自水力冲灰、矿石处理、建筑、冶金、化肥、化工、纸浆和造纸、食品加工等工业废水和生活污水。悬浮物除了使水体浑浊，影响水生植物的光合作用外，悬浮物的沉积还会窒息水底栖息生物，破坏鱼类产卵区，淤塞河流或湖库。此外，悬浮物中的无机和胶体物较容易吸附营养物、有机毒物、重金属、农药等，形成危害更大的复合污染物。

（2）耗氧有机物。生活污水和食品、造纸、制革、印染、石化等工业废水中含有糖类、蛋白质、油脂、氨基酸、脂肪酸、酯类等有机物质，这些物质以悬浮态或溶解态存在于污废水中，排入水体后能在微生物的作用下最终分解为简单的无机物，并消耗大量的氧，使水中溶解氧降低，因而被称为耗氧有机物。在标准状况下，水中溶解氧约 9mg/L，当溶解氧降至 4mg/L 以下时，将严重影响鱼类和水生生物的生存；当溶解氧降低到 1mg/L 时，大部分鱼类会窒息死亡；当溶解氧降至零时，水中厌氧微生物占据优势，有机物将进行厌氧分解，产生甲烷、硫化氢、氨和硫醇等难闻、有毒气体，造成水体发黑发臭，影响城市供水及工农业用水、景观用水。耗氧有机物是当前全球最普遍的一种水污染物，清洁水体中 $BOD_5$ 含量应低于 3mg/L，$BOD_5$ 超过 10mg/L 则表明水体已受到严重污染。由于有机物成分复杂、种类繁多，一般常用综合指标如生化需氧量（BOD）、化学需氧量（COD）、总需氧量（TOD）或总有机碳（TOC）等表示耗氧有机物的含量。

（3）植物营养物。植物营养物重点指含氮、磷的无机物或有机物，主要来自生活污水、部分工业废水和农业面源。适量的氮、磷为植物生长所必需，但过多的营养物排入水体，则有可能刺激水中藻类及其他浮游生物大量繁殖，导致水中溶解氧下降，水质恶化，鱼类和其他水生生物大量死亡，称为水体的富营养化。当水体出现富营养化时，大量繁殖的浮游生物往往使水面呈现红色、棕色、蓝色等颜色，这种现象发生在海域称为"赤潮"，发生在江河湖泊则叫做"水华"。水体富营养化一般都发生在池塘、湖泊、水库、河口、河湾和内海等水流缓慢、营养物容易聚积的封闭或半封闭水域，对流速较大的水体如河流一般影响不大。

（4）重金属。作为水污染物的重金属，主要是指汞、镉、铅、铬以及类金属砷等生物毒性显著的元素，也包括具有一定毒性的一般重金属如锌、镍、钴、锡等。从重金属对生物与人体的毒性危害来看，重金属的毒性通常由微量所致，一般重金属产生毒性的浓度范围在 1~10mg/L 之间，毒性较强的金属汞、镉等为 0.01~0.001mg/L；重金属及其化合物的毒性几乎都通过与机体结合而发挥作用，某些重金属可在生物体内转化为毒性更强的有机化合物，如著名的日本水俣病就是由汞的甲基化作用形成甲基汞，破坏人的神经系统所致；重金属不能被生物降解，生物从环境中摄取的重金属可通过食物链发生生物放大、富集，在人体内不断积蓄造成慢性中毒，例如淡水浮游植物能富集汞 1000 倍，鱼能富集

1000 倍，而淡水无脊椎动物的富集作用可高达 10000 倍；重金属的毒性与金属的形态有关，例如六价铬的毒性是三价铬的 10 倍。作为具有潜在危害的重要污染物质，重金属污染已引起人们的高度重视。

（5）难降解有机物。难降解有机物是指那些难以被自然降解的有机物，它们大多为人工合成的化学品，例如有机氯化合物、有机芳香胺类化合物、有机重金属化合物以及多环有机物等等。它们的特点是能在水中长期稳定地存留，并在食物链中进行生化积累，其中一部分化合物即使在十分低的含量下仍具有致癌、致畸、致突变作用，对人类的健康构成极大的威胁。目前，人类仅对不足 2% 的人工化学品进行了充分的检测和评估，对超过 70% 的化学品都缺乏健康影响信息的了解，而对这些化学品的累积或协同作用的研究则更加缺乏。

（6）石油类。水体中石油类污染物质主要来源于船舶排水、工业废水、海上石油开采及大气石油烃沉降。水体中油污染的危害是多方面的：含有石油类的废水排入水体后形成油膜，阻止大气对水的复氧，并妨碍水生植物的光合作用；石油类经微生物降解需要消耗氧气，造成水体缺氧；石油类黏附在鱼鳃及藻类、浮游生物上，可致其死亡；石油类还可抑制水鸟产卵和孵化。此外，石油类的组成成分中含有多种有毒物质，食用受石油类污染的鱼类等水产品，会危及人体健康。

（7）酸碱。水中的酸碱主要来自矿山排水、多种工业废水或酸雨。酸碱污染会使水体 pH 值发生变化，破坏水的自然缓冲作用和水生生态系统的平衡。例如，当 pH 值小于 6.5 或大于 8.5 时，水中微生物的生长就会受到抑制。酸碱污染会使水的含盐量增加，对工业、农业、渔业和生活用水都会产生不良的影响。严重的酸碱污染还会腐蚀船只、桥梁及其他水上建筑。

（8）病原体。生活污水、医院污水和屠宰、制革、洗毛、生物制品等工业行业废水，常含有各种病原体，如病毒、病菌、寄生虫，传播霍乱、伤寒、胃炎、肠炎、痢疾及其他多种病毒传染疾病和寄生虫病。1848 年、1854 年英国两次霍乱流行，各致万余人死亡，1892 年德国汉堡霍乱流行，死亡 7500 余人，都是由水中病原体引起的。

（9）热污染。由工矿企业排放高温废水引起水体的温度升高，称为热污染。水温升高使水中溶解氧减少，同时加快了水中化学反应和生化反应的速度，改变了水生生态系统的生存条件，破坏生态功能平衡。

（10）放射性物质。放射性物质主要来自核工业部门和使用放射性物质的民用部门。放射性物质污染地表水和地下水，影响饮水水质，并且通过食物链对人体产生内照射，可能出现头痛、头晕、食欲下降等症状，继而出现白细胞和血小板减少，超剂量的长期作用可导致肿瘤、白血病和遗传障碍等。

### 四、水体自净

污染物投入水体后，使水环境受到污染。污水排入水体后，一方面对水体造成污染，另一方面，水体本身有一定的净化污水的能力，即经过水体的物理、化学与生物的作用，使污水中污染物的浓度得以降低，经过一段时间后，水体往往能恢复到受污染前的状态，并在微生物的作用下进行分解，从而使水体由不洁恢复为清洁，这一过程称为水体的自净过程（self – purification of water body）。

（一）水体自净机理

水体的自净机理包括：

（1）物理作用。物理作用包括可沉性固体逐渐下沉，悬浮物、胶体和溶解性污染物稀释混合，浓度逐渐降低。其中稀释作用是一项重要的物理净化过程。

（2）化学作用。污染物质由于氧化、还原、酸碱反应、分解、化合、吸附和凝聚等作用而使污染物质的存在形态发生变化和浓度降低。

（3）生物作用。由于各种生物（藻类、微生物等）的活动特别是微生物对水中有机物的氧化分解作用使污染物降解。它在水体自净中起非常重要的作用。

水体中污染物的沉淀、稀释、混合等物理过程，氧化还原、分解化合、吸附凝聚等化学和物理化学过程以及生物化学过程等，往往是同时发生，相互影响，并相互交织进行的。一般说来，物理和生物化学过程在水体自净中占主要地位。

（二）水体自净过程

废水或污染物一旦进入水体后，就开始了自净过程。该过程由弱到强，直到趋于恒定，使水质逐渐恢复到正常水平。全过程的特征是：

（1）进入水体中的污染物，在连续的自净过程中，总的趋势是浓度逐渐下降。

（2）大多数有毒污染物经各种物理、化学和生物作用，转变为低毒或无毒的化合物。

（3）重金属一类污染物，从溶解状态被吸附或转变为不溶性化合物，沉淀后进入底泥。

（4）复杂的有机物，如碳水化合物：脂肪和蛋白质等，不论在溶解氧富裕或缺氧条件下，都能被微生物利用和分解。先降解为较简单的有机物，再进一步分解为二氧化碳和水。

（5）不稳定的污染物在自净过程中转变为稳定的化合物。如氨转变为亚硝酸盐，再氧化为硝酸盐。

（6）在自净过程的初期，水中溶解氧数量急剧下降，达到最低点后又缓慢上升，逐渐恢复到正常水平。

（7）进入水体的大量污染物，如果是有毒的，则生物不能栖息，如不逃避就要死亡，水中生物种类和个体数量就会随之大量减少。随着自净过程的进行，有毒物质浓度或数量下降，生物种类和个体数量也逐渐随之回升，最终趋于正常的生物分布。在进入水体的大量污染物中，如果含有机物过多，那么微生物就可以利用丰富的有机物为食料而迅速的繁殖，溶解氧随之减少。随着自净过程的进行，使纤毛虫之类的原生动物有条件取食于细菌，则细菌数量又随之减少；而纤毛虫又被轮虫、甲壳类吞食，使后者成为优势种群。有机物分解所生成的大量无机营养成分，如氮、磷等，使藻类生长旺盛，藻类旺盛又使鱼、贝类动物随之繁殖起来。

但是，水体自净是有限量的，如果我们人为地向水中排入过多的污染物并超过了水环境的容量，就会造成水体严重污染，这种状况得不到及时和有效改变，那么就会导致恶性循环，出现"死水"现象。

因此，控制污染物排入水体是保护水体环境的首要措施，只有这样才能发挥水体的自我净化能力，从而使水体环境和生态系统向一个良性、健康、可持续发展的方向发展。

### 五、水环境容量

水质的好与不好是相对的，凡是达到水功能区水质目标的，即为达标，认为水质是好的；凡是污染程度超过功能区水质目标的，即为超标，认为水质是不好的。所以在河道整治规划过程中，首先要明确规划河段的水功能区划。我国水功能区划分采用两级体系，即一级区划和二级区划。水功能一级区划分保护区、缓冲区、开发利用区、保留区四类；水功能二级区划在一级区划的开发利用区内进行，分为饮用水源区、工业用水区、农业用水区、渔业用水区、景观娱乐用水区、过渡区、排污控制区七类。一级区划宏观上可解决水资源开发利用与保护的问题，主要协调地区间关系，并考虑可持续发展的需求；二级区划主要协调用水部门之间的关系。区划中确定了各水域的主导功能及功能顺序，制定了水域功能不遭破坏的水资源保护目标，将水资源保护和管理的目标分解到各功能区单元，从而使管理和保护更有针对性，通过各功能区水资源保护目标的实现，保障水资源的可持续利用。水功能区划是全面贯彻水法，加强水资源保护的重要举措，是水资源保护措施实施和监督管理的依据。

水环境容量或纳污能力是满足水功能区划确定的水环境质量标准要求的最大允许污染负荷量。水环境承载能力系指在一定的水域，其水体能够被继续使用并仍保持良好生态系统时，所能容纳的污水及污染物的最大能力。影响水环境承载能力的因子有：由水量和流动特性确定的水体自净稀释能力、由水功能区划确定的水环境质量目标、水体污染物背景浓度（现状水质）和污染源的类型和位置。水环境氧垂曲线如图 6-2 所示。

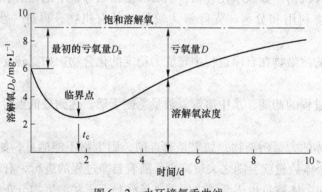

图 6-2　水环境氧垂曲线

在规划过程中遇到的主要问题是：

（1）难以得到现状水质，即水体污染物背景浓度的资料。由于条块分割，水质、水环境、污染物排放等属于环保部门的管辖范围，跨行业部门收集水质资料难度很大。水利部门虽然也设立了一些水质监测断面，但数量极其有限，只能反映水质的总体情况，很难作为具体河段现状分析计算的依据。

（2）水环境容量的合理分配问题。水环境容量是一种有价值的环境资源，如果上游河道水体被污染，就会导致下游某河段水质超标，理论上，下游河段就没有可以受纳污染物的水环境容量了。那么，是不是该河段沿岸就不允许排污了呢？人们要生活、社会经济要发展，排污是不可避免的，更何况不能因为上游污染而不允许下游的发展。因此，应分析计算各地的水环境容量，明确责任和权利，协调各地经济发展与环境保护之间的关系。

某河段的水环境容量计算可以采用箱式模型进行近似计算，这一模型的理论基础是物质守恒定律：

$$(Q_1 C_1 + \sum q_i c_i) - Q_2 C_2 = K(Q_1 C_1 + \sum q_i c_i) \qquad (6-1)$$

据此可以推导出规划水体的水环境容量：

$$W = C_s (Q_1 + \sum q_i)/(1-K) - Q_1 C_1 \qquad (6-2)$$

式中，$Q_1$、$C_1$、$Q_2$、$C_2$ 分别是计算河段上、下断面的水质和污染物浓度；$K$ 为污染物在水中的降解系数，可以采用分析借用、实测水质指标反演推算、经验公式等方法取得，$l/d$；$q_i$、$c_i$ 分别是河段内排入污水的流量和浓度，mg/L。从式（6-2）可以看出，上游断面的背景浓度越大，河段的水环境容量越小。

污染物的传播扩散可以采用一维水质模型模拟：

$$C(x) = C_0 \exp(-kt) \qquad (6-3)$$

式中，$t = x/86400u$，$t$ 为传播时间，以日计；$x$ 为分析断面距参照断面的距离，m；$u$ 为河流水体的平均流速，若河面较宽，则为污染带的水流平均流速，m/s；$k$ 为降解系数，$l/d$；$C(x)$ 为分析断面的水质指标，mg/L；$C_0$ 为参照断面的水质指标，mg/L。

由于污染源比较复杂，为了计算某河段的纳污能力，往往需要同时采用上述两种方法进行计算分析。计算所得的水环境容量作为区域总量控制的数值依据。

# 第三节　水污染控制原理及技术

水环境污染是当今世界各国面临的共同问题。随着经济的发展、人口的递增和城市化进程的加快，全球水污染负荷还有日益加重的趋势，另一方面由于人们生活水平的提高，又对水环境质量提出了更高的要求。因此，科学、经济地进行水污染的控制，保证水环境的可持续利用，已成为世界各国特别是发展中国家最紧迫的任务之一。

## 一、水污染控制原则

工业水污染的防治必须采取综合性对策，从宏观控制、技术控制及管理控制三方面着手，也就是"防"、"治"、"管"三者结合起来，形成一个高效的综合防治体系，才能起到有效的整治效果。

（一）防

"防"是指对污染源的控制，通过有效控制使污染源排放的污染物量减少到最小。如对工业污染源，最有效的控制方法是推行清洁生产。清洁生产是指原料与能源利用率最高、废物产生量和排放量最低、对环境危害最小的生产方式与过程。它着眼于在工业生产全过程中减少污染物的产生量，并要求污染物最大限度资源化。清洁生产采用的主要技术路线有改革原料选择及产品设计，以无毒无害的原料和产品代替有毒有害的原料和产品；改革生产工艺，减少对原料、水及能源的消耗；采用循环用水系统，减少废水排放量；回收利用废水中的有用成分，使废水浓度降低等。

对生活污染源，也可以通过有效措施减少其排放量。如推广使用节水用具，提高民众节水意识，可以降低用水量，从而减少生活废水的排放量。

为了有效地控制面污染源，必须从"防"做起。提倡农田的科学施肥和农药的合理使用，可以大大减少农田中残留的化肥和农药，进而减少农田径流中所含氮、磷和农药的量。

（二）治

"治"是水污染防治中不可缺少的一环。通过各种预防措施，污染源可以得到一定程度的控制，但要实现"零排放"是很困难的，或者几乎是不可能的，如生活废水的排放就不可避免。因此，必须对废水进行妥善处理，确保其在排入水体前达到国家或地方规定的排放标准。

应特别注意工业废水处理与城市废水处理的关系。工业废水中常含有酸、碱、有毒、有害物质、重金属或其他污染物等。而且在不同工业废水中所含的污染物的性质各不相同。对于这些特殊性质的废水，应在工厂内或车间内就地进行局部处理，这在技术上是容易办到的，在经济上也是比较合理的。而对于与城市废水相近的工业废水，或经局部处理后不致对城市下水道及城市废水的生物处理过程产生危害的工业废水，单独设置废水处理设施是不必要的，也是不经济的，应该优先考虑排入城市下水道与城市废水共同处理，这样做既节约费用，又提高了处理效果。

（三）管

"管"是指对污染源、水体及处理设施的管理。"管"在水污染防治中也占据十分重要的地位。科学的管理包括对污染源的经常监测和管理，对废水处理厂的监测和管理，以及对水体卫生特征的监测和管理。应建立统一的管理机构，颁布有关法规，并按照经济规律办事。应分别制订出工业废水排入城市下水道的排放标准及城市废水、工业废水排入水体的排放标准。在国家标准范围内，对不同地区，应根据当地情况使标准不断完善化。对于"管"除应注意其科学性外，在当前中国的现实状况下，应注要做到"有法可依，有法必依；执法必严，违法必究"，加大执法力度。施行三级控制模式。

按水污染控制的工作程序、污水处理的实际程度，水污染控制可概括为系统整合、全过程的"三级控制"模式（见图6-3）。

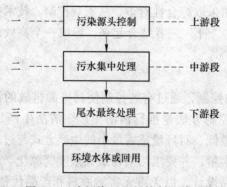

图6-3　水污染"三级控制"模式

第一级，污染源头控制（上游段）。源头控制主要是利用法律、管理、经济、技术、宣传教育等手段，对生活污水、工业废水、农村面源和城市径流等进行综合控制，防止污染发生，削减污染排放。控源的重点是工业污染源和农村面源，进入城市污水截流管网的工业废水水质应满足规定的接管标准。

第二级，污水集中处理（中游段）。对于人类活动高度密集的城市区域，除了必要的分散控源外，应有计划、有步骤地重点建设城市污水处理厂，进行污水的大规模集中处理。污水处理厂的建设较为普遍，其特点是技术成熟，占地少，净化效果好，但工程投资甚大。同时应重视城市污水截流管网的规划及配套建设，适当改造已有的雨水／污水合流系统，努力实现雨污分流。

第三级，尾水最终处理（下游段）。城市尾水是指虽经处理但尚未达到环境标准的混合污水。一般而言，城市污水处理厂对去除常规有机物具有优势，但对引起水体富营养化的氮、磷和其他微量有毒难降解化学品的去除效果不佳。尾水并不等于清水（例如尾水中氮、磷负荷一般占原污水的 60% ~80%），直接排入与人类关系密切的清水水域，仍然存在极大的危险，在发达国家日益受到重视的微量有毒污染问题就是例证。此外，城市污水处理厂基建投资和运行成本甚高，在经济较为落后的发展中国家，大规模地普建污水处理厂存在困难，城市尾水中实际上含有大量未经任何处理的污水（例如我国目前城市污水集中处理率仅为 13.65%）。因此，在排入清水环境前，加强对污水处理厂出水为主的城市尾水的处置，无论是对削减常规有机污染或是微量有毒污染而言，都殊为重要。三级深度处理可进一步解决城市尾水的处置问题，但因费用高昂，一般难以推广。国内外的研究及实践表明，以土壤或水生植物为基础的污水生态工程是较理想的尾水处理技术，甚至可作为一般城市污水集中处理的重要技术选择。此外，利用水体自净能力的尾水江河湖海处置工程也较为普遍，而污水的重复利用也是一个重要的发展方向。

"三级控制"是一个从污染发生源头到污染最终消除完整的水污染控制链，在控制过程中，实行清污分流，污水禁排清水水域，以保障区域水环境的长治久安。

## 二、水处理技术单元分类

污水处理一般来说包含以下三级处理：一级处理是它通过机械处理，如格栅、沉淀或气浮，去除污水中所含的石块、砂石和脂肪、铁离子、锰离子、油脂等。二级处理是生物处理，污水中的污染物在微生物的作用下被降解和转化为污泥。三级处理是污水的深度处理，它包括营养物的去除和通过加氯、紫外辐射或臭氧技术对污水进行消毒。可能根据处理的目标和水质的不同，有的污水处理过程并不是包含上述所有过程。

### （一）机械处理工段

机械（一级）处理工段包括格栅、沉砂池、初沉池等构筑物，以去除粗大颗粒和悬浮物为目的，处理的原理在于通过物理法实现固液分离，将污染物从污水中分离，这是普遍采用的污水处理方式。机械（一级）处理是所有污水处理工艺流程的必备工程（尽管有时有些工艺流程省去初沉池），城市污水一级处理 $BOD_5$ 和 SS 的典型去除率分别为 25% 和 50%。在生物除磷脱氮型污水处理厂，一般不推荐曝气沉砂池，以避免快速降解有机物的去除；在原污水水质特性不利于除磷脱氮的情况下，初沉的设置与否以及设置方式需要根据水质特殊的后续工艺加以仔细分析和考虑，以保证和改善除磷除氮等后续工艺的进水水质。

### （二）污水生化处理

污水生化处理属于二级处理，以去除不可沉悬浮物和溶解性可生物降解有机物为主要目的，其工艺构成多种多样，可分成活性污泥法、AB 法、A/O 法、A²/O 法、SBR 法、氧化沟法、稳定塘法、土地处理法等多种处理方法。目前，大多数城市污水处理厂都采用活性污泥法。生物处理的原理是通过生物作用，尤其是微生物的作用，完成有机物的分解和生物体的合成，将有机污染物转变成无害的气体产物（$CO_2$）、液体产物（水）以及富含有机物的固体产物（微生物群体或称生物污泥）；多余的生物污泥在沉淀池中经沉淀池固液分离，从净化后的污水中除去。

在污水生化处理过程中，影响微生物活性的因素可分为基质类和环境类两大类：

（1）基质类。基质类包括营养物质，如以碳元素为主的有机化合物即碳源物质、氮源、磷源等营养物质，以及铁、锌、锰等微量元素；另外，还包括一些有毒有害的化学物质，如酚类、苯类等化合物，也包括一些重金属离子，如铜、镉、铅离子等。

（2）环境类：

1）温度。温度对微生物的影响是很广泛的，尽管在高温环境（50～70℃）和低温环境（−5～0℃）中也活跃着某些种类的细菌，但污水处理中绝大部分微生物最适宜生长的温度范围是 20～30℃。在适宜的温度范围内，微生物的生理活动旺盛，其活性随温度的增高而增强，处理效果也越好。超出此范围，微生物的活性变差，生物反应过程就会受影响。一般地，控制反应进程的最高和最低限值分别为 35℃和 10℃。

2）pH 值。活性污泥系统微生物最适宜的 pH 值范围是 6.5～8.5，酸性或碱性过强的环境均不利于微生物的生存和生长，严重时会使污泥絮体遭到破坏，菌胶团解体，处理效果急剧恶化。

3）溶解氧。对好氧生物反应来说，保持混合液中一定浓度的溶解氧至关重要。当环境中的溶解氧高于 0.3mg/L 时，兼性菌和好氧菌都进行好氧呼吸；当溶解氧低于 0.2～0.3mg/L 接近于零时，兼性菌则转入厌氧呼吸，绝大部分好氧菌基本停止呼吸，而有部分好氧菌（多数为丝状菌）还可能生长良好，在系统中占据优势后常导致污泥膨胀。一般地，曝气池出口处的溶解氧以保持 2mg/L 左右为宜，过高则会增加能耗，经济上不合算。

在所有影响因素中，基质类因素和 pH 值决定于进水水质，对这些因素的控制，主要靠日常的监测和有关条例、法规的严格执行。对一般城市污水而言，这些因素大都不会构成太大的影响，各参数基本能维持在适当范围内。温度的变化与气候有关，对于万吨级的城市污水处理厂，特别是采用活性污泥工艺时，对温度的控制难以实施，在经济上和工程上都不是十分可行的。因此，一般是通过设计参数的适当选取来满足不同温度变化的处理要求，以达到处理目标。因此，工艺控制的主要目标就落在活性污泥本身以及可通过调控手段来改变的环境因素上，控制的主要任务就是采取合适的措施，克服外界因素对活性污泥系统的影响，使其能持续稳定地发挥作用。

实现对生物反应系统的过程控制关键在于控制对象或控制参数的选取，而这又与处理工艺或处理目标密切相关。

前已述及溶解氧是生物反应类型和过程中一个非常重要的指示参数，它能直观且比较迅速地反映出整个系统的运行状况，运行管理方便，仪器、仪表的安装及维护也较简单，这也是近十年我国新建的污水处理厂基本都实现了溶解氧现场和在线监测的原因。

（三）深度处理

深度处理，又称三级处理，是对水生化处理后的出水进行的深度处理，现在我国的污水处理厂投入实际应用的并不多。它将经过二级处理的水进行脱氮、脱磷处理，用活性炭吸附法或反渗透法等去除水中的剩余污染物，并用臭氧或氯消毒杀灭细菌和病毒，然后将处理水送入中水道，作为冲洗厕所、喷洒街道、浇灌绿化带、工业用水、防火等水源。

由此可见，污水处理工艺的作用仅仅是通过生物降解转化作用和固液分离，在使污水得到净化的同时将污染物富集到污泥中，包括一级处理工段产生的初沉污泥、二级处理工段产生的剩余活性污泥以及三级处理产生的化学污泥。由于这些污泥含有大量的有机物和病原体，而且极易腐败发臭，很容易造成二次污染，消除污染的任务尚未完成。污泥必须经过一定的减容、减量和稳定化、无害化处理并妥善处置。污泥处理处置的成功与否对污水处理厂有重要的影响，必须重视。如果污泥不进行处理，污泥将不得不随处理后的出水排放，污水处理厂的净化效果也就会被抵消掉。所以在实际的应用过程中，污水处理过程中的污泥处理也是相当关键的。

### 三、常用物化水处理技术

常用的水处理方法有：沉淀物过滤法、硬水软化法、活性炭吸附法、去离子法、逆渗透法、超过滤法、蒸馏法、紫外线消毒法等。

#### （一）沉淀物过滤法

沉淀物过滤法的目的是将水源内悬浮颗粒物质或胶体物质清除干净。这些颗粒物质如果没有清除，会对透析用水其他精密的过滤膜造成破坏甚至水路的阻塞。这是最古老且最简单的净水法，所以这个步骤常用在水纯化的初步处理中，或有必要时，在管路中也会多加入几个过滤器（filter）以清除体积较大的杂质。过滤悬浮的颗粒物质所使用的滤器种类很多，例如网状滤器，沙状滤器（如石英沙等）或膜状滤器等。只要颗粒大小大于这些孔洞的大小，就会被阻挡下来。对于溶解于水中的离子，就无法阻拦下来。如果滤器太久没有更换或清洗，堆积在滤器上的颗粒物质会愈来愈多，则水流量及水压会逐渐减少。人们就是利用入水压与出水压差来判断滤器被阻塞的程度。因此滤器要定时逆冲以排除堆积其上的杂质，同时也要在固定时间内更换滤器。

沉淀物过滤法还有一个问题值得注意，因为颗粒物质不断被阻拦而堆积下来，这些物质面或许有细菌在此繁殖，并释放毒性物质通过滤器，造成热原反应，所以要经常更换滤器，原则上进水与出水的压力落差升高达到原先的五倍时，就需要换掉滤器。

#### （二）硬水软化法

硬水的软化需使用离子交换法，它的目的是利用阳离子交换树脂以钠离子来交换硬水中的钙与镁离子，以此来降低水源内钙镁离子的浓度。其软化的反应式为：

$$Ca^{2+} + 2Na - EX \longrightarrow Ca - EX_2 + 2Na^+$$
$$Mg^{2+} + 2Na - EX \longrightarrow Mg - EX_2 + 2Na^+$$

式中，EX 表示离子交换树脂，这些离子交换树脂结合了 $Ca^{2+}$ 及 $Mg^{2+}$ 后，将原本含在其内的 $Na^+$ 离子释放出来。

现在市面上出售的离子交换树脂为球状的合成有机物高分子电解质。树脂基质（resin matrix）内藏氯化钠，在硬水软化的过程中，钠离子会逐渐被使用耗尽，则交换树脂的软化效果也会逐渐降低，这时需要做还原（regeneration）的工作，也就是每隔固定时间加入特定浓度的盐水，一般是 10%，其反应为：

$$Ca - EX_2 + 2Na^+ （浓盐水）\longrightarrow 2Na - EX + Ca^{2+}$$

$$Mg - EX_2 + 2Na^+ （浓盐水）\longrightarrow 2Na - EX + Mg^{2+}$$

如果水处理的过程中没有阳离子的软化，不只是逆渗透膜上会有钙镁体的沉积以致降低功效甚至破坏逆渗透膜，同时病人也容易患硬水症候群。硬水软化器也会引起细菌繁殖的问题，所以设备上需要有逆冲的功能，一段时间后就要逆冲一次以防止太多杂质吸附其上。另一个值得注意问题的是高血钠症，因为透析用水的软化与再还原过程是用计时器来控制的，正常情况还原作用大多发生在半夜，这是由阀门控制的，如果发生故障，大量盐水就会涌进水源，进而使人患高血钠症。

### （三）活性炭吸附法

活性炭是由木头、残木屑、水果核、椰子壳、煤炭或石油底渣等物质在高温下干馏炭化而成的，制成后还需以热空气或水蒸气加以活化。它的主要作用是清除氯与氯氨以及其他分子量在 60 到 300 道尔顿的溶解性有机物质。活性炭的表面呈颗粒状，内部是多孔的，孔内有许多约 $10 \sim 0.1$ nm 大小的毛细管，1g 的活性炭内部表面积高达 $700 \sim 1400 m^2$，而这些毛细管内表面及颗粒表面就是吸附作用所在。影响活性炭清除有机物能力的因素有活性炭本身的面积，孔洞大小以及被清除有机物的分子量及其极性（polarity），它主要靠物理的吸附能力来排除杂物，当吸附能力达到饱和之后，吸附过多的杂质就会掉下来污染下游的水质，所以必须定时利用逆冲的方式来清除吸附其上的杂质。

这种活性炭滤器如果吸附能力明显下降，则必须更新。测定进水及出水的 TOC 浓度差（或细菌数量差）是考量更换活性炭的依据之一。有些逆渗透膜对氯的耐受性不佳，所以在逆渗透之前要有活性炭的处理，使氯能够有效地被活性炭吸附，但是活性炭上的孔洞吸附的细菌容易繁殖滋长，同时对于分子较大有机物的清除，活性炭的功效有限，所以必须使用逆渗透膜在后面补强。

### （四）去离子法

去离子法的目的是将溶解于水中的无机离子排除，与硬水软化器一样，也是利用离子交换树脂的原理。在这使用两种树脂——阳离子交换树脂与阴离子交换树脂。阳离子交换树脂利用氢离子（$H^+$）来交换阳离子；而阴离子交换树脂则利用氢氧根离子（$OH^-$）来交换阴离子，氢离子与氢氧根离子互相结合生成中性水，其反应方程式为：

$$M^{x+} + xH - Re \longrightarrow M - M - Re_x + xH^+$$

$$A^{z-} + zOH - Re \longrightarrow A - Re_z + z\,OH^-$$

式中，$M^{x+}$ 表示阳离子；$x$ 表示电价数；$M^{x+}$ 阳离子与阳离子树脂上 $H - Re$ 的氢离子交换，$A^{z-}$ 则表示阴离子；$z$ 表示电价数；$A^{z-}$ 与阴离子交换树脂结合后，释放出 $OH^-$ 离子。$H^+$ 离子与 $OH^-$ 离子结合后即生成中性的水。

这些树脂吸附能力耗尽之后也需要再还原，阳离子交换树脂需要强酸来还原；相反地，阴离子则需要强碱来还原。阳离子交换树脂对各种阳离子的吸附力有差异，它们的强弱程度及相对关系为：

$$Ba^{2+} > Pb^{2+} > Sr^{2+} > Ca^{2+} > Ni^{2+} > Cd^{2+} > Cu^{2+} > Co^{2+} >$$

$$Zn^{2+} > Mg^{2+} > Ag^+ > Cs^+ > K^+ > NH^{4+} > Na^+ > H^+$$

阴离子交换树脂与各阴离子的亲和力强度为：

$$SO_4^{2-} > I^- > NO_3^- > NO_2^- > Cl^- > HCO_3^- > OH^- > F^-$$

如果阴离子交换树脂消耗殆尽而没有还原，则吸附力最弱的氟就会逐渐出现在透析用的水中，造成软骨病，骨质疏松症及其他骨病变；如果阳离子交换树脂消耗尽了，氢离子也会出现在透析用的水中，造成水质酸性的增加，所以去离子功能是否有效，需要时常监视。一般是用水质的电阻系数（resistivity）或传导度（conductivity）来判断。去离子法使用的离子交换树脂同样也会造成细菌繁殖引起的菌血症，这是值得注意的一点。

（五）逆渗透法

逆渗透法可以有效地清除溶解于水中的无机物、有机物、细菌、热原及其他颗粒等，是透析用水处理中最重要的一环。在了解"逆渗透"原理之前，要先解释渗透（osmosis）的观念。所谓渗透是指以半透膜隔开两种不同浓度的溶液，其中溶质不能透过半透膜，则浓度较低的一方水分子会通过半透膜到达浓度较高的另一方，直到两侧的浓度相等为止。在还没达到平衡之前，可以在浓度较高的一方逐渐施加压力，则前述水分子移动状态会暂时停止，此时所需的压力叫做渗透压（osmotic pressure），如果施加的力量大于渗透压时，则水分的移动会反方向进行，也就是从高浓度的一例流向低浓度的一方，这种现象叫做"逆渗透"。逆渗透的纯化效果可以达到离子的层面，对于单价离子（monovalent ions）的排除率（rejection rate）可达90%～98%，而双价离子（divalent ions）可达95%～99%左右（可以防止分子量大于200道尔敦的物质通过）。

逆渗透水处理常用的半透膜材质有纤维质膜（cellulosic），芳香族聚酯胺类（aromatic polyamides），polyimide或polyfuranes等，它的结构形状有螺旋型（spiral wound），空心纤维型（hollow fiber）及管状型（tubular）等。这些材质中纤维素膜的优点是耐氯性高，但在碱性条件下（pH≥8.0）或细菌存在的状况下，使用寿命会缩短。Polyamide的缺点是对氯及氯氨耐受性差。至于采用哪一种材质较好，目前还没有定论。

如果逆渗透前没有做好前置处理则渗透膜上容易有污物堆积，例如钙、镁、铁等离子，造成逆渗透功能的下降；有些膜（如polyamide）容易被氯与氯氨破坏，因此在逆渗透膜之前要有活性炭及软化器等前置处理。逆渗透虽然价钱较高，因为一般逆渗透膜的孔径约在1nm以下，它可以排除细菌，病毒及热源甚至各种溶解性离子等，所以准备血液透析用水时最好准备这一道步骤。

（六）超过滤法

超过滤法与逆渗透法类似，也使用半透膜，但它无法控制离子的清除，因为膜之孔径较大，约10～200A之间。只能排除细菌、病毒、热源及颗粒状物等，对水溶性离子则无法滤过。超过滤法主要的作用是充当逆渗透法的前置处理以防止逆渗透膜被细菌污染。它也可用在水处理的最后步骤以防止上游的水在管路中被细菌污染。一般是利用进水压与出水压差来判断超滤膜是否有效，与活性炭类似，平时是以逆冲法来清除附着其上的杂质。

（七）蒸馏法

蒸馏法是古老却也是有效的水处理法，它可以清除任何不挥发性的杂质，但是无法排除可挥发性的污染物，它需要很大的储水槽来存放，这个储水槽与输送管却是造成污染的重要原因，目前血液透析用水不用这种方式来处理。

（八）紫外线消毒法

紫外线消毒法是目前常用的方法之一，它的杀菌机理是破坏细菌核酸的生命遗传物质，使其无法繁殖，其中最重大的反应是核酸分子内的 pyrimidine 盐基变成双合体（dimer）。一般是使用低压水银放电灯（杀菌灯）的人工 253.7nm 波长的紫外线能量。紫外线杀菌灯的原理与日光灯相同，只是灯管内部不涂荧光物质，灯管的材质是采用紫外线穿透率高的石英玻璃。一般紫外线装置依用途分为照射型、浸泡型及流水型。

在血液透析稀释用水使用的紫外线是安放在储水槽到透析机器之间的管路上，也就是所有的透析用水在使用之前都要接受一次紫外线的照射，以达到彻底杀菌的效果。对紫外线的感受性最大的是绿脓菌、大肠菌；相反的，耐受性较大的则是枯草菌芽孢体。因为紫外线消毒法安全、经济，对菌种的选择性少，水质也不会改变，所以近年已被广泛使用，例如船上的饮用水就常使用这种消毒法。水中依哥拉菌、巴斯拉菌、沙门氏菌等等全被杀光，其能潜入水中心 360°杀菌，功效等于水面杀菌灯的三倍。能消除水中绿藻，效果显著，使用方便，紫外线杀菌灯适用于：各种大小渔场过滤，水处理，大小型水池，游泳场、温泉。杀菌效率可达 99% ~ 99.99%。

### 四、常用生物水处理技术

#### （一）曝气生物滤池

曝气生物滤池（biological aeration filtration），就是在生物滤池处理装置中设置的填料，通过人为供氧，使填料上生长大量的微生物。曝气生物滤池由滤床、布气装置、布水装置、排水装置等组成。曝气装置采用配套专用曝气头，产生的中小气泡经填料反复切割，达到接近微控曝气的效果。由于反应池内污泥浓度高，处理设施紧凑，可大大节省占地面积，减少反应时间，如图 6-4 所示。

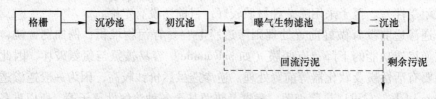

图 6-4　曝气生物滤池工艺流程

曝气生物滤池的主要特点是：

（1）克服了污泥膨胀，处理效果稳定，运行管理简单。

（2）改变了传统的高负荷生物滤池自然通风的供气方式，人为供氧，强化处理效果，出水水质提高。

（3）耐冲击负荷能力强，特别适合于工业废水所占比例越来越高的现代城市污水处理。

（4）生物填料对空气有相互切割作用，可以明显提高氧气的利用率。

（5）根据需要可以组合成具有生物除磷脱氮功能的 $A^2/O$ 工艺。

（6）采用中小气泡专用曝气头，杜绝了微孔曝气头容易堵塞、破裂的缺陷。

该工艺特别适用于中、小型城市污水处理厂。

（二）SPR 除磷工艺

水体富营养化的主要原因是人类向水体排放了大量的氨氮和磷，磷是水体富营养化的最主要因素。纵观国内污水处理厂，除磷技术一直是困扰污水处理厂运行的难题。传统的物化除磷技术需要大量的药剂，具有运行成本高，污泥产量大的缺点；前置厌氧的生物除磷工艺具有运行费用低的优点，但是由于完全依赖于微生物的摄磷、释磷作用，难以达到国家污水综合排放的要求。当考虑中水回用时，则更难以达到要求。为此，SPR 工艺在现有的物化除磷与生化除磷技术的基础上，以厌氧生物除磷机理为主要技术依托，采用 SPR除磷工艺（见图 6-5），通过强化厌氧释磷，并辅以物化沉淀去除释放磷的方法，达到整个生化处理系统的除磷要求。

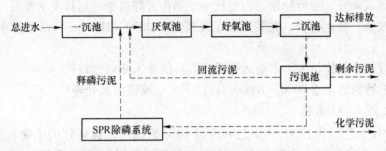

图 6-5　城市污水 SPR 除磷工艺流程

SPR 除磷工艺的主要特点是：

（1）除磷效果好，较传统的前置厌氧除磷的释磷效果增大 10 倍以上，回流污泥的摄磷能力也可以提高很多倍。

（2）运行稳定可靠，在进水 TP＝7mg/L 的条件下，可以保证出水达到 TP≤0.3mg/L，而除磷加药量比常规化学除磷减少 80%～90%。

（3）污泥易沉淀、浓缩和脱水，污泥含磷量高，可达 6%～10%，适宜于磷的有价回收。

（4）加药量少，运行成本低。

（5）适用于城市污水处理厂现有 A/O 生物除磷工艺的强化改造。

（6）该工艺也是城市污水处理厂实施磷回收的有效工艺。

SPR 工艺不但适用于新建的大、中、小型城市污水处理厂，也适用于大、中、小型城市污水处理厂改造以及城市污水处理厂磷的回收利用。

（三）A/O 生物滤池处理工艺

由于我国小城镇居住点分散，污水源分布点多量少，城镇级污水处理厂的规模多低于10000t/日。目前国内大中型城市污水处理厂经常采用的处理技术有传统活性污泥法、$A^2$/O、SBR、氧化沟等，如果以这些技术建设小城镇污水处理厂会造成由于居高不下的运行费用，无法正常运行。必须针对小城镇的特点采用投资省，运行费用低，技术稳定可靠，操作与管理相对简单的工艺（见图 6-6）。

A/O 生物滤池处理工艺的主要特点是：

（1）采用 SNP 特种悬浮型生物填料，系统污泥浓度高，停留时间短。

（2）厌氧生物滤池：能耗低，耗能为活性污泥法的十分之一，产泥量很少。

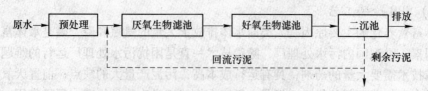

图 6 - 6　A/O 生物滤池处理工艺流程

（3）好氧生物滤池：停留时间短，保证出水达标。

（4）所有设备可以采用利浦罐或拼装钢结构，具有施工周期短，投资少，占地节约，外形美观的特点。

（5）处理效果好，运行稳定，占地较小，操作管理简单，运行灵活性强。

（6）低投资，低运行费，尤其适合于规模低于 2000 ~ 10000t/日以下的小城镇污水处理厂。

（7）维修检修工作量少，需要运行操作人员的要求相对也较低。

A/O 工艺特别适用于 2000 ~ 10000t/日以下的小城镇污水处理厂。

（四）改良 A²/O 工艺

改良 A²/O 工艺综合了 A²/O 工艺和改良 UCT 的优点，有良好的生物脱氮除磷效果，脱氮能力高于 A²/O 工艺。改良 A²/O 工艺处理流程的简图如图 6 - 7 所示。

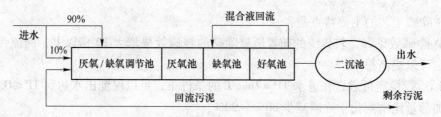

图 6 - 7　改良 A²/O 工艺的流程

改良 A²/O 工艺的主要技术特点与优势是：

（1）出水水质高。改良 A²/O 工艺原理是针对高效生物脱氮除磷，工艺运行可靠，节省化学药剂使用。

（2）运行管理方便。改良 A²/O 工艺抗冲击负荷能力强，运行稳定。

（3）污泥肥效高。改良 A²/O 工艺剩余污泥含磷量为 3% ~ 5%，肥效高，可利用其制成污泥堆肥。

（五）改良型氧化沟工艺

改良型氧化沟在工艺上，是根据废水水质的不同，组合成不同比例的厌氧 - 好氧 - 缺氧（厌氧）- 好氧 - 缺氧 - 好氧的生物处理工艺。这种流程不但具有良好的脱氮除磷效果，而且在厌氧和缺氧条件下能把大分子量的有机物裂解成易于好氧生物降解的低分子量有机物。

改良型氧化沟工艺处理流程简图如图 6 - 8 所示。

改良型氧化沟的工艺主要技术特点与优势是：

（1）投资费用低。改良型氧化沟工艺采用微孔曝气（或大功率机械曝气）与机械推流方式配合运行，可以使氧化沟设计的有效水深达到 5.0m 以上，占地面积大幅度减小，投资费用大幅降低。

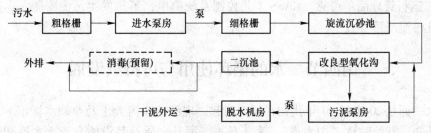

图6-8 改良型氧化沟的工艺流程

（2）运行费用低。改良型氧化沟工艺采用高效曝气方式，工艺根据进水水质的不同，可调节回流污泥分配，可大幅节省设备的运行费用，从而降低运行费用。

（3）运行管理方便。改良型氧化沟工艺成熟，运行稳定，常规管理方便。

（六）CASS工艺

CASS（Cyclic Activated Sludge System）工艺是普通SBR工艺的一种改进型工艺。CASS反应池由预反应区和主反应区组成，预反应区控制在缺氧状态，因此，提高了对难降解有机物的去除效果。CASS进水是连续的，因此进水管道上无电动控制阀，单个池子可独立运行。

CASS工艺可以根据脱氮除磷效果的要求，将预反应区分成厌氧、缺氧两段。在工艺运行过程中，可根据实际污泥性状和除磷要求选择回流装置的开启。

CASS工艺处理流程简图如图6-9所示。

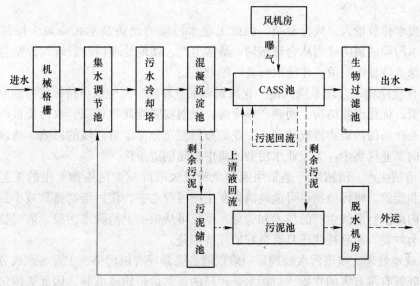

图6-9 CASS工艺流程

CASS工艺的主要技术特点与优势是：

（1）建设费用低。CASS工艺较普通活性污泥法省去了初沉池、二沉池，工艺流程简洁，布局紧凑，一次建设费用低。

（2）运行费用低。CASS工艺由于曝气具有周期性，池内溶解氧浓度是变化的，在每一周期开始时，氧浓度梯度大，传递效率高，可节省运行费用。

（3）运行管理简单可靠。CASS 工艺控制系统简单，不易发生污泥膨胀，运行安全可靠，并且污泥产量少。

# 第四节　水的循环使用与可持续发展

中水一词从 20 世纪 80 年代初在国内叫起，现已被业内人士乃至缺水城市、地区的部分民众认知。开始时称"中水道"，来于日本，因其水质及其设施介于上水道和下水道之间。随着国外中水技术的引进，国内试点工程的实验研究，中水工程设施建设的推进，中水处理设备的研制，中水应用技术的研究、发展和有关规范、规定的建立、施行，逐渐形成一整套的工程技术，如同"给水"、"排水"一样，称之为中水。

水的循环使用包括源头控制，中水回用和尾水处理三方面的内容。

## 一、水污染的源头控制

污染源头控制的实质是污染预防。事实证明，水污染预防要比通过"末端治理"试图消除水污染更加经济、有效。1990 年通过的《美国污染预防法》强调，在任何可行的情况下都要优先考虑污染的预防，并指出污染预防"与废物管理和污染控制截然不同，而且比它们要理想得多"。此外，对于并非来自单一、可确定的水污染源，如农村面源、城市径流以及大气沉降等，"末端治理"的办法并不适用，加强水污染预防尤为必要。

根据水污染发生源的不同，有不同的污染源头控制对策。

（一）工业水污染

工业废水排放量大，成分复杂，因此工业水污染的预防是水污染源头控制的重要任务。工业水污染的预防应当从合理布局、清洁生产、就地处理以及管理性控制等多方面着手，采取综合性整治对策，才能取得良好的效果。

（1）优化结构、合理布局。在产业规划和工业发展中，应从可持续发展的原则出发制定产业政策，优化产业结构，明确产业导向，限制发展能耗物耗高、水污染重的工业，降低单位工业产品的污染物排放负荷。工业的布局应充分考虑对环境的影响，通过规划引导工业企业向工业区集中，为工业水污染的集中控制创造条件。

（2）清洁生产。清洁生产是采用能避免或最大限度减少污染物产生的工艺流程、方法、材料和能源，将污染物尽可能地消灭在生产过程之中，使污染物排放减小到最少。在工业企业内部推行清洁生产的技术和管理，不仅可从根本上消除水污染，取得显著的环境效益和社会效益，而且往往还具有良好的经济效益。

（3）就地处理。城市污水处理厂一般仅能去除常规有机污染，工业废水成分复杂，含有大量难降解有毒有害的物质，对污水处理厂的正常运行构成威胁，因此必须加强对工业企业污染源的就地处理或工业小区废水联合预处理，达到污水处理厂的接管标准。工业废水中的许多污染物往往可以通过处理、回收，获得一定的经济效益。

（4）管理措施。进一步完善工业废水的排放标准和相关控制法规，依法处理工业企业的环境违法行为。建立积极的刺激和激励机制，如通过产品收费、税收、排污交易、公众参与等方法来控制污染，通过提高环境资源投入的价格，促使工业企业提高资源的利用效率。

（二）生活水污染

随着生活水平的提高，城镇生活用水量日益增长，生活污水问题逐渐突出。在世界发达国家及我国的发达地区，生活污水已逐步取代工业废水成为水环境主要的有机污染来源。

（1）合理规划。由于生活污水具有源头分散、发生不均匀的特点，很难从源头上对城市生活污水进行逐个治理，因此从规划入手实现居民入小区，引导人口的适度集中，既符合社会经济的发展需要，又有利于生活污水的集中控制。

（2）公众教育。现代水输系统使公众逐渐对废物产生一种"冲了就忘"的态度，所以应将加强"绿色生活"教育、提高公众环保意识，作为减少家庭水污染物排放、降低城市污水处理负担的重要内容，例如节约用水，鼓励选用无磷洗衣粉，避免将危险废物，如涂料、石油等产品随意冲入下水道，等等。

（三）面源污染

1. 农村面源

农村面源种类繁多，布局分散，难以采取与城市区域"同构"的集中控制措施以消除污染。农村面源控制的首要任务就是控源，具体措施包括：

（1）发展节水农业。农业是全球最大的用水部门，农业节水不仅可以减少对水资源的占用，而且"节水即节污"，从而降低农田排水，减少对水环境的污染。

（2）减少土壤侵蚀。富含有机质的土壤持水性能好，不易发生水土流失，因此减少土壤侵蚀的关键是改善土壤肥力，具体措施包括调整化肥品种结构，科学合理施肥，增加堆肥、粪便等有机肥的施用，实行作物轮作，减少土壤肥力的消耗等等。此外，研究表明，中等坡度土地的等高耕作（沿自然等高线耕作）较之直行耕作可减少土壤流失50%以上，应重视开展土地的等高耕作制度。当然，有时解决高侵蚀区（如大于25°的坡地）水土流失的唯一的办法是将土地从农业耕作中解脱出来，实行退耕还林（森林）、还草（草地）、还湿（湿地）。

（3）合理利用农药。推广害虫的综合管理（IPM）制度，以最大限度地减少农药施用量，该模式包括各种物理技术、栽培技术和生物技术，例如使用无草无病抗虫品种，实行不同作物的间种和轮作，利用昆虫抑制害虫，选用低毒、高效、低残留的多效抗虫害新农药，合理施用农药等等。

（4）截流农业污水。恢复多水塘、生态沟、天然湿地、前置库等，以储存农村污染径流，目的是实现农村径流的再利用，并在到达当地水道之前，对其进行拦截、沉淀、去除悬浮固体和有机物质。

（5）畜禽粪便处理。现代畜禽饲养常常会产生大量的高浓缩废物，因此需对畜禽养殖业进行合理布局，有序发展，同时加强畜禽粪尿的综合处理及利用，鼓励科学的有机肥还田。此外，应严格控制高密度水产养殖业的发展，防止水环境质量恶化。

（6）乡镇企业废水及村镇生活污水处理。对乡镇企业的建设应统筹规划，合理布局，积极推行清洁生产，对高能耗、高污染、低效益的乡镇企业实施严格管制。在乡镇企业集中的地区以及居民住宅集中的地区，逐步建设一些简易的污水处理设施。

2. 城市径流

在城市地区，暴雨径流所携带的大量污染物质，是加剧水体污染的一个重要原因。工程技术人员和城市规划者们提出了许多减少和延缓暴雨径流的措施。

（1）充分收集利用雨水。通过设立雨水收集桶、收集池等装置，将雨水收集用于城市的道路浇洒或绿化，既有利于减轻城市供水系统的压力，而且由于雨水不含自来水中常有的氯，也有利于植物的生长。此外，在平坦的屋顶上建造屋顶花园，不仅能减少暴雨径流，还可在冬季减少楼房的热损失，在夏季保持建筑物凉爽，提高城市环境的舒适度。

（2）减少城市硬质地面。大面积的铺筑地面会加剧城市径流，用多孔表面（如砾石、方砖或其他更复杂的多孔构筑）取代某些水泥和沥青地面，则有利于雨水的自然下渗，减少径流量。据研究，多孔铺筑地面能去除暴雨水中80%～100%的悬浮固体、20%～70%的营养物和15%～80%的重金属。但多孔表面没有传统铺筑地面耐用，因此从经济角度看，多孔表面更适合于交通流量少的道路、停车场和人行道。

（3）增加城市绿化用地。一般说来，城市中绿地越多，径流就越少。目前，国外很多城市通过暴雨滞洪地或湿地的建设，以延缓城市径流并去除污染，这些系统可去除约75%的悬浮物及某些有机物质和重金属。这些地区往往建设成为城市公园，还可为某些野生动植物提供生存环境。

## 二、中水回用技术

### （一）中水概述

中水（reclaimed water）是指各种排水经处理后，达到规定的水质标准，可用在生活、市政、环境等范围内杂用的非饮用水。中水回用技术系指将小区居民生活废（污）水（沐浴、盥洗、洗衣、厨房、厕所）集中处理后，达到一定的标准回用于小区的绿化浇灌、车辆冲洗、道路冲洗、家庭坐便器冲洗等，从而达到节约用水的目的。

再生水（recycling water）。建设部制定了再生水回用分类标准，对再生水的释义是：指污、废水经二级处理和深度处理后作回用的水。当二级处理出水满足特定回用要求，并已回用时，二级处理出水也可称为再生水。显然，中水就是再生水。

中水设计本着充分利用微生物处理有机废水的稳定性，采用二级氧化处理方式，对洗浴废水进行处理。实践证明洗浴废水在低浓度 $BOD_5$ 下生长的改性轮虫对低浓度洗浴废水具有很好的处理功效，同时稳定性及耐冲击性都得到了验证。采用该工艺同时可以大量节省洗浴废水处理的物化过程，例如节省混凝段和活性炭保护段，从而可以减少混凝剂的投加及减小劳动强度，而活性炭作为中水保护剂，由于水中有机物的大量存在，会使得活性炭快速板结从而失效，需要更换活性炭，而活性炭的造价较高，这就造成经济的浪费及劳动强度的加大。

中国落后于国外的主要原因是投资渠道和管理体制问题，技术方面和国外相差不是太大。我国污水回用主要是靠政府投资，而单靠政府很难把这件事情做好，应该靠民间集资或多方面、多渠道集资。另一方面，我们污水利用考虑的主要是环境效应和缺水，而不是经济效应，以后应该多考虑经济效应。企业、生活小区、大的旅馆都应该有中水设施，虽然成本增加，但可以缓解缺水问题，北京石景山区就有家庭这样做。还可以考虑收取公民的污水处理费和污水回用费，探索适合我国的新模式，寻求适合我们的实用技术。

城市可根据污水处理能力的大小和当地情况，选择不同的回用方式。大体有以下几种：

（1）选择式回用方式，即在污水处理厂周围的一些居民区铺设管道，实行分质供水回用；

（2）分区回用方式，即根据城市状况，分区实行污水再生利用；

（3）全城回用方式，即全城铺设中水管道，适用于新建城市和有污水处理能力的小城镇。

（二）中水回用的常规工艺

中水处理工艺的选择工作必须在大量资料调研和系统试验研究的基础上慎重进行，如果中水处理工艺标准选择过高，会增加中水处理设施的初期投资、运行费用和日常维护费用，导致中水处理成本和中水用户的负担费用增加；但如果中水处理工艺标准选择过低，会使中水水质不能达到相关标准的规定，影响中水的正常使用。

国内中水处理基本工艺有：二级处理→消毒；二级处理后→砂过滤→消毒；二级处理→混凝→沉淀（澄清、气浮）→砂过滤→消毒；二级处理→微孔过滤→消毒。

中水回用按处理方法，一般分为 3 种类型。

1. 物理处理法

膜滤法，适用于水质变化大的情况。采用这种流程的特点是：装置紧凑，容易操作，以及受负荷变动的影响小。

膜滤法是在外力的作用下，被分离的溶液以一定的流速沿着滤膜表面流动，溶液中溶剂和低分子量物质、无机离子从高压侧透过滤膜进入低压侧，并作为滤液排出；而溶液中高分子物质、胶体微粒及微生物等被超滤膜截留，溶液被浓缩并以浓缩形式排出。

2. 物理化学法

适用于污水水质变化较大的情况。一般采用的方法有：砂滤、活性炭吸附、浮选、混凝沉淀等。这种流程的特点是：采用中空纤维超滤器进行处理，技术先进，结构紧凑，占地少，系统间歇运行，管理简单。

3. 生物处理法

适用于有机物含量较高的污水。一般采用活性污泥法、接触氧化法、生物转盘等生物处理方法。或是单独使用，或是几种生物处理方法组合使用，如接触氧化＋生物滤池；生物滤池＋活性炭吸附；转盘＋砂滤等流程。这种流程具有适应水力负荷变动能力强、产生污泥量少、维护管理容易等优点。

（三）其他中水处理技术

城市中水回用后对水质要求程度不同时的处理工艺，其典型的工艺流程见表 6-3。

表 6-3　典型中水回用处理工艺流程

| 序　号 | 工　艺　流　程 |
| --- | --- |
| 1 | 格栅→调节池→混凝沉淀（气浮）→化学氧化→消毒 |
| 2 | 格栅→调节池→一级生化处理→过滤→消毒 |
| 3 | 格栅→调节池→一级生化处理→沉淀→二级生化处理→沉淀→过滤→消毒 |
| 4 | 格栅→调节池→絮凝沉淀（气浮）→过滤→活性炭→消毒 |
| 5 | 格栅→调节池→一级生化处理→混凝沉淀→过滤→活性炭→消毒 |
| 6 | 格栅→调节池→一级生化处理→二级生化处理→混凝沉淀→过滤→消毒 |
| 7 | 格栅→调节池→絮凝沉淀→膜处理→消毒 |
| 8 | 格栅→调节池→生化处理→膜处理→消毒 |

　　中水的处理工艺首先取决于对中水水质的要求，参照国外经验，中水用于城市杂用水时应分为非限制性接触与限制性接触两种用水，在中水使用中，应尽可能地避免再生水与人体的直接接触，但在某些场所不可避免的确实存在着发生与人体接触的机会，把其中可能会与人体接触的用水定为非限制性接触再生水，而不可能与人体接触的用水定为限制性接触再生水。非限制性接触的含义并不是鼓励人们让再生水与人体接触，而是在确定再生水水质时要考虑到再生水有与人体直接接触的可能，而制定更安全的水质标准。

　　用于城镇杂用的非限制性中水应包括居民和公共设施冲厕、建筑消防用水、商业性洗车用水等用途，因为这些用水场所均存在用户或工作人员直接与再生水接触的机会，为确保安全用水，要求水质较高，需要相应的中水处理工艺。在对示范工程及其他相关工程的处理工艺全面、系统的跟踪监测的基础上，作为城镇杂用的非限制性接触再生水，宜采用三级（深度）处理和严格的消毒，以提高出水水质，增加中水回用的可靠性。

　　限制性接触再生水严格禁止用户人体与再生水的接触，而且要求对操作工人进行必要的防护。作为城镇杂用水的限制性接触再生水包括非建筑消防用水、混凝土搅拌、街道路面清洗、园林绿化和高速公路绿化带浇灌等，限制性接触再生水的用水场所不存在或极少存在中水与人体的直接接触的机会，可采用二级强化处理、常规三级处理和消毒处理，以保障再生水水质达标和使用的安全性及经济合理性。

### 三、尾水的生态处理与资源化

　　由于经济、技术等原因，城市生活污水及工业废水的有效处理难以一步到位，即使是城市污水处理厂的出水，其中仍含有不少有毒有害的污染物，因此加强城市尾水的最终处理是实现区域水环境长治久安的必要条件。尾水最终处理常与污水的资源化相结合，其主要途径包括尾水的生态处理及重复利用。

#### （一）尾水的生态处理

　　尾水人工三级处理的基建投资大，运行费用高，需要消耗大量的能源及化学品，因而较少大规模使用。相比之下，尾水生态处理技术则依赖水、土壤、细菌、高等植物和阳光等基本的自然要素，利用土壤－微生物－植物系统的自我调控机制和综合自净能力，完成尾水的深度处理，同时通过对尾水中水分和营养物的综合利用，实现尾水无害化与资源化的有机结合，具有基建投资省、运行费用低、净化效果好的特点，是尾水深度处理的主导技术。

　　尾水生态处理的主要类型包括稳定塘系统和土地处理系统。稳定塘也称污水塘或氧化塘，它对尾水的净化作用与生物处理法对污水的净化过程相似，主要包括好氧过程和厌氧过程。稳定塘分好氧塘、兼性塘和厌氧塘，其中兼性塘的顶层以好氧过程为主，好氧细菌和真菌将有机物质分解成二氧化碳和水，二氧化碳以及稳定塘中的氮、磷和有机物则被藻类利用，底层一般以厌氧过程为主，厌氧菌将有机物质分解为甲烷和二氧化碳。土地处理系统则是利用土地以及其中的微生物和植物根系对污染物的净化能力来净化尾水，同时利用其中的水分和肥分促进农作物、牧草或林木生长，尾水中的污染物在土地处理系统中通过多种渠道去除，包括土壤的过滤截留，物理和化学的吸附，化学分解和沉淀，植物和微生物的摄取，微生物氧化降解以及蒸发等。

#### （二）尾水的重复利用

　　尾水重复利用的优势在于将尾水的净化和尾水的回用结合起来，既可以消除尾水对水环境的污染，又可以缓解部分地区水资源短缺的问题，若水质控制得当，可取得良好的经济和环境效益。但大规模的尾水回用涉及社会、经济、技术等诸多因素：首先从社会发展角度来看，当地水资源的供需矛盾应确实亟须进行尾水的回用；从经济角度来看，尾水的回用应当经济合理可行；从技术角度来看，应能实现对尾水中常规污染物和潜在微量有毒有害物质的有效去除，以保证废水回用的水质安全。因此，根据不同回用对象的要求，严格进行水质控制，是关系到尾水重复利用成败的关键。

根据尾水处理程度和出水水质，净化后的尾水有多种回用途径，主要包括城市回用、工业回用、农业回用、地下水回灌以及生态回用等。

（1）工业回用。经妥善处理的城市尾水和工业废水，一般可回用作冷却水、生产工艺用水、锅炉补给水以及其他油井注水、矿石加工用水等，其中以回用作冷却水最为普遍。在回用之前，应根据不同用途对水质提出不同的要求，例如回用作冷却水的再生水水质应满足冷却水循环系统补给水的水质标准，回用作工艺用水时，往往需要经过补充深化处理后才能使用。我国北京、大连、太原等地先后开展了将污水处理厂出水作为冷却水的尝试，但规模较小。

（2）农业回用。再生水的农业回用主要为农田灌溉，利用尾水灌溉农田已有久远的历史。实践证明，尾水灌溉能净化尾水、提供肥源，但也存在环境卫生及土壤盐碱化等问题。在国外一般严禁采用未经处理的城市污水灌溉，也不主张经过一级处理就用于农田，大多数要求进行二级处理后才可使用。为此，世界卫生组织及许多国家均制订了污水灌溉农田的水质标准。我国北方地区长期以来也有利用尾水灌溉农田的经验，并先后开辟了 10 多个大型污灌区，总面积达 1950 万～2100 万亩，但由于一些污灌区选址不当，设计不合理，尾水预处理不够，出现了土壤、农作物甚至地下水严重污染的现象，需要进一步加强农田回用水的水质控制。

（3）城市回用。经一定处理的尾水还可作为城市低质给水的水源，如厕所用水、空调用水、消防用水、绿化用水、景观用水等。例如日本为了发展城市尾水的再利用，建立了专门的"中水道系统"，以区别上、下水道，并制定了相应的中水道水质标准。在南非和以色列，目前已有将处理过的城市尾水用作饮用水的先例，但关于利用尾水作饮用水源的问题，需谨慎对待。

（4）地下水回灌。再生水回灌地下蓄水层作饮用水源时，其水质必须满足或高于生活饮用水的卫生标准，美国加利福尼亚州卫生署于 1976 年制订了再生水回灌地下水的建议水质标准，1977 年进一步对水质标准进行了修订。考虑到难生物降解的有机物会对地下水质造成影响及对人体健康产生危害，除一般常规监测指标外，还需加强微量有毒有害物质的专门监测和控制。

（5）生态回用。主要是指将经过必要的水质控制的城市尾水导流回用于生态林地、滩涂湿地等，以充分利用尾水中的水分及营养物，重塑生态环境。

## 四、水资源的可持续利用

### （一）水资源可持续利用的内涵

早在 20 世纪 80 年代中期，罗马召开的世界粮食会议就已发出了呼吁：对水资源开发要注意不破坏开发其赖以生存的资源本身，要进行"没有任何破坏作用的开发"，几十年来全世界都在为早期没有考虑环境因素的水资源开发决策付出代价，那就是破坏了自然资源的基础以及使环境恶化，自1988年来，国际上围绕这一问题召开了多次会议，明确提出了所谓"持久的利用和开发水资源"的口号，几十年的经验和教训使人类达成的共识是：合理的水资源开发利用。为了达到这样的目标，水资源工程必须采用有利于环境的方法来规划、实施和运作，从而能长期保持和改善资源的基础，保证后人也能够拥有祖先留下的、质量较高的水资源。

水资源可持续虽有各种不确定的解释，但它的内涵至少应包括：

（1）适度开发。对资源的利用不应破坏资源的固有价值，并且尽可能地回避开发措施对资源的不利影响；

（2）不妨碍后人未来的开发，为后来开发留下各种选择的余地；

（3）不妨碍其他地区人类的开发利用及其水资源的共享利益；

（4）水的利用效率和投资效益是策略选择中的主要准则；

（5）不能破坏因水而结成的地理系统。

（二）实现水资源可持续利用的机理

实现水资源可持续利用的机理包括：

（1）水的循环规律是水资源得以循环利用的保证。水资源优越于大多数其他自然资源在于其可通过太阳能的作用使陆地上的水源不断得到更新和补充，从而使维持一切生命活动的水源不断更新。但是随着人类社会的不断前进和人口的增长，人类对水资源开发利用和治理的广度和深度越来越大，对水的需要不断增加，而自然界所能提供的可以得到更新和补充的新鲜水量却有一定限度，因而在一些地区出现了水资源的供需失衡；有些地区因过度开发和污染破坏了当地的水源，直接威胁人类生存的环境。因而人们要求保持水资源的持续利用并改善人类的生存环境，从而引出水资源承载能力的概念，相应而言，各个地区均需拥有水资源承载能力所能维持的承载水量，该水量必须能在水循环的条件下得以持续维持。

（2）水量守恒原理是水资源得以持续利用的客观现实。水量守恒原理，就是指一定量的水在其循环运动过程中，可以变换形态和存在空间，但其数量不变。具体来说，在循环中，能够在一年或多年之间可以得到恢复的水量，该部分水量可以由人类控制、调节并能按照需要供应，并以它作为分析水供需关系的依据。

作为该部分水量应具有以下特征：

（1）能按照社会的需要提供或可能提供的水量；

（2）该水量拥有可靠的来源，且该来源通过水循环不断能得到更新和补充；

（3）该水量可由人工加以控制；

（4）该水量和水质能够适应用水要求；

（5）该水量主要功能系供水，兼具生态功能。

（三）我国水资源可持续利用的实现条件

我国水资源可持续利用的实现条件是：

（1）更新水资源观念、建立节水型社会是实现水资源可持续利用的先决条件。长期以来，人们对水资源的认识存在两种模糊观念：一是无限可用论，认为水是"取之不尽，用之不竭"的天赐之物，不存在危机问题；二是有值无价论，认为水不具备资产特征，其所有权不明确，人们可以自由索取。由于上述观念的左右，人们惜水、爱水、节水意识十分淡薄，对水资源的浪费已成为一种社会痼疾。据统计，仅北京市一年的洗车用水就相当于6个北海的水量。鉴于此，笔者认为，解决中国缺水问题的根本出路在于节水，而节水的基础在于社会。因此，建立"节水型社会"的历史使命已责无旁贷地摆在当代人面前。何谓"节水型社会"？全国政协副主席、著名水利专家钱正英同志做出了明确的阐释。她认为，节水型社会是指要增强社会的节水意识，把节水的政策贯彻到社会的各行业，让节水的观念落实到全社会的每个人。其核心是提高用水效率，促使水资源的利用符合可持续发展的原则。根据上述观点，建立节水型社会的关键在于增强社会的节水意识。节水意识的基础来自于水的忧患意识，而水忧患意识的建立则需要对国民特别是青少年进行水资源知识的宣传教育。为此，全国节水办公室专家建议编写生动有趣的水资源科普读物，对广大小学生进行潜移默化的水资源教育；在中学阶段则应开设水资源选修课，借以普及水资源知识；在大学生、干部、职工中则要将水安全教育与时事教育结合起来，树立水安全是国家经济安全基础的思想，增强保护水资源的责任感，把节水贯穿于每一次用水的行动之中，逐步建立适合我国水环境的节水工业、节水农业、节水城市的全方位的节水社会格局。

（2）调整我国水资源格局是实现水资源可持续利用的基础条件。早在新中国成立之初，毛泽东就提出："南方水多，北方水少，如有可能，借点水来也是可以的。"毛泽东的这一"借"水构想，是调整我国水资源格局，实现我国21世纪水资源优化配置的战略选择。经过近两代人的努力，这一"借"水构想的总体框架——南水北调工程已日渐清晰，即分别从长江流域上、中、下游向北方调水，形成南水北调西、中、东三条引水线路。一个世纪的水利建设工程已经拉开帷幕，2003年南水北调工程中线和东线已开工建设。南水北调工程，将分别从长江下、中、上游取水70亿～192亿立方米、145亿～200亿立方米和50亿～100亿立方米，总计调水量每年将达265亿～500亿立方米，相当于北方五片平均水资源的4.9%～9.3%，这无疑将给干涸的北方带来福音。

（3）协调好生产、生活和生态用水是实现水资源可持续利用的保证条件。长期以来，我国在水资源的配置和使用上缺乏生态观念。在水行政管理体制上存在着部门单目标管理与水资源的多功用相矛盾的局面。水资源配置和管理的"次优化"问题一直得不到有效解决。以北方"三河"流域为例，黄河从1972年开始出现断流，1997年断流时间长达266天，断流区直达距河口780km的开封市；我国最长的内陆河塔里木河，从1974年开始，下游自大西海子水库以下363km的河段全部断流，下游绿色走廊岌岌可危；发源于青海祁连山、纵贯甘肃河西走廊、蜿蜒于内蒙古草原的我国第二大内陆河黑河，也连续10个汛期出现断流，导致下游地区的胡杨林大片死亡。水资源生态恶化引发的环境及社会问题日渐突出。

"生态用水"新概念的提出，标志着我国对水资源的配置与管理在理论与实践的结合上已上升到了一个新的层次。值得肯定的是，我国以"三河"调水和引黄济津成功为标志，已在河流水量统一调度，实现流域（乃至跨流域）水资源统一规划、统一管理、统筹解决各种用水需要，在有限水资源得到优化配置方面迈开了可喜的一步，积累了相当的经验。但是，随着西部大开发的推进，我国水资源供需矛盾将日益加剧，"生态用水"问题将日趋严峻。因此，从现在起到今后一个很长的时期内，我们必须通过加强流域水资源管理，调整产业结构和种植结构，节约用水和建设必要的工程设施，严格控制上游用水，让河水沿着河道不断流向下游，维护和逐步恢复生态系统。只有这样，才能实现真正意义上的水资源可持续利用。

## 课后思考与习题

1. 简述水循环的类型及形成过程。
2. 水污染的来源有哪些，简述污水水质的特点？
3. 简述城市污水的排水体制。
4. 水污染控制模式的选择依据有哪些？
5. 影响微生物的环境因素主要有哪些，为什么说在好氧生物处理中，溶解氧是一个十分重要的环境因素？
6. 简述污水回用要求及应用领域。
7. 污水中好氧有机物是如何降解的，简述水体富营养化的形成机理及危害。
8. 不同的水处理单元或者说是构筑物有不同的作用，请简要叙述各处理单元的作用。
9. 对城市生活污水，有哪些常用的处理工艺，请举例说明。
10. 固体颗粒沉降时的阻力系数与雷诺系数有关，此雷诺系数指什么？若颗粒直径为 $d$ 的污染物在静止水中和水平流动的水中沉降，水温相同，水流紊动对沉速的影响忽略不计，试问两种沉速是否相同，为什么？
11. 影响固体颗粒沉降速度的主要因素是什么，工程上要加速沉降速度，主要采取哪些措施？
12. 写出斯托克斯定律表达式，指出各项所代表意义及其在重力沉降中的意义。
13. 在废水处理中，气浮法与沉淀法相比较，各有何优缺点？
14. 简述好氧生物和厌氧生物处理有机污水的原理和适用条件。
15. 活性污泥法的基本概念和基本流程是什么？

# 第七章　物理环境

## 第一节　声学环境

### 一、噪声概述

声音是物体的振动以波的形式在弹性介质中进行传播的一种物理现象。我们平常所指的声音一般是通过空气传播作用于耳鼓膜而被感觉到的声音。人类生活在声音的环境中，并且借助声音进行信息传递，交流思想感情。尽管我们的生活环境中不能没有声音，但是也有一些声音是我们不需要的，如睡眠时的吵闹声，从广义上来讲，凡是人们不需要的，使人厌烦并干扰人的正常生活、工作和休息的声音统称为噪声。由此定义可知，噪声不单取决于声音的物理性质，还与人类的生活状态、人的主观感受等有关。但一个声音是否构成噪声污染，不能简单地以感觉进行评判，而应进行测量后根据相应的《噪声标准》来评判。

噪声的主要特性：

（1）噪声是一种感觉性污染，在空气中传播时不会在周围环境里遗留下有毒有害的化学污染物质。对噪声的判断与个人所处的环境和主观愿望有关。

（2）噪声污染是能量流污染，其影响范围有限，声波的传播过程是声能量传播的过程，声能量随距离逐步衰减，所以其影响范围有限。

（3）噪声源的分布广泛而分散，但是由于传播过程中会发生能量的衰减，因此噪声污染的影响范围是有限的。

（4）噪声产生的污染没有后效作用。一旦噪声源停止发声，噪声便会消失，转化为空气分子无规则运动的热能。

噪声评价方法：等效连续 A 声级。

在噪声的评价方法中，最常用的是等效连续 A 声级。它表示为 $L_{eq}$（equivalent continuous sound level），单位为 dB。其公式为：

$$L_{eq} = 10\lg \frac{1}{T_2 - T_1} \int_{T_1}^{T_2} 10^{L_p/10} \mathrm{d}t$$

式中　$T_1$——噪声测量的起始时刻；

　　　$T_2$——噪声测量的终止时刻；

　　　$L_p$——声级；

　　　$L_{eq}$——等效 A 连续声级。

由于式中的 $L_p$ 是时间的函数，不便于应用，所以一般进行噪声测量时，都是以一定的时间间隔来读数的，通常每隔 5s 读一次，因此公式可演变为：

$$L_{eq} = 10\lg\left(\frac{1}{n}\sum_{i=1}^{n} 10^{L_i/10}\right)$$

式中　$n$——读得的噪声级 $L_i$ 的总个数；

　　　$L_i$——第 $i$ 次等间隔时间读得的噪声级。

如果测得的数据符合正态分布，其累积分布的正态概率为一直线，可用下面近似公式计算：

$$L_{eq} \approx L_{50} + d^2/60, d = L_{10} - L_{90}$$

式中　$L_{10}$——测量时间内，10% 的时间超过的噪声级，相当于噪声的峰值；

　　　$L_{50}$——测量时间内，50% 的时间超过的噪声级，相当于噪声的平均值；

　　　$L_{90}$——测量时间内，90% 的时间超过的噪声级，相当于噪声的本底值。

$L_{10}$、$L_{50}$、$L_{90}$ 为累积分布值，它们的计算方法有两种：一种是在正态概率纸上画出累积的分布曲线，然后从图中求得；另一种是将测定的一组数据（例如 100 个），将其从大到小排列，第 10 个数据即为 $L_{10}$，第 50 个数据为 $L_{50}$，第 90 个数据为 $L_{90}$。

人的听觉对 50dB 以下的声音环境感到舒适安逸，超过 60dB 就会觉得喧闹，长时间处在 80～90dB 的声响环境中，人们便会焦躁不安，当声音超过 120dB 时，即使在短时间内，人耳也会感到疼痛，无法忍受，甚至可造成听力损伤。

（资料来源：窦贻俭，李春华编著. 环境科学原理. 南京大学出版社，1997）

## 二、噪声来源

### （一）噪声的各种来源

噪声主要来源于交通运输、工业生产、日常生活和建筑施工。

#### 1. 交通运输噪声

各种交通运输工具（如小轿车、载重汽车、电车、火车、拖拉机、摩托车、轮船、飞机等），在行驶过程中会发出喇叭声、汽笛声、刹车声、排气声等各种噪声，而且行驶速度越快噪声越大。由于此类噪声源具有流动性，因此它的影响范围广，受害人数多，近年来，随着城市机动车辆的剧增，交通运输噪声已经成为城市的主要噪声源。

#### 2. 工业生产噪声

工业生产离不开各种机械和动力装置，这些机械和装置在运转过程中一部分能量被消耗后以声能的形式散发出来而形成噪声。工业噪声中有因空气振动产生的空气动力学噪声，如通风机、鼓风机、空气压缩机、锅炉排气等产生的噪声；也有由于固体振动产生的机械性噪声，如织布机、球磨机、碎石机、电锯、车床等产生的噪声；还有由于电磁力作用产生的电磁性噪声，加发动机、变压器产生的噪声。工业噪声一般声级较高，而且连续时间长，有的甚至长年运转、昼夜不停，对周围环境影响很大。而且，工业噪声是造成职业性耳聋的主要原因。表 7-1 给出了某些机械噪声源的强度。

表 7 - 1　某些机械噪声源强度

| 噪声级/dB | 机 械 名 称 | 噪声级/dB | 机 械 名 称 |
|---|---|---|---|
| 130 | 风铲、风铆 | 95 | 织带机、细砂机、轮转印刷机 |
| 125 | 凿岩机 | 90 | 轧钢机 |
| 120 | 大型球磨机、有齿锯切割钢材 | 85 | 机床、凹印机、铅印、平台印刷机、制砖机 |
| 115 | 振捣机 | 80 | 挤塑机、漆包线机、织袜机、平印联动机 |
| 110 | 电锯、无齿锯、落砂机 | 75 | 印刷上胶机、过板机、玉器抛光机、小球磨机 |
| 105 | 织布机、电刨、破碎机、气锤 | <75 | 电子刻板机、电线成盘机 |
| 100 | 丝织机 | | |

### 3. 社会生活噪声

由于商业经营活动、儿童在户外的嬉戏、各类家用电器的使用（尤其是各种音响设备）以及家庭舞会等，使城市居住区内部的噪声源种类和噪声的强度均有所增加。社会生活噪声在城市噪声构成中约占 50%，且有逐渐上升的趋势。表 7 - 2 列出了部分家庭常用设备的噪声级。

表 7 - 2　家庭常用设备的噪声级

| 家庭常用设备 | 噪声级范围/dB | 家庭常用设备 | 噪声级范围/dB |
|---|---|---|---|
| 洗衣机、缝纫机 | 50 ~ 80 | 电冰箱 | 30 ~ 58 |
| 电视机、除尘器及抽水马桶 | 60 ~ 84 | 风扇 | 30 ~ 68 |
| 钢琴 | 62 ~ 96 | 食物搅拌器 | 65 ~ 80 |
| 通风机、吹风机 | 50 ~ 75 | | |

### 4. 施工噪声

建筑工地常用的打桩机、推土机和挖掘机产生的噪声常在 80dB 以上，给邻近居民的正常生活扰乱很大。随着城市化进程的加快，中国的城市建设日新月异，大、中城市的建筑施工场地很多，因此建筑施工噪声的影响面很大。一般施工的噪声如表 7 - 3 和表 7 - 4 所示。

表 7 - 3　建筑施工机械噪声级　　　　　　　　　　　　　　　　（dB）

| 机械名称 | 距离声源 10m | | 距离声源 30m | |
|---|---|---|---|---|
| | 范围 | 平均 | 范围 | 平均 |
| 打桩机 | 93 ~ 112 | 105 | 84 ~ 103 | 91 |
| 地螺钻 | 68 ~ 82 | 75 | 57 ~ 70 | 63 |
| 铆枪 | 85 ~ 98 | 91 | 74 ~ 98 | 86 |
| 压缩机 | 82 ~ 98 | 88 | 78 ~ 80 | 78 |
| 破路机 | 80 ~ 92 | 85 | 74 ~ 80 | 76 |

表 7-4　施工现场边界线的噪声级　　　　　　　　　　　　（dB）

| 场地类型 | 居民建筑 | 办公楼 | 道路工程等 |
|---|---|---|---|
| 场地清理 | 84 | 84 | 84 |
| 挖土方 | 88 | 89 | 89 |
| 地基 | 81 | 78 | 88 |
| 安装 | 82 | 85 | 79 |
| 修整 | 88 | 89 | 84 |

（二）噪声危害

（1）对人体的生理影响。长期生活在噪声环境中会导致耳聋。据统计，当今世界上有7000多万耳聋者，其中相当部分是由噪声所致。此外，实验表明：噪声会增加人体的肾上腺激素分泌，使心率改变和血压升高，导致心脏病的发展和恶化；还会导致消化系统方面的疾病和神经衰弱症，使人得肠炎以及出现失眠、疲劳、头晕、头痛、记忆力减退等症状；强噪声会刺激耳腔的前庭器官，使人出现眩晕、恶心、呕吐等症状；如果噪声超过140dB，将导致全身血管收缩，供血减少，说话能力受到影响。噪声还会影响视力。试验表明：当噪声强度达到90dB时，人的视觉细胞敏感性下降，识别弱光反应时间延长；噪声达到95dB时，有40%的人瞳孔放大，视力模糊；而噪声达到115dB时，多数人的眼球对光亮度的适应都有不同程度的减弱。所以，长时间处于噪声环境中的人很容易发生眼疲劳、眼痛、眼花和视物流泪等眼损伤现象。噪声对儿童身心健康危害更大。由于儿童发育尚未成熟，各组织器官都十分娇嫩和脆弱，所以更容易被噪声损伤听觉器官，造成听力减退或丧失。长期暴露于噪声中的儿童比安静环境的儿童血压要高，智力发育略微迟缓。据调查测试，吵闹环境下的儿童智力发育比安静环境中的低20%。

（2）对人体的心理影响。噪声引起的心理影响主要是烦恼、激动、易怒，甚至失去理智。噪声也容易使人疲劳，因此往往会影响精力集中和工作效率，尤其是对一些做非重复性动作的劳动者，影响更为明显。另外，由于噪声的掩蔽效应，往往使人不易察觉一些危险信号，从而容易造成工伤事故。

（3）对孕妇和胎儿的影响。国内外的医学科研人员做了许多研究，证明强烈的噪声对孕妇和胎儿都会产生诸多不良后果。接触强烈噪声的妇女，其妊娠呕吐的发生率和妊娠高血压综合征的发生率都更高，而且对胎儿也会产生许多不良的影响：噪声使母体产生紧张反应，引起子宫血管收缩，以致影响供给胎儿发育所必需的养料和氧气。此外，噪声还会导致出生儿体重偏轻。为了妇女及其子女的健康，妇女在怀孕期间应该避免接触超过卫生标准（85～90dB）的噪声。

（4）对生产活动的影响。在嘈杂的环境里，人的心情烦躁，容易疲劳，反应迟钝，工作效率下降，工伤事故增多。由于噪声会对人体产生许多不良的影响，因此很多国家都在这方面作了规定。中国也制定并公布了《工业企业噪声卫生标准》，对生产车间或工作场所的工作地点噪声作了明确规定。

（5）对动物的影响。噪声对动物的影响十分广泛。这些影响包括听觉器官、内脏器官和中枢神经系统的病理性改变的损伤。根据测定，120～130dB的噪声能引起动物听觉器官的病理性变化，130～150dB的噪声能引起动物听觉器官的损伤和其他器官的病理性变化，150dB 以上的噪声能造成动物内脏器官发生损伤，甚至死亡。把实验兔放在非常吵的工业噪声环境下 10 个星期，发现其血胆固醇比同样饮食条件下安静环境中的兔子要高得多；在更强的噪声作用下，兔子的体温升高，心跳紊乱，耳朵全聋，眼睛也暂时失明，生殖和内分泌的规律也发生变化。研究噪声对动物的影响具有实践意义，因为直接对人进行强噪声实验以测其影响不太合适，所以只能用动物进行加速实验以获取资料，在取得结果后谨慎地推广到人体，必要时再作一些调查或验证。

（6）对物质结构的影响。据实验，一块 0.6mm 的铝板，在 168dB 的无规则噪声作用下，只要 15min 就会断裂。150dB 以上的强噪声，可使墙震裂、门窗破坏，甚至使烟囱和老建筑物发生坍塌，钢结构产生"声疲劳"而损坏，高精密度的仪表失灵。

但应该注意的是，声音对人类是必需的，绝对的寂静无声对人体是有害的（其危害甚至更大），会使人食欲减退，精神紧张、恐惧不安、发疯、失去理智、神经错乱等。所以建筑物隔音设备太好，住户易得神经病。良好的声环境应在 15 ~ 40dB。

### 三、噪声控制

发生噪声污染必须有 3 个要素：噪声源、传播途径和接受者。因此，噪声控制也是从这 3 个要素组成的声学系统出发，既研究每一个要素，又作系统综合考虑，使控制措施在技术、经济可行的前提下达到降低噪声的要求。原则上讲，噪声控制的优先次序是噪声源控制、传播途径控制和接受者保护。

（1）合理规划、加强管理。合理的规划，对于未来的环境噪声控制具有战略意义。在规划中，主要考虑：合理的土地利用和功能区划分是不同使用目的的建筑物的噪声标准，合理安排建筑的场所和位置；将居民区、文化区与商业区、工业区尽量分隔开；增设有效的噪声防护设施。交通干线的合理布局，交通噪声是城市噪声的重要来源，因此，需在规划中对交通干线进行科学、合理的布局。此外，还应制定降低噪声的交通管理制度，加强对交通噪声的管理。建立卫星城，在噪声污染严重的城市周围建立卫星城，将会在一定程度上减缓其压力。

（2）技术措施。一般来说，噪声控制的技术手段也是按照噪声源控制，传播途径控制和接受者保护的先后次序来考虑。首先是降低声源本身的噪声，如果技术上办不到，或者技术上可行而经济上不合算，则考虑从传播的路程中来降低噪声，如果这种考虑达不到要求或不合算，则可考虑接收者的个人防护。降低声源本身的噪声是治本的方法，比如用液压代替冲压，用斜齿轮代替直齿轮，用焊接代替铆接，国外还在研究低噪声的发动机等。但是，从目前的科学技术水平来说，要想使一切机器设备都是低噪声的，还是不可能的。这就需要在传播的途径和个人防护上来考虑。常用的办法就是吸声、隔声、消声、隔振、阻尼、耳塞和耳罩等。

### 四、噪声的利用

噪声已被世人公认为仅次于大气污染和水污染的第三大公害。在大城市中，人们深受噪声之苦。但是，世界上的事情总是千变万化的，没有任何事情是绝对的。噪声也和其他事物一样，既有有害的一面，又有可以被人类利用、造福于人类的一面。许多科学家在噪声利用方面做了大量研究工作，获得许多新的突破，这些成果将是 21 世纪推出的新技术。

（1）有源消声。通常采用的三种降噪措施，即在声源处降噪、在传播过程中降噪及在人耳处降噪，这些方法都是消极被动的。为了积极主动地消除噪声，人们发明了"有源消声"这一技术。该技术利用所有的声音都具有一定的频谱，如果有一种声音的频谱与所要消除的噪声完全一样，只是相位刚好相反（相差180°），就可以将噪声完全抵消掉。实际采用的办法是从噪声源本身着手，设法通过电子线路将原噪声的相位倒过来。由此看来，有源消声这一技术实际上是"以毒攻毒"。

（2）噪声变音乐。美妙动人的音乐能让人心旷神怡，日本科学家已研制出一种新型的"音响设备"，将家庭生活中的各种流水声如洗手、淘米、洗澡、洁具、水龙头等产生的噪声变成悦耳的协奏曲。这些嘈杂的水声既可以转变成悠扬的乐曲，也可以转变成潺潺的溪流声、树叶的沙沙声、虫鸟的鸣叫声和海浪潮涌声等大自然音响。美国科学家研制出一种吸收大城市噪声并将其转变为大自然"乐声"的合成器，它能将街市的嘈杂喧闹噪声变为大自然声响的"协奏曲"。英国科学家还研制出一种像电吹风声响的"白噪声"，具有均匀覆盖其他外界噪声的效果，并由此生产出一种"宝宝催眠器"的产品，能使婴幼儿自然酣睡。

（3）噪声发电。噪声是声波，所以它也是一种能量。广泛存在的噪声为科学家们开发噪声能源提供了广阔的前景。英国剑桥大学的专家们开始利用噪声发电的尝试。他们设计了一种鼓膜式声波接收器，这种接收器与一个共鸣器连接在一起，放在噪声污染区，接收器接到声能传到电转换器上时，就能将声能转变为电能。

（4）噪声除尘。美国研究人员发现，高能量的噪声可以使尘粒相聚成一体，尘粒体积增大，重量增加，加速沉降，可产生较好的除尘效果，根据这个原理，科学家们研制出一种2000W功率的除尘器，可发出声强160dB，频率2000Hz的噪声，将它装在一个厚壁容器里，获得了较好的除尘效果。

（5）噪声增产。噪声应用于农作物同样获得了令人惊讶的成果。科学家们发现，植物在受到声音的刺激后，气孔会张到最大，能吸收更多的二氧化碳和氧气，加快光合作用，从而提高增长速度和产量。有人曾经对生长中的西红柿进行试验，在经过30次100dB的噪声刺激后，西红柿的产量提高近2倍，而且果实的个头也成倍增大，增产效果明显。通过实验发现，水稻、大豆、黄瓜等农作物在噪声的作用下，都有不同程度的增产。

（6）噪声除草。科学家发现，不同的植物对不同的噪声敏感程度不一样。根据这个道理，人们制造出噪声除草器。这种噪声除草器发出的噪声能使杂草的种子提前萌发，这样就可以在作物生长前用药物除掉杂草，用"欲擒故纵"的妙策，保证作物的顺利生长。

（7）噪声诊病。美妙、悦耳的音乐能治病，这已为大家所熟知。但噪声怎么能用于诊病呢？最近，科学家制成一种激光听力诊断装置，它由光源、噪声发生器和电脑测试器三部分组成。使用时，它先由微型噪声发生器产生微弱短促的噪声，振动耳膜，然后微型电脑就会根据回声，把耳膜功能的数据显示出来，供医生诊断。它测试迅速，不会损伤耳膜，没有痛感，特别适合儿童使用。此外，还可以用噪声测温法来探测人体的病灶。

（8）噪声透视海底。在科学研究领域更为有意义的是利用噪声透视海底的方法。早在20世纪初，人类发明声音接收器——声呐。那是在第一次世界大战时，为了防范潜水艇的袭击，使用了这种在水下的声波定位系统。现在声呐的应用已远远超出了军事目的。最近科学家利用海洋里的噪声（如破碎的浪花、鱼类的游动、下雨、过往船只的扰动声等）进行摄影，用声音作为摄影的"光源"：这实在令人感到奇怪，声音怎么能够用来拍照呢？美国斯克利普海洋研究所的专家们研制出一种"声音—日光"环境噪声成像系统，简称ADONIS，这个系统就有这种奇妙的摄影功能。虽然 ADONIS 获得的图像分辨率较低，不能与光学照片相比，但在海水中，电磁辐射（包括可见光）十分容易被吸收，相比之下，声波要好得多，这样，声音就成为取得深部海洋信息的有效方法。1991 年，美国科学家首先在太平洋海域作了实验。他们在海底布置了一个直径为 1.2m 的抛物面状声波接收器，在其焦点处设置一水下听音器，这个抛物面对声音具有反射、聚焦的作用；他们又把一块贴有声音反射材料的长方形合成板作为摄像的目标，放在声音接收器的声束位置上，此时，接收器收到的噪声增加 1 倍。这一效果与他们事先的设计思想吻合，达到了预期的效果。然后他们又把目标放置在离接收器 7～12m 的地方，结果是一样的，他们发现，摄像目标对某些频率的声波反射强烈，而对另一些反射较弱，有些甚至被吸收。这些不同频率声波的反射差异，正好对应为声音的"颜色"。据此，他们可以把反射的声波信号"翻译"成光学上的颜色，并用各种色彩表示。

（资料来源：http：//www.chepf.com/hjbhl0.htm）。

### 五、城市区域噪声标准（节选）

为贯彻《中华人民共和国环境噪声污染防治法》，防治噪声污染，保障城乡居民正常生活、工作和学习的声环境质量，制定本标准自 2008 年 10 月 1 日起实施。城市区域噪声标准见 GB 3096—2008。

（1）适用范围：

本标准规定了五类声环境功能区的环境噪声限值及测量方法。

本标准适用于声环境质量评价与管理。

机场周围区域受飞机通过（起飞、降落、低空飞域）噪声的影响，不适用于本标准。

（2）声环境功能区分类。按区域的使用功能特点和环境质量要求，声环境功能区分为以下五种类型：

1）0 类声环境功能区：指康复疗养区等特别需要安静的区域。

2）1 类声环境功能区：指以居民住宅、医疗卫生、文化教育、科研设计、行政办公为主要功能，需要保持安静的区域。

3）2 类声环境功能区：指以商业金融、集市贸易为主要功能，或者居住、商业、工业混杂，需要维护住宅安静的区域。

4）3 类声环境功能区：指以工业生产，仓储物流为主要功能，需要防止工业噪声对周围环境产生严重影响的区域。

5）4 类声环境功能区：指交通干线两侧一定距离之内，需要防止交通噪声对周围环境产生严重影响的区域，包括 4a 类和 4b 类两种类型。4a 类为高速公路、一级公路、城市快速路、城市主干路、城市次干路、城市轨道交通（地面段）、内河航道两侧区域，4b 类为铁路干线两侧区域。

（3）环境噪声限值，如表 7-5 所示。

表7-5　环境噪声限制　　　　　　　　　　　　　　　（dB(A)）

| 声环境功能区类别 | | 时　　段 | |
| --- | --- | --- | --- |
| | | 昼间/dB | 夜间/dB |
| 0 | | 50 | 40 |
| 1 | | 55 | 45 |
| 2 | | 60 | 50 |
| 3 | | 65 | 55 |
| 4类 | 4a类 | 70 | 55 |
| | 4b类 | 70 | 60 |

# 第二节　电磁辐射

　　人类探索电磁辐射的利用始于1831年英国科学家法拉第发现电磁感应现象。如今，电磁辐射的利用已经深入到人类生产、生活的各个方面，特别是20世纪末移动通讯的普及，使人类的活动空间得以充分延伸，超越了国家，乃至地球的界线。但是，电磁辐射的大规模应用，也带来了严重的电磁污染。当电磁辐射强度超过人体所能承受的或仪器设备所能容许的限度时，即产生了电磁污染。

## 一、电磁辐射的来源

　　（1）天然源。天然的电磁污染最常见的是雷电，除了可能对电气设备、飞机、建筑物等直接造成危害外，而且会在广大地区从几千赫到几百兆赫以上的极宽频率范围内产生严重的电磁干扰。火山喷发、地震和太阳黑子活动引起的磁暴等都会产生电磁干扰。天然的电磁污染对短波通信的干扰特别严重。

　　（2）人为源。人为的电磁污染主要有：

　　1）脉冲放电。切断大电流电路进而产生的火花放电，其瞬时电流变率很大，会产生很强的电磁干扰。它在本质上与雷电相同，只是影响区域较小。

　　2）高频交变电磁场。在大功率电机、变压器以及输电线等附近的电磁场，它并不以电磁波的形式向外辐射，但在近场区会产生严重的电磁干扰。例如，高频感应加热设备（如高频淬火、高频焊接、高频熔炼等）、高频介质加热设备（如塑料热合机、高频干燥处理机、介质加热联动机等）等。

　　3）射频电磁辐射。无线电广播、电视、微波通信等各种射频设备的辐射，频率范围宽广，影响区域也较大，能危害近场区的工作人员。目前，射频电磁辐射已经成为电磁污染环境的主要因素。重要的射频电磁辐射污染源如图7-1所示。

　　电磁辐射污染的特点：电磁辐射污染是能量流污染，看不见，摸不着，却充满整个空间，是"隐形公害"；它穿透力极强，可以穿透包括人体在内的多种物质，相对于电场，对生物体的影响更大（人体处于电场时，人体的导电性使电流通过皮肤流入大地，而磁场通过人体时有可能对血液中的铁分子产生影响；电场很容易被导体屏蔽，而磁场较易通过所有物体）；电磁频率越高（波长越短），危害越大（因为频率越高，越会使机体内分子振动激烈）；电磁波辐射功率越大，危害越大；电磁波距离越近，辐射时间越长，对人体造成的损害也越大。

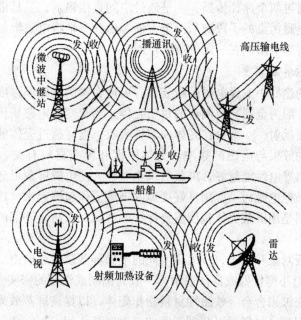

图 7 - 1　射频电磁辐射的重要污染源

## 二、电磁辐射的危害

（1）电磁辐射对人体的危害。电磁辐射无色无味无形，可以穿透包括人体在内的多种物质。各种家用电器、电子设备、办公自动化设备、移动通讯设备等电器装置只要处于操作使用状态，它的周围就会存在电磁辐射。高强度的电磁辐射以热效应和非热效应两种方式作用于人体，能使人体组织温度升高，导致身体发生机能性障碍和功能紊乱，严重时造成植物神经功能紊乱，表现为心跳、血压和血相等方面的失调，还会损伤眼睛导致白内障。此外，长期处于高电磁辐射的环境中，会使血液、淋巴液和细胞原生质发生改变，影响人体的循环系统、免疫、生殖和代谢功能，严重的还会诱发癌症，并会加速人体的癌细胞增殖。

（2）电磁辐射对机械设备的危害。电磁辐射对电器设备、飞机和建筑物等可能造成直接破坏。当飞机在空中飞行时，如果通讯和导航系统受到电磁干扰，就会同基地失去联系，可能造成飞行事故；当舰船上使用的通信、导航或遇险呼救频率受到电磁干扰，就会影响航海安全；有的电磁波还会对有线电设施产生干扰而引起铁路信号的失误动作、交通指挥灯的失控、电子计算机的差错和自动化工厂操作的失灵，甚至还可能使民航系统的警报被拉响而发出假警报；在纵横交错、蛛网密布的高压线网、电视发射台、转播台等附近的家庭，电视机会被严重干扰；装有心脏起搏器的病人处于高电磁辐射的环境中，心脏起搏器的正常使用会受影响。

（3）电磁辐射对安全的危害。电磁辐射会引燃引爆，特别是高磁场强作用下引起火花而导致可燃性油类体和武器弹药的燃烧与爆炸事故。

### 三、电磁污染的控制

电磁污染主要通过两个途径传播：一是通过空间直接辐射；二是借助电磁耦合由线路传导。因此，控制电磁污染的手段应从两个方面考虑：一是将电磁辐射的强度减小到允许的强度，二是将有害影响限制在一定的空间范围。

（一）安装电磁屏蔽装置

在电磁场传播的途径中安设电磁屏蔽装置，可使有害的电磁场强度降至允许的范围以内。电磁屏蔽装置一般为金属材料制成的封闭壳体。当交变的电磁场传向金属壳体时，一部分被金属壳体表面反射，一部分在壳体内部被吸收，这样透过壳体的电磁场强度便大幅度衰减。电磁屏蔽的效果与电磁波频率、壳体厚度和屏蔽材料有关。一般地说，频率越高，壳体越厚，材料导电性能越好，屏蔽效果也就越大。电磁屏蔽可分有源场屏蔽和无源场屏蔽两类。前者是把电磁污染源用良好接地的屏蔽壳体包围起来，以防止它对壳体外部环境的影响；后者则是用屏蔽壳体包围需要保护的区域，以防止外部的电磁污染源对壳体内部环境产生干扰。

对于不同的屏蔽对象和要求，应采用不同的电磁屏蔽装置或措施。主要有：

（1）屏蔽罩。对小型仪器或器件适用，一般为铜制或铝制的密实壳体。对于低频电磁干扰，则往往用铁或铍钼合金等铁磁性材料制作壳体，以提高屏蔽效果。在低温条件下进行精密电磁测量，用超导材料可以起到满意的电磁屏蔽作用。

（2）屏蔽室。对大型机组或控制室等适用，一般为铜板或钢板制成的六面体。当屏蔽要求较低时，可用一层或双层金属细网来代替金属板。

（3）屏蔽衣、屏蔽头盔和屏蔽眼罩。用于个人防护，主要保护微波工作人员。屏蔽衣和屏蔽头盔内夹有铜丝网或微波吸收材料。屏蔽眼罩通常为三层结构，中间一层为铜丝网。

（二）其他措施

控制电磁污染，除采用上述电磁屏蔽措施外，还应积极采取其他综合性的防治对策。例如，工业合理布局，使电磁污染源远离稠密的居民区，并在它们之间设立安全隔离带，隔离带内种植灌木与林木；加强管理，改进电气设备，以减少对周围环境的电磁污染；在近场区采用电磁辐射吸收材料或装置；实行遥控和遥测，提高自动化程度，以减少工作人员接触高强度电磁辐射的机会等。

电磁辐射应该这样防治各类家用电器、办公设备、移动通讯设备等都是社会发展的必要先进设施。社会发展水平越高，使用的电子设备越多，人们受电磁辐射的影响也越普遍。针对我们身边接触到的电磁辐射可能给消费者带来的人身威胁，中国消费者协会郑重发出警示：

提高自我保护意识，重视电磁辐射可能对人体产生的危害，多了解有关电磁辐射的常识，学会防范措施，加强安全防范；对配有应用手册的电器，应严格按指示规范操作，保持安全操作距离等。

不要把家用电器摆放得过于集中，或经常一起使用，以免使自己暴露在超剂量辐射的危险之中。特别是电视机、电脑、电冰箱等电器更不宜集中摆放在卧室里。

各种家用电器、办公设备、移动电话等都应尽量避免长时间操作，如电视、电脑等电器需要较长时间使用时，应注意至少每一小时离开一次，采用眺望远方或闭上眼睛的方式，以减轻眼睛的疲劳程度和所受辐射的影响。

当电器暂停使用时，最好不要让它们处于待机状态，因为此时可产生较微弱的电磁场，长时间也会产生辐射积累。

对各种电器的使用，应保持一定的安全距离。如眼睛离电视荧光屏的距离，一般为荧光屏宽度的 5 倍左右；微波炉在开启之后要离开至少 1m 远，孕妇和小孩应尽量远离微波炉；手机在使用时，应尽量使头部与手机天线的距离远一些，最好使用分离耳机或话筒接听电话。

消费者如果长期处于超剂量的电磁辐射环境中，应注意采取以下自我保护措施：

居住、工作在高压线、变电站、电台、电视台、雷达站和电磁波发射塔附近的人员，佩戴心脏起搏器的患者，经常使用电子仪器、医疗设备、办公自动化设备的人员，以及生活在现代电气自动化环境中的人群，特别是抵抗力较弱的孕妇、儿童、老人及病患者，有条件的应配备针对电磁辐射的屏蔽防护服，将电磁辐射最大限度地阻挡在身体之外。

电视机、电脑等有显示屏的电器设备可安装电磁辐射保护屏，使用者还可佩戴防辐射眼镜，以防止屏幕辐射出的电磁波直接作用于人体。

手机接通瞬间释放的电磁辐射最大，所以，最好在手机响过一两秒后或电话两次铃声间歇中接听电话。

电视机、电脑等电器的屏幕产生的辐射会导致人体皮肤干燥缺水，加速皮肤老化，严重的甚至会导致皮肤癌，所以，在使用完上述电器后应及时洗脸。

多食用一些胡萝卜、豆芽、西红柿、油菜、海带、卷心菜、瘦肉、动物肝脏等富含维生素 A、C 和蛋白质的食物，以利于调节人体电磁场的紊乱状态，加强机体抵抗电磁辐射的能力。

（资料来源：http：//database. cpst. ner. cn/popul/healt/artic/10906145240. html）

# 第三节　放射性污染

某些物质的原子核发生衰变，放出我们肉眼看不见也感觉不到，只能用专门的仪器才能探测到的射线。物质的这种性质叫放射性。天然放射性物质在自然界中分布很广，它存在于宇宙射线、矿石、土壤、天然水、大气及动植物的所有组织中。表示自然界本来就存在的高能辐射和放射性物质的量是"天然放射性本底"，它是判断人工辐射源（有时也包括天然辐射源）是否造成环境污染的重要基准。近几十年来，由于核武器的频繁试验，核能工业的不断发展，供医疗诊断用的电离辐射源的增加等，放射性已成为国际社会关注的污染问题。

## 一、放射性污染来源

（一）放射性污染的主要来源

（1）核武器试验的沉降物。全球频繁的核武器试验，是造成核放射污染的主要来源。在大气层进行核试验时，核弹爆炸的瞬间，由炽热蒸汽和气体形成蘑菇云携带着弹壳、碎片、地面物和放射性烟云一起上升，随着与空气的混合，辐射热逐渐损失，温度渐渐降低，于是气态物凝聚成微粒或附着在其他的尘粒上，最后沉降到地面。这些放射性物质主要是铀钚的裂变产物，其中危害较大的有$^{90}$锶、$^{137}$铯、$^{131}$碘、$^{14}$碳。自 1945 年美国在新墨西哥州的洛斯阿拉莫斯进行了人类首次核试验以来，全球已进行了 1000 多次核试验，这对全球大气环境和海洋环境的污染是难以估量的，对人类和动植物的负面影响也是深远的。

（2）核燃料循环的"三废"排放。核工业于第二次世界大战期间发展起来，刚开始为核军事工业。20 世纪 50 年代以后，核能开始应用于动力工业中。核动力的推广应用，加速了原子能工业的发展。原子能工业的中心问题是核燃料的产生、使用与回收。而核燃料循环的各个阶段均会产生"三废"，这会给周围环境带来一定程度的污染，其中最主要的是对水体的污染。

（3）医疗照射。由于辐射在医学上的广泛应用，医用射线源已成为主要的人工污染源。辐射在医学上主要用于对癌症的诊断和治疗方面。在诊断检查过程中，各个患者所受的局部剂量差别较大，大约比通过天然源所受的年平均剂量高 50 倍；而在辐射治疗中，个人所受剂量又比诊断时高出数千倍，并且通常是在几周内集中施加在人体的某一部分。

诊断与治疗所用的辐射绝大多数为外照射，而服用带有放射性的药物则造成了内照射。近几十年来，由于人们逐渐认识到医疗照射的潜在危险，已把更多的注意力放在既能满足诊断放射学的要求，又使患者所受的实际量最小，甚至免受辐射的方法上，并取得了一定的研究进展。

（二）放射性污染的其他来源

其他辐射污染来源可归纳为两类：一是工业、医疗、军队、核舰艇或研究用的放射源，因运输事故、偷窃、误用、遗失，以及废物处理等失去控制而对居民造成大剂量照射或污染环境；二是一般居民消费用品，包括含有天然或人工放射性核素的产品，如放射性发光表盘、夜光表以及彩色电视机产生的照射，虽对环境造成的污染很低，但也有研究的必要。

为了度量射线照射的量、受照射物质所吸收的射线能量（即吸收剂量），以及表征生物体受射线照射的效应，采用的单位有以下几种：

（1）伦琴。伦琴是度量 X 或 γ 射线照射量的专用单位。符号为 R，简称伦。1 伦琴的照射量能在 1kg 空气中产生 $2.58 \times 10^{-4}C$ 电荷，即 $1R = 2.58 \times 10^{-4}C/kg$。

（2）拉德。拉德是吸收剂量的专用单位，符号为 rad。1rad 等于电离辐射给予 1kg 物质 $10^{-2}J$ 的能量。

（3）雷姆。雷姆是剂量当量的专用单位，符号为 rem。用来衡量各种辐射所产生的生物效应。某一吸收剂量的生物效应与辐射的种类，与照射条件有关。

（4）西弗。用来衡量辐射对生物组织的伤害，每千克人体组织吸收 1J 为 1Sv。西弗（Sv）是个非常大的单位，因此通常使用毫西弗（mSv）、微西弗（μSv）。$1Sv = 1000mSv = 1000000μSv$。

## 二、放射性污染的危害和影响

在大剂量的照射下，放射性会破坏人体和动物死亡免疫功能，损伤其皮肤、骨骼及内脏细胞。如在 400rad 的照射下，受照射的人有 5% 死亡；若照射 650rad，100% 死亡；照射剂量在 150rad 以下，死亡率下降至零，但这时并非无损害作用。据报道往往需要经过 20 年以后，一些症状才会表现出来。症状主要表现为白血病、骨癌、甲状腺癌等疾病，还可能表现为不同程度的寿命缩短。放射性还能损害遗传物质，引起基因突变和染色体畸变。其遗传学效应有的在第一代子女中出现，也可能在下几代中陆续出现。在第一代子女中放射性对遗传性的损伤通常表现为流产、死胎，先天缺陷和婴儿死亡率的增加，以及胎儿体重减少和两性比例的改变等。

在小剂量慢性照射下，情况与上述结果很不一样，其辐射效应极其轻微，一般不易被察觉，但对人体的影响问题也应给予重视并深入研究。

### 三、放射性污染的控制

加强对放射性物质的管理是控制放射性污染的必要措施。从技术控制手段来讲，放射性废物中的放射性物质，采用一般的物理、化学及生物学的方法都不能将其消灭或破坏，只有通过放射性核素的自身衰变才能使放射性衰减到一定的水平，而许多放射性元素的半衰期十分长，并且衰变的产物又是新的放射性元素，所以放射性废物与其他废物相比在处理和处置上有许多不同之处。

#### （一）放射性废液的处理

放射性废水的处理方法主要有稀释排放法、放置衰变法、混凝沉降法、离子变换法、蒸发法、沥青固化法、水泥固化法、塑料固化法以及玻璃固化法等。图 7-2 所表示的是放射性废液处理系统。

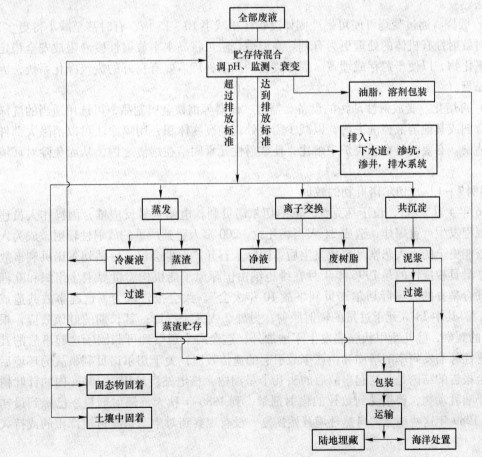

图 7-2　放射性废液的处理过程

（二）放射性废气的处理

（1）铀矿开采过程中所产生废气的处理。铀矿开采过程中所产生的粉尘、废气，一般可通过改善操作条件和通风系统得到解决。

（2）实验室废气的处理。在进行化学、金相和生物操作的核研究实验室中会有放射性排气和颗粒物产生。因此，有关的实验工作均应在装有收集废气的手套箱或热室内进行，通常是将送入各手套箱或热室的进气加以调节，使之经过玻璃纤维过滤器，以去除大颗粒和粉尘，然后通过高效过滤后再排出废气。

（3）燃料后处理过程的废气处理。燃料后处理过程中的废气大部分是放射性碘和一些惰性气体。可采用综合处理法以控制碘的排放量，即将燃料冷却 90～120 天，以待放射性衰变，然后用活性炭或银质反应器系统去除大量挥发性碘。

（三）放射性固体废物的处理

放射性固体废物可采用埋藏、煅烧、再熔化等法处置。如果是可燃性固体废物则多用煅烧法。若为金属固体废物则可用去污或再熔化法处置。

（1）埋藏。场地的选择应尽量减少对环境的污染，并应置于经常的监控之下。该地区在长时期内不准有居民进入，并禁止放牧。沟槽内埋藏的固体废物，应回填 1m 以上的覆土。处置放射性废液时，应在埋藏前加以固化。固化方法有水泥固化法、沥青固化法和玻璃固化法。

（2）煅烧。通过焚烧可使可燃性固体废物体积减小 10～15 倍，有时甚至减小得更多，焚烧法对放射性有机体的处理更为有利。高温煅烧法可将高水平放射性废液生成安全稳定的金属氧化物，以便于贮存或埋藏。固体废物的高温处理需要有良好的废气净化系统，因此费用昂贵。

（3）再熔化。受放射性玷污的设备、器材、仪器等钢铁金属制品，可选用适当的洗涤剂、络合剂或其他溶液擦洗去污，以减少需要处理的废物体积，用喷涂法可以消除大部件的表面沾染。必要时可在感应炉中熔化，使放射性元素固结在熔渣之内，从而免除对环境的影响。

［案例 7-1］　切尔诺贝利的教训

1986 年 4 月 26 日，位于乌克兰北部的切尔诺贝利核电站 4 号反应堆，因操作人员违反操作规程发生严重爆炸，造成 31 人当场死亡，200 多人受到严重的放射性辐射，成为人类利用核能史上的一大悲剧。事故发生后，国际上召开了不少会议，评估切尔诺贝利事故的后果。最具权威性的是 1996 年 4 月在维也纳由国际原子能机构、世界卫生组织和欧洲委员会联合举办的"国际切尔诺贝利事故 10 年大会"。大会报告认为，这起事故共造成 30 人死亡，其中 28 人死于过量的辐射照射，另外 2 人死于爆炸；其长期的健康效应，根据 10 年的观察，除儿童甲状腺癌发生率增加外，迄今尚未观察到可归因于这起事故的其他任何恶性肿瘤发病率的增加和由该事故引起的遗传效应，关于切尔诺贝利事故的环境后果，大会报告的结论是，这起事故后的头几个星期内、核电站厂址周围 10km 内的针叶树和某些小哺乳动物，曾接受到致死的辐射剂量。到 1986 年秋天，辐射剂量率已降到最初的 1%。1989 年这些地方的自然环境开始恢复。没有观察到对生态系统造成严重的或持久的影响。

那么引起切尔诺贝利事故的具体技术原因是什么呢？核能专家认为，切尔诺贝利事故发生的主要原因是该核电站采用的核反应堆存在严重的设计缺陷。运行人员执行的实验程序考虑不周和违反操作规程也是导致这次事故的原因。但追溯其根本原因是原苏联核电站主管部门安全意识淡漠，因为这种堆型的上述设计缺陷早已为人所知，但未引起重视。

切尔诺贝利核电站事故在核电发展历史上是一次非常严重的事故，尽管它的发生有其特殊的原因，但它给核电蒙上的阴影，至今还没有消除。对这起事故的后果进行实事求是的估价，对产生事故的原因进行认真分析。从中吸取教训，核电将会得到更加稳步的发展。事实上，从1986年以来，国际上加强了核安全领域的合作与交流、各国进一步完善核安全法规和标准，改进核电站的设备和系统，完善运行规程和各种运行文件，重视人员培训，加强安全教育，核电站的安全水平得到了进一步提高。与此同时，各国加强了核安全监管部门的地位和作用，进一步强化核安全监督，核电的安全性和良好运行记录必将为更多的人所了解。

[案例7-2]　日本福岛核电站核泄漏给了我们什么教训？

2011年3月11日，日本福岛市发生9级大地震，近3万人死亡，1百万房屋被毁。地震发生后引发海啸，导致日本东电公司在福岛的核电站发生断电，引发核泄漏，泄漏的程度近似于苏联切尔诺贝利核电站。一年以后，回顾福岛的大灾害，福岛给了我们什么经验和教训？

据国家地理报道，福岛核电站由于地震和海啸的影响导致断电，核反应堆里的冷却水无法循环，核反应堆的核燃料因没有降温措施，温度急剧升高，引发3次爆炸，致使大量的核辐射发生。在全世界和日本政府高度关注事故期间，东电公司拒绝向媒体透露事故的发生状况，坚持认为核电站的设计坚固合理，有应急能力，不会导致爆炸；当日本首相向东电的决策层质询时，东电公司提供的专家认为不需要撤离，导致日本政府无法做出疏散撤离的决定，致使大批当地和附近的居民仍滞留在辐射范围内，日本首相为此引咎辞职。

2003年日本东电公司曾举行了是否关闭福岛核电站的讨论，邀请的专家和东电公司认为：未来十年日本不会有大地震、核电站也不会出现运行故障。

据国家地理报道，国际原子能专家认为福岛福电站设计存在严重缺陷。设计应考虑到断电冷却水停止供应后，核燃料应自动停止反应。而恰恰相反，福岛核电站在遭到大地震和海啸断电后，反应堆仍继续工作，致使反应堆的核燃料融化爆炸。

日本媒体认为：东电公司隐瞒事实真相，未向媒体提供事态发展的实时情况，公众毫不了解核泄漏的恶化情况。专家100%地倾向于受邀公司，难以对公众负责。基于福岛核电站的天灾人祸，德国、法国等政府作出决定，停止核能的发电。

各个微西弗单位辐射对人体的影响。对日常工作中不接触辐射性工作的人来说，每年正常的天然辐射（主要是因为空气中的氡辐射）为1000～2000微西弗。

一次小于100微西弗的辐射，对人体无影响。

一次1000～2000微西弗，可能会引发轻度急性放射病，能够治愈。

福岛核电站1015微西弗/h辐射，相当于一个人接受10次X光检查。

日常生活中，我们坐10h飞机，相当于接受30微西弗辐射。

与放射相关的工人，一年最高辐射量为50000微西弗。

一次性遭受 4000 毫西弗会使人致死。

辐射伤害机理：人体有躯体细胞和生殖细胞两类，它们对电离辐射的敏感性和受损后的效应是不同的。电离辐射对机体的损伤其本质是对细胞的灭活作用，当被灭活的细胞达到一定数量时，躯体细胞的损伤会导致人体器官组织发生疾病，最终可能导致人体死亡。躯体细胞一旦死亡，损伤细胞也会随之消失，不会转移到下一代。在电离辐射或其他外界因素的影响下，可导致遗传基因发生突变，当生殖细胞中的 DNA 受到损伤时，后代继承母体改变了的基因，导致后代有缺陷。因此，人体一定要避免大剂量照射。

# 第四节　光污染

光是人类不可缺少的。但是，过强、过滥、变化无常的光，也会对人体造成干扰和伤害。光污染是指光辐射过量而对生活、生产环境以及人体健康产生的不良影响。它主要来源于人类生存环境中日光、灯光以及各种反射、折射光源造成的各种过量和不协调的光辐射。一般光污染可分成三类，即白亮污染、人工白昼污染和彩光污染。

（1）白亮污染。现代城市中，宾馆、饭店、歌舞厅、写字楼等建筑物常使用玻璃、釉面砖、铝合金、磨光大理石等来装饰外墙，在太阳光的强烈照射下，这些装饰材料的反射光线明晃白亮、炫眼夺目，反射强度比一般的绿地、森林和深色装饰材料大 10 倍左右，大大超过了人体所能承受的范围，使人宛如生活在镜子世界中，分不清东南西北。

（2）人工白昼污染。夜幕降临后，商场、酒店上的广告灯、霓虹灯闪烁夺目，令人眼花缭乱。有些强光束甚至直冲云霄，使得夜晚如同白天一样。

（3）彩光污染。舞厅、夜总会安装的黑光灯、旋转灯、荧光灯以及闪烁的彩色光源构成了彩光污染。另外，核爆炸、电焊、熔炉等发出的强光，以及一些专用仪器设备产生的紫外线也会造成严重的光污染。

## 一、光污染的危害

人体在光污染中首先受害的是直接接触光源的眼睛和皮肤。专家研究发现，长时间在白色光亮污染环境下工作和生活的人，视网膜和虹膜都会受到不同程度的损害，视力急剧下降，白内障的发病率高达 45%；还会导致头昏心烦，甚至失眠、食欲下降、情绪低落、身体乏力等类似神经衰弱的症状。夏天，玻璃幕墙强烈的反射光进入附近居民楼房内，增加了室内温度，影响正常的生活。有些玻璃幕墙是半圆形的，反射光汇聚还容易引起火灾。烈日下驾车行驶的司机会出其不意地遭到玻璃幕墙反射光的突然袭击，眼睛受到强烈刺激，很容易诱发车祸。过度的城市夜景照明将危及正常的天文观测。人工白昼污染使人夜晚难以入睡，扰乱人体正常的生物钟，导致白天工作效率低下。而且，人工白昼污染还会伤害鸟类和昆虫，强光可能破坏昆虫在夜间的正常繁殖过程。据测定，黑光灯产生的紫外线强度大大高于太阳光中的紫外线，且对人体有害影响持续时间长。人如果长期接受这种照射，可诱发流鼻血、脱牙、白内障，甚至导致白血病和其他癌变。彩色光源让人眼花缭乱，不仅对眼睛不利，而且干扰大脑的中枢神经，使人感到头晕目眩，出现恶心呕吐、失眠等症状。科学家最新研究表明，彩光污染不仅有损人的生理功能，还会影响心理健康。

[案例7-3] 光污染侵袭深圳人

作为深圳地方标志建筑的深圳发展银行大厦却因为它的光彩夺目而成为市民投诉的对象。记者从环保局信访办了解到，在美丽装饰背后的光污染正在悄悄地逼近现在的都市人，市民已有意识投诉光污染。

（1）光污染有碍司机视觉。墙体外部采用玻璃钢是目前城市建筑流行的一种新时尚，然而专家说，它们造成的光热污染不可忽视。深圳市环保局法规处的毛博士分析，光污染对建筑物周边环境、交通乃至整个城市都会带来影响。金碧辉煌的玻璃幕墙在烈日的照射下仿佛一个巨大的探照灯，影响周边居民的生活，而在交通繁忙地段的建筑物的强烈反光又会有碍司机的视觉。光彩照人的建筑物群虽然让城市显得更加繁华，却将热量反射到四周，加剧城市热岛现象。与此同时，这些美丽的装饰所带来的光污染也正在悄悄地危害着人们的健康。记者从市民中了解到，有市民在骑自行车外出时，突然发觉眼前一亮，一束强光让她差点摔倒，原来是一辆汽车的水银玻璃惹的祸，光污染已经在悄无声息地影响市民的日常生活。

（2）光污染使人们不见星空。流光溢彩的深圳夜景曾使众多的游人流连忘返。然而，光污染也正伴随着夜间炫目的灯光开始蔓延。据美国最新调查研究显示，夜晚的华灯造成的光污染已使全世界上1/5的人对银河视而不见，约有2/3的人生活在光污染里。

（3）光污染加剧热岛现象。豪华气派的高层建筑所造成的光污染不仅是个环保问题，也在对城市的气候产生潜移默化的影响。记者从深圳市气象台了解到，因为城市热岛现象的加剧，深圳的年平均气温十年来提高了整整两度，相当于把整个城市南移了300km。而形成被戏称为"人造火山"现象的"元凶"之一就是作为"反光镜"的玻璃建筑物。大面积的建筑物玻璃墙由于反照太阳光，使之辐射到周围地区，导致辐射区气温升高，造成光热污染。

（4）控制玻璃围墙面积数量。据了解，随着高层建筑物的光污染问题日益凸现，为抵制光污染，许多城市都有所行动，新加坡、上海等城市都曾出台相关条例对建城区内玻璃围墙的面积和数量进行限制。

## 二、光污染的控制

光污染很难像其他环境污染那样通过分解、转化和稀释等方式消除或减轻。因此，其防治应以预防为主。

第一，加强城市规划与管理，以减少光污染的来源。尽量让这些玻璃幕墙建筑远离交通路口、繁华地段和住宅区。中国已经针对城市玻璃幕墙起草了一个法规，它对玻璃幕墙的使用范围、设计和制作安装都有严格统一的技术标准。人们已普遍开始注意预防可能产生的光污染。北京市1999年否决的玻璃幕墙设计方案就有30余起，上海和南京等城市也对高层建筑的设计施工提出限制，防止产生新的光污染。

第二，对有红外线和紫外线污染的场所采取必要的安全防护措施。

第三，采用个人防护措施，主要是戴防护眼镜和防护面罩。光污染的防护镜有反射型防护镜、吸收型防护镜、反射-吸收型防护镜、爆炸型防护镜、光化学反应型防护镜、光电型防护镜和变色微晶玻璃型防护镜等类型。

# 第五节 热污染

热污染是指日益现代化的工农业生产和人类生活中排放出的废热所造成的环境污染。

## 一、热污染的类型

### （一）水体热污染

火力发电厂、核电站、钢铁厂的循环冷却系统排出的热水以及石油、化工、铸造、造纸等工业排出的主要废水中均含有大量废热，排入地表水体后，可导致地表水温度急剧升高，就造成了水体热污染。

### （二）大气热污染

随着人口的增长、能耗量的增加，被排入大气的热量日益增多。近一个世纪以来，地球大气中的二氧化碳不断增加，使温室效应加剧，全球气候变暖，大量冰川积雪融化，海水水位上升，一些原本十分炎热的城市，也变得更热。其中，人们最为关注的是城市的热岛效应。表 7-6 为中国温带热岛强度与城市规模和人口密度的关系。

表 7-6 我国温带热岛强度与城市规模和人口密度的关系

| 城市名 | 气候区域 | 城市面积/km² | 城市人口/×10⁴ | 人口密度/人·km⁻² | 城乡年均温差/℃ |
|---|---|---|---|---|---|
| 北京 | 南温带亚湿润气候区 | 87.7 | 239.4 | 27254 | 2.0 |
| 沈阳 | 中温带亚湿润气候区 | 164.0 | 240.8 | 14680 | 1.5 |
| 西安 | 中温带亚湿润气候区 | 81.0 | 130.0 | 16000 | 1.5 |
| 兰州 | 中温带亚干旱气候区 | 164.0 | 89.6 | 5463 | 1.0 |

资料来源：朱瑞兆等. 中国不同区域城市热岛研究，1993：184。

### （三）城市热岛效应

在人口高度密集、工业集中的城市，由人类活动排放的大量热量与其他自然条件的共同作用致使城区气温普遍高于周围郊区的气温，人们把这种现象称为"人造火山"。高温的城市处于低温郊区的包围中，如同汪洋大海中的一个个小岛，因此也称之为"城市热岛"现象。城市热岛现象早在18世纪初首先在英国伦敦市发现。城市热岛强度表现为夜间大于白天，日落以后城郊温差迅速增大，日出以后又明显减小。此后，随着世界各地城市的发展和人口的稠密化，热岛效应变得日益突出。中国观测到的"热岛效应"最大的城市是上海和北京；世界最大的城市"热岛"，要数加拿大的温哥华与德国的柏林。城市热岛效应是人类活动对城市区域气候影响中最典型的特征之一。

城市热岛效应主要是由以下几种因素综合形成：

（1）城市建筑物和铺砌水泥地面的道路多数导热性好，受热传热快，白天，在太阳的辐射下，结构面很快升温，而变烫的路面、墙壁、屋顶把高温很快传给大气；日落后，加热的地面、建筑物仍缓慢地向市区空气中播散热量，使气温升高。

（2）人口高度密集、工业集中，燃烧的工业锅炉及冷气、采暖等固定热源，机动车辆、人群等流动热源大量释放城市废热。

（3）高耸入云的建筑物造成近地表风速小且通风不良。

（4）人类活动释放的废气排入大气，改变了城市上空的大气组成，使其吸收太阳辐射的能量及对地面长波辐射的吸收力增强。由以上因素的综合效应形成的城市热岛强度与城市规模、人口密度以及气象条件有关。一般百万人口的大城市年平均温度比周围农村约高0.5～1.0℃。例如，在中国的上海，每年35℃以上的高温天数要比郊区多5～10天以上。城市上空形成的这种热岛现象还会给一些城市和地区带来异常的天气现象，如暴雨、飓风、酷热、暖冬等。

总的来说，城市热岛是利少弊多。其影响主要有：

（1）城市热岛的存在，使城区冬季缩短，霜雪减少，有时甚至发生郊外降雪而城内降雨的情况（如上海1996年1月17～18日）。因此，城市热岛会使城区冬季取暖能耗减少。

（2）夏季，热岛效应在中、低纬度城市造成的高温，不仅使人的工作效率降低，而且造成中暑和死亡人数的增加。例如，美国圣路易斯市1966年7月9～14日，最高气温38.1～41.1℃，比热浪前后高出5.0～7.5℃。此时城区死亡人数由原来正常情况的35人/日陡增到152人/日。1980年7月热浪再袭圣路易斯市和堪萨斯市，两市商业区死亡率分别增高57%和64%，而附近郊区只增加约10%。

（3）在热岛效应的影响下，城市上空的云、雾会增加，城市的风、降水等也会发生变化。例如，2000年上海市区汛期雨量平均比远郊多50mm以上，相当于多下了一场暴雨。而城市雾气是由工业、生活排放的各种污染物形成的酸雾、油雾、烟雾、光化学雾等混合而成的，它的增加不仅危害动植物，还会妨碍水陆交通和供电。严重时，汽车、火车、轮船只好减速，甚至影响到飞机的起落。这就是"热岛效应"带来的城市"雨岛效应"、"雾岛效应"。

（4）热岛效应导致在炎热的夏天里，室温降低1℃要比冬天升高1℃的用电量大得多。有人研究了美国洛杉矶市，指出几十年来其城乡温差增加了2.8℃，全市因空调降温多耗$10 \times 10^8$W电能，每小时约合15万美元。据此推算全美国夏季因热岛效应每小时多耗空调电费数达百万美元之巨。所以，"热岛效应"会使城市耗电及用水量大增，从而耗掉大量能源，造成更多的废热，进一步加强"热岛效应"及其他气候效应，导致恶性循环。

（5）产生热岛效应的城市市区温度高，热空气上升，周围地区的冷空气向市区汇流补充，结果把郊区工厂的烟尘和由市区扩散到郊区的污染物重又聚集到市区上空，久久不能消散。此外，夏季高温还会加重城市供水紧张，火灾多发，以及加剧光化学烟雾灾害等。随着人们对城市热岛效应了解的加深，很多人都认识到除了节能之外，在城市中多种植灌木、林木营造"城市绿岛"，是改善城市"热岛效应"的有效办法。

## 二、热污染的危害

水体热污染首当其冲的受害者是水生物，由于水体温度升高，水中的溶解氧减少，水体处于缺氧状态，滋生大量厌氧菌，有机物腐败严重。同时水温升高使水生生物代谢率增高，从而需要更多的氧，造成一些水生生物在热效力作用下发育受阻或死亡，从而影响环境和生态平衡。此外，河水水温上升给一些致病微生物制造了一个人工温床，使它们得以滋生、泛滥，引起疾病流行，危害人类健康。1965年澳大利亚曾流行过一种脑膜炎，后经科学家证实，其祸根是一种变形原虫，由于发电厂排出的热水使河水温度增高，这种变形原虫在温水中大量孳生，造成水源污染而引起了这次脑膜炎的流行。

大气热污染除了导致海水热膨胀和极冰融化，使海平面上升，加快生物物种灭绝外，还对人体健康构成危害。它降低了人体的正常免疫功能，包括致病病毒或细菌对抗生素越来越强的耐热性，以及生态系统的变化降低了肌体对疾病的抵抗力，从而加剧了各种传染病的流行。热污染导致空气温度升高，为蚊子、苍蝇、蟑螂、跳蚤以及病原体、微生物等，提供了最佳的孳生条件及传播机制，形成一种新的"互感连锁反应"，造成以疟疾、登革热、血吸虫病、恙虫病、流脑等病的流行，特别是以蚊虫为媒介的传染病激增。

### 三、热污染的防治

（1）废热的综合利用。充分利用工业的余热，是减少热污染的最主要的措施。生产过程中产生的余热种类繁多，有高温烟气余热、高温产品余热，冷却介质余热和废气余热等。这些余热都是可以利用的二次能源。我国每年可利用的工业余热相当于5000万吨标准煤的发热量。在冶金、发电、化工、建材等行业，通过热交换利用余热来处理余热空气、原燃料、干燥产品、生产蒸汽、供应热水等。此外还可以调节水田水温，调节港口水温以防止冻结。

对于冷却介质余热的利益方面主要是电场和水泥厂冷却水的循环使用，改进冷却方式，减少冷却排放。

对于压力高、温度高的废气，要通过汽轮机等电力机械直接将热能转为机械能。

（2）加强隔热保温，防止热损失。在工业生产中，有些窑体要加强保温、隔热措施以降低热损失，如水泥窑筒体使用硅酸铝毡、珍珠岩等高效保温材料，既减少热损失，又降低水泥熟料热耗。

（3）寻找新能源。利用水能、风能、地热能、潮汐能和太阳能等新能源，既解决了污染物，又防止和减少热污染的重要途径。特别是在太阳能的利用上，各国都投入了人力和财力进行研究，取得了一定的效果。

### 参 考 文 献

［1］左玉辉. 环境学（第一版）［M］. 北京：高等教育出版社，2002.
［2］刘天齐，等. 环境保护概论［M］. 北京：高等教育出版社，1982.
［3］吴彩斌，雷恒毅，宁平，等. 环境学概论［M］. 北京：中国环境科学出版社，2005.
［4］窦贻俭，李春华. 环境科学原理［M］. 南京：南京大学出版社，1997.

课后思考与习题

1. 什么是噪声污染，噪声的危害有哪些？
2. 为什么说电磁辐射是第四大污染源？
3. 简述光污染的类型与危害以及防治措施。
4. 放射性污染的类型与危害？
5. 简述热污染类型与危害以及防治措施。
6. 什么是热岛效应，热岛效应形成的机制是什么？

# 第八章　经济与环境

　　进入 21 世纪，环保问题成了人们关注的热点。随着社会的进步，人们对生活质量提出了更高的要求，希望"天更蓝、树更绿、水更清、城更美"，成为了人类的共同心声。环境保护就是采取行政、经济、科技、宣传教育和法律等方面的措施，保护和改善生态环境和生活环境，合理利用自然资源，防治污染和其他公害，使之适合人类的生存与发展。它具有明显的地区性。改革开放以来，我国经济持续、快速、健康发展，环境保护工作也取得了很大成就。尽管中央把环境与资源保护作为基本国策之一，但环境保护形势仍然十分严峻，工业污染物排放总量大的问题还未彻底解决，城市生活污染和农村面临污染问题又接踵而来，生态环境恶化的趋势还未得到有效的遏制。

　　经济发展与环境保护的关系，归根到底是人与自然的关系。解决环境问题，其本质就是一个如何处理好人与自然、人与人、经济发展与环境保护的关系问题。在人类社会发展的过程中，人与自然从远古天然和谐，到近代工业革命时期的征服与对抗，到当代的自觉调整，努力建立人与自然和谐相处的现代文明，是经济发展与环境保护这一矛盾运动和对立统一规律的客观反映。当今，绿色经济、循环经济成为新世纪的标志。用环保促进经济结构调整成为经济发展的必然趋势。保护环境就是保护生产力，改善环境就是发展生产力。

## 第一节　环境与经济发展

### 一、环境对经济发展的促进

　　环境与经济的关系紧密相连。良好的生态环境是经济增长的基础和条件，环境问题究其产生根源，是发展不足或发展不当造成的。环境问题在经济发展过程中产生，也只有在发展过程中不断解决。保护好环境，能优化经济增长，促进发展。其主要表现：一是通过认真执行规划环境影响评价、建设项目环评和"三同时"制度，严格环境准入制度，严格执行产业经济政策，积极推进清洁生产和循环经济，有利于合理引导投资方向，调整和优化产业结构，转变经济增长方式，增强科学发展的宏观经济调控能力。二是通过削减排污总量，开展污染治理和生态恢复工程，既减轻了环境污染负荷，又为经济增长提供了发展容量。实践证明，新建并运行好一座污水处理厂相当于给一片工业项目营造了水环境容量，拆除一批燃煤锅炉、"倒"掉一批分散的烟囱，相当于腾出了新建一座小型电厂的环境容量，还优化了产业结构。通过"治老补新、以新带老"盘活环境资产，让出环境空间给新兴企业加快发展，就能够从环保角度对经济发展以最直接的支持和促进。三是加强环境保护能推进技术进步和更新改造，提高资本运营质量，有利于带动环保和相关产业发展，培育新的经济增长点和增加就业。四是良好的生态环境质量已经成为城市综合竞争力的重要因素，可以增强城市吸引力和凝聚力，促进地方经济社会实现更好更快发展。

[案例8-1] 普达措的林业保护与当地发展

普达措国家公园，位于滇西北"三江并流"世界自然遗产中心地带，由国际重要湿地碧塔海自然保护区和"三江并流"世界自然遗产哈巴片区之属都湖景区两部分构成，以碧塔海、蜀都湖和霞给藏族文化自然村为主要组成部分，是香格里拉旅游的主要景点之一。海拔在3500~4159m之间，属省级自然保护区，是"三江并流"风景名胜区的重要组成部分。普达措国家公园拥有地质地貌、湖泊湿地、森林草甸、河谷溪流、珍稀动植物等，原始生态环境保存完好。

自发展旅游以来，当地政府借助其独特的旅游资源优势，获得了飞越式的发展，其成立的公园在增加政府税收，旅游反哺社区，带动就业，维护藏区稳定等方面均做出了重要的贡献。具体表现为：

（1）公园成立以来（2004年3月17日起至2011年12月31日止），共缴纳税款3542万元。

（2）社区受益情况。鉴于公园周边社区马帮旅游服务经营活动对公园环境的较大破坏，公园为了保护好生态资源，依法取缔了马帮。同时，公园加大投入，修通了集公园森林防火和旅游观光功能为一体的森林防火通道，为游客提供了方便，由原来骑马改为乘车，减少了景区污染和草地破坏，提高了效益，然而却影响了周边群众的收入，为使群众不因卸下马鞍而减少收入，公司对周边牵马群众承诺给予补贴。2006年6月至2008年6月开始，公园反哺周边社区共99户，每户每年5000元。2008年7月开始，一类社区108户群众，共539人，户均反哺5000元，人均2000元，公司3年内对社区人畜饮水工程投入600万元；二类社区532户群众，共2218人，户均反哺500元，人均500元；三类社区119户群众，共650人，户均反哺300元，人均300元。同时，公司将公园门景系统大停车场旁的烧烤、租衣、饮食等业务交由社区服务部经营，收入归社区分配，社区又对外招租，每年有租金收入80万元，而场地和相关经营基础设施由我公司建设完成后免费提供给社区使用。公园垃圾清扫工作全部由周边社区老百姓承担，每年有80万元的受益可分配。

（3）公园安排就业情况。公园共安排就业约300人，其中正式合同工190人，我公司直接录用建塘镇红坡村、那茸村、洛吉村、尼汝村等社区待业青年66人。景区其他辅助服务项目提供就业约200多人，其中保安25人，环卫25人，厕所25人，森林防火巡护10人，公园社区服务部50人，公园门景商铺50人，公园餐厅20人，南线牵马20人。直接带动本地就业500多人，在一定程度上减轻了本地政府的就业压力。

（4）普达措国家公园解决了本地就业约500人，带动其他第三产业的发展，如：旅行社、酒店、旅游运输、饭店、本地特产、旅游产品等。本地居民就业解决了，人人有事做，收入稳定，生活质量提高，家庭幸福。

（来源于中国森林旅游网的"昨天的林业保护工作成就今天的普达措国家公园"）

## 二、经济发展对环境保护的促进

环境保护和经济发展相协调的另外一个表现是要通过经济发展为环境保护提供技术支持，推动环保事业的发展。第一，经济的发展应该为环境的保护提供硬件上的技术措施，包括对大气、水、土壤等的净化技术，实现环境保护的目的。第二，从软件上，经济发展应该保证足量财富投在教育上，通过普遍的国民教育，改变国民观念，从而激发出环保的后劲，直到形成全民环保的观念和行动。第三，经济的发展对环境保护的贡献还应该体现在新能源技术的研发上。目前，国内的太阳能技术，风能技术已经相当完备，也正体现出这一点，通过开发新的清洁能源，达到节制使用甚至废止高污染能源的目的，实现环境保护的目标。第四，市场经济是发达的商品经济，是一种开放经济，市场经济条件下的价值规律必然要发挥对社会各个方面的作用。市场对环境保护的影响表现在：

（1）有利于资源的优化配置。市场经济条件下，资源的配置靠市场机制来进行。环境是一种资源，是有价值的，最大限度利用资源是企业追求的目标，通过市场机制对环境资源的优化和调节，提高了环境资源的利用率，从而可以降低成本，节约资源，减少排污。

（2）有利于实现清洁生产。企业为获得单位产品资本最小化、利润最大化，减少污染处理费用，降低成本，提高市场的占有份额，必然要加强技术革新，提高产品档次，使清洁生产、清洁工艺成为可能。

（3）有利于调整产业结构。我国现阶段的污染是结构性的污染，主要是产业结构不合理造成的，传统的产业生产率不高，能耗、物耗高，污染严重，经济的增长是以牺牲环境为代价的，而进入市场后，高能耗、高物耗的产业必然被低能耗、低污染的产业替代。

（4）有利于环保产业的发展。我国环保产业产值已达6000多亿元，环保企业数万家，已形成一批具有一定规模的产业大军，环保产业成为一个经济亮点。

（5）有利于提高环境管理水平。市场经济讲究公正、公平。计划经济模式下的环境管理方式必然要被取代。传统的环境管理模式是环保部门既当裁判员又当运动员。市场条件下，环境管理势必注重项目开发及投入，方案设计、论证与认可，完全按照市场来运作。

# 第二节　环境经济调控

## 一、市场失灵

### （一）公共物品

公共物品是指公共使用或消费的物品。公共物品是可以供社会成员共同享用的物品，严格意义上的公共物品具有非竞争性和非排他性。所谓非竞争性，是指某人对公共物品的消费并不会影响别人，同时消费该产品及从中获得效用，即在给定的生产水平下，为另一个消费者提供这一物品所带来的边际成本为零。所谓非排他性，是指某人在消费一种公共物品时，不能排除其他人消费这一物品（不论他们是否付费），或者排除的成本很高。

公共物品通常分为三类。第一类是纯公共物品，即同时具有非排他性和非竞争性；第二类公共物品的特点是消费上具有非竞争性，但是却可以较轻易地做到排他，有学者将这类物品形象地称为俱乐部物品（club goods）；第三类公共物品与俱乐部物品刚好相反，即在消费上具有竞争性，但是却无法有效地排他，有学者将这类物品称为共同资源或公共池塘资源物品。俱乐部物品和共同资源物品通称为"准公共物品"，即不同时具备非排他性和非竞争性。准公共物品一般具有"拥挤性"的特点，即当消费者的数目增加到某一个值后，就会出现边际成本为正的情况，而不是像纯公共物品，增加一个人的消费，边际成本为零。准公共物品到达"拥挤点"后，每增加一个人，将减少原有消费者的效用。

公共物品具有如下特征：

（1）公共物品都不具有消费的竞争性，即在给定的生产水平下，向一个额外消费者提供商品或服务的边际成本为零。

（2）消费的非排他性，即任何人都不能因为自己的消费而排除他人对该物品的消费。

（3）具有效用的不可分割性。公共物品是向整个社会共同提供的，整个社会的成员共同享用公共物品的效用，而不能将其分割为若干部分，分别归属于某些个人、家庭或企业享用。或者，按照谁付款谁受益的原则，限定为之付款的个人、家庭或企业享用。

（4）具有消费的强制性。公共物品是向整个社会供应的，整个社会成员共同享用它的效用。公共物品一经生产出来，提供给社会，社会成员一般没有选择余地，只能被动地接受。换句话说，公共物品不是自由竞争品，它具有高度的垄断性。公共物品的这一性质，提醒人们必须注意公共物品的质量和数量。公共物品的废品、次品决不能流入社会，一旦流入社会，其危害远远大于私人产品。公共物品的数量不足，不能满足社会的需要，其危害也是明显的。公共物品生产供应过度，对社会也会带来消极的影响。

（二）外部性

经济外部性是经济主体（包括厂商或个人）的经济活动对他人和社会造成的非市场化的影响。分为正外部性和负外部性。正外部性是某个经济行为个体的活动使他人或社会受益，而受益者无须花费代价，负外部性是某个经济行为个体的活动使他人或社会受损，而造成外部不经济的人却没有为此承担成本。

外部性最早是由英国经济学家马歇尔在其经典著作《经济学原理》一书中提出的，迄今已有近110多年的时间了。所谓外部性，也称外在效应或溢出效应，是指一个人或一个企业的活动对其他人或其他企业的外部影响，这种影响并不是在有关各方以价格为基础的交换中发生的，因此，其影响是外在的。更确切地说，外部经济效果是一个经济主体的行为对另一个经济主体的福利所产生的效果，而这种效果很难从货币或市场交易中反映出来。经济外部性可用消费者的效用函数表示。

从理论上讲，一般认为外部性的存在是市场机制配置资源的缺陷之一。也就是说，存在外部性时，仅靠市场机制往往不能促使资源的最优配置和社会福利的最大化，政府应该适度的干预。从现实上讲，外部性特别是外部不经济仍是一个较严重的社会经济问题，如环境污染或环境破坏。

经济主体具有独立的自主利益并追求利益最大化是产生外部性的前提。按照外部性产生的影响不同，外部性有可耗尽（depletable）和不可耗尽（nondepletable）之分。对于不可耗尽的外部性，一个经济主体的行为不影响其他经济主体可享用的数量和质量；对于可耗尽的外部效应，一个经济主体的行为使另一个经济主体可享用的数量或质量下降。可耗尽外部性的例子有公共运输，不可耗尽外部性的例子有国防，污染等等。

外部性直接影响供给。一般"好"的外部性供应得"少"，而"坏"的供应得"多"。供应的"多"和"少"都是相对于社会最优供应量而言。如，个人利益和社会利益的不一致使得"坏"的供应得多，"好"的供应得少。政府的一个作用就是纠正这种个人利益和社会利益的不一致，把供应量增加或减少到最优。如，当政府对化工厂的排污收税，然后用之于周围居民，化工厂立即会减少着他们的损失，减少排污量。另一个常见的政府的纠正行为是拍卖排污牌照（pollution license），它能达到和排污税收（pollution taxation）同样的效果，而且一般认为更容易实行。

外部经济通常是指有益外部性商品的生产。这类商品的生产会对社会和环境产生正效应（如教育和安全）。外部不经济通常是指有害外部性的商品。这类商品的生产会对社会和环境产生负效应（如污染和犯罪）。

个人通常会倾向于"外部不经济"的消费行为，因为有害外部性商品带来的成本不需要个人承担（如污染），经济上称此为"过度消费（over consumption）"。而由于有益外部性商品带来的收益并不能被个人独占，个人通常在一定程度上不愿意做出"外部经济"的消费行为（如教育），经济上称此为"不充分消费（under consumption）"。

### 二、环境经济调控的原理

#### （一）双赢原理（Win – win Theory）

双赢思维是一种基于互敬、寻求互惠的质量管理理念。只有在双赢思维下，才能实现冲突各方的利益均衡，找到他们之间的利益支点。决策者制定的环境经济政策必须取得环境规律与经济规律的协同才能实现环境和经济的双赢，简称"双赢原理"。

环境问题产生的根本原因是市场失灵，而经济发展、市场规模的扩张可能加重市场失灵，使生态环境继续恶化。因此解决环境问题的根本途径是环境成本内在化。所谓环境成本内在化是指将企业环境成本计入到生产或交换成本中，从而反映在价格机制中。但在现实生活中，将环境成本内在化的操作难度大，商品或劳务的价格不能包含全部环境成本，因此经济活动规模的扩大就可能加重市场失灵而使环境更加恶化。在无法将环境成本内在化的情况下，一种观点认为，经济增长不可避免地将导致环境污染，而环境保护在一定程度上会阻碍经济增长，即经济增长与环境问题的"两难冲突"；另一种观点认为在经济发展的初级阶段，经济增长将使环境逐步恶化，但当经济增长和人均 GDP 达到并超过一定水平后，经济增长将伴随着环境的改善，即在经济发展初期会出现经济增长与环境问题的"两难"，但当经济发展到一定的阶段之后会出现经济增长与环境保护"双赢"的局面。

一定时期内人们不得不以牺牲环境质量换取经济效益，或以经济效益为代价改善环境。在图 8–1 中，"两难"区间就是点的左半部分，在 AD 段内，经济越增长，环境污染越严重。

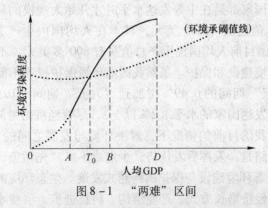

图 8–1 "两难"区间

"双赢"区间是指经济增长的同时，环境污染得到了有效的控制，环境的质量也得到了显著的改善和提高。在"双赢"区间，曲线斜率小于"0"，经济越增长，环境质量越得到改善（其中 C 点斜率"–1"为环境承阈值），如图 8–2 所示。

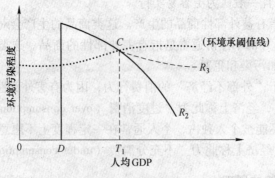

图 8 - 2　"双赢"区间

1955 年，美国经济学家西蒙·库兹涅茨在对收入差距的研究中发现，在经济发展过程中，收入差距具有随着经济增长先逐渐增大、后逐渐缩小的规律。如果以收入差异为纵坐标，以人均收入为横坐标，则两者之间呈现倒 U 形关系，该曲线被称为库兹涅茨曲线（KC）。粗略地观察，在经济发展过程中，环境也同样存在先恶化后改善的情况。普林斯顿大学的经济学家格鲁斯曼（Gene Grossman）和克鲁格（Alan Krueger）在对 66 个国家的不同地区内 14 种空气污染和水污染物质 12 年（空气污染物：1979 ~ 1990 年；水污染物：1977 ~ 1988 年）的变动情况进行了研究，发现大多数污染物质的变动趋势与人均国民收入水平的变动趋势间呈倒 U 形关系，即污染程度随人均收入增长先增加，后下降。污染程度的峰值大约位于中等收入水平阶段。据此，他们在 1995 年发表的文章中提出了环境库兹涅茨曲线（EKC）的假说。

环境与经济如何双赢持续发展很大程度上是在两难境地中寻求积极的平衡。环境与发展矛盾关系的合理把握是可持续发展两难抉择的重点。一般而言，偏重于发展可能对生态环境产生过大的干扰；而偏重于生态环境保护又可能制约发展的速度和财富的积累。因此，问题的关键是，如何通过合理的调控，在发展的同时兼顾生态环境，缩小两难区间，扩大双赢区间。

目前，比较公认的环境库兹涅茨曲线的转折点是人均 GNP 在 4000 ~ 5000 美元左右。统计资料也表明，发达国家都是在中等发达水平时才开始大规模的环境治理的，例如，美国是在人均国内生产总值达到 11000 美元，日本在人均国内生产总值 8000 美元（均为 1980 年不变价格）。中国目前人均国民生产总值只有 800 多美元，不可能拿出大量的资金用于污染治理、生态环境建设和保护。虽然我国的环境保护投入不断加大，治理污染投资占 GNP 的比例从"六五"期间的 0.49% 增加到"九五"期间的 0.95%，但受国力所限，这个投资比例仍远低于发达国家的水平（2% 以上）。尽管经济力量限制，我们在环境问题上却不能无所作为。在我国目前的情况下，解决环境与发展之间的矛盾，缩小两难区间，扩大双赢区间的基本思路是：发挥后发优势，少走或不走"先污染，后保护；先破坏，后治理"的弯路，实现生态环境建设与保护的跨越式发展。生态环境的治理与改善固然需要一定的经济实力，但是经济增长方式、产业结构、科技进步、消费水平与方式、环境法规与管理、环境意识等因素也对其产生不可忽视的影响。上述这些因素实际上规定了政策调控的可行区间，即通过严格调控其他因素，弥补经济系统对环境投入的不足，完全有可能改变环境库兹涅茨曲线的峰值，在经济发展水平达到中等发达阶段之前提前实现生态环境的改善，超越传统的单纯依靠经济实力治理环境的思路。

（二）状态转换原理

假设一块草地放养 200 只羊，羊肉质量上乘，每只获利 2000 元，若规定放养总数超过 200 只则超出草地的供给能力，羊因为食物不足而消瘦，每只获利 800 元。现有甲、乙两牧羊人，若甲乙都过度放牧（比如甲乙各放牧 200 只），则甲乙各获利 16 万元；若甲适度放牧而乙过度放牧（比如甲放养 100 只，乙放养 200 只），则甲获利 8 万元，乙获利 16 万元；若甲过度放牧乙适度放牧（比如甲放养 200 只，乙放养 100 只），则甲获利 16 万元，乙获利 8 万元，若甲乙都适度放牧（比如各放养 100 只羊），则甲乙各获利 20 万元。分析如图 8-3 所示（单位：万元）。

|  |  | 乙 | | | |
| --- | --- | --- | --- | --- | --- |
|  |  | 过度 | | 适度 | |
| 甲 | 过度 | 16 | 16 | 16 | 8 |
|  | 适度 | 8 | 16 | 20 | 20 |

图 8-3 公地博弈

由图 8-3 可以看出：甲乙两人不论对方放牧程度如何，只要自己过度放牧利润总是最大的，所以甲乙两人都会选择过度放牧，即此时唯一的均衡（过度放牧）。其结果最终会导致草原生态系统遭到破坏，进而草地沙漠化，"风吹草低见牛羊"的场景将不复存在。造成"公地悲剧"的一个很重要的原因就是产权不明晰。

不仅仅是土地资源，其他很多自然资源也都存在"公地悲剧"问题。环境资源之所以会被滥用而没有受到约束，这与环境资源的属性有关。"一种物品，如果不具有排他性，则每个人都会出于自己的利益考虑，尽可能的使用它，如果这种物品同时又具有竞用性，我们就称这类物品为'公共资源'。"

对于大多数典型的公共物品来说，其消费是非竞争性的、受益是非排他性的，所以可能对其提供者产生外部性。以公共安全为例，其一，受益上具有非排他性，即不可能阻止不付费者对这一公共产品（公共服务）的消费，对公共产品不付任何费用的人同支付费用的人一样能够享有公共产品带来的益处。其二，具有消费上的非竞争性，即一个人对这一公共产品的消费不会影响其他人从对该公共产品的消费中获得的效用，换句话说，多增加一个人消费者对该公共产品不会引起产品成本的显著增加；另一方面，消费者的"搭便车"倾向是外部性发生的人性原因。不同于产权分割较清楚的私人产品，公共物品在消费上的非排他性使"免费获取"更为方便、容易。

由于"搭便车"行为的普遍存在，致使公共物品提供者的生产成本与收益不一致，由此产生外部性。正由于这一原因，公共物品不宜于私人（企业）提供，为克服上述的外部性，公共物品更宜于政府提供。然而政府提供的公共物品之消费仍然存在着外部性，这种外部性与其他外部性不同，主要表现为消费者对公共资源的"挤占"，从而导致过度使用和公共资源的浪费和损坏。

公共生态环境资源由于其在涉及经济活动时具有公共产品的属性，因此会产生一般性和外部性问题，这主要表现在对环境资源的无偿使用或低价使用，以及无补偿的损坏或低补偿的损坏，经济活动的成本被转嫁给社会他人。

由于公地悲剧现象在现实生活中非常普遍，对人类生活的影响又特别大，所以，自公地悲剧概念提出以来，公地悲剧问题就受到了经济学家的普遍关注。其中，有关公地悲剧的解决措施自然成为关注的焦点，而对公地悲剧的类型、原因的探讨却较少受到重视。

对于公地悲剧的原因，现有的研究主要是将其简单地归结为公地的共有性质，也就是说，公地悲剧的原因就是因为它是公地，如果不是公地就不会出现公地悲剧。至于如何减少或减缓公地悲剧，无非是以下思路：一是如加勒特·哈丁所说的"将公地出售以转化为私有产权"。对于能够私有的公地来说，这自然是解决这种公地悲剧的比较彻底的方法。但遗憾的是，并非所有的公地都能私有化，如保护野生动物、海洋里的鱼类、排放废气的空间、排放废水的河流和海洋等等。二是对于不能私有的公地，现有的解决思路则主要有两条：一是采取国家所有权，二是由国家对公地的进入权进行限制。

至于国家如何对进入权进行限制，Charles F. Mason 和 Owen R. Philips 等总结了以下几条措施：

（1）对制造了外部性（即公地悲剧）的企业或个人征税；

（2）限制每个企业或个人的产量；

（3）限制开采资源的企业或个人的数量；

（4）给每个企业或个人以一定的开采资源的配额，并允许企业或个人交易配额；

（5）提供一种促进企业或个人自我组织以实现社会利益最大化的环境。如 Leigh Anderson 和 Laura Locker 所强调的社会资本、Pat Barclay 所强调的诚信和利他主义等就是这种环境的最重要内容。

（三）内在化原理

早在 20 世纪 20 年代，庇古就有把污染看作是外部性（externality）的思想。环境经济学也将污染作为外部性来分析，它引导人们在研究经济问题时，不仅要注意经济活动本身的运行和效率问题，而且要注意由生产者造成的，但不由市场机制体现的对环境产生的影响。但经济学家更为关心的是如何将污染外部性内部化。

所谓污染外部性的内部化，就是使生产者或消费者产生的外部费用，进入它们的生产和消费决策，由它们自己承担或"内部消化"，从而弥补外部成本与社会成本的差额，以解决污染外部性的问题。

关于外部性内部化的方法或途径有许多讨论，特别是 20 世纪 70 年代以来更是出现了大量的文献。其中，第一个方法是来自于政府的直接管制，世界各国通过采用命令和控制式的直接管制手段极大地改善了环境质量。但是该手段在实施和强制执行中的达标成本远远高于人们所预期的水平。于是，80 年代后期，世界各国的研究者和决策者开始把注意力转移到设计和实施基于市场的经济激励手段方面来，以实现环境与经济的协调发展。除去依赖政府和市场的这两大方法之外，还有区别于政府管制和市场激励的"第三种思想"，即自愿协商（来源于著名的"科斯定理"）。它被普遍认为是外部性内部化的制度创新即产权途径。最后一种方法即社会准则或良心效应。许多经济学家如斯蒂格利茨将政府和市场手段都归为外部性内部化的政府解决方法（市场激励手段并不是完全抛弃政府，而是也多少需要政府做适当的调控），把自愿协商和社会准则归为私人解决方法。依赖政府干预和市场机制的强弱可划分为四大手段：以政府干预为主的直接管制，基于市场的经济激励，不需要政府干预的完全自由化市场方法——自愿协商，完全不需要政府和市场的社会准则。

（1）政府的直接管制。直接管制是政府以非市场途径（即规章制度）对环境污染外部性的直接干预，包括命令和控制（command and control）。命令是指污染者一定不能超过已经预先确定了的环境质量水平，例如提出具体的污染物排放控制标准或发放"排污许可证"；控制是对标准的监督和强制执行，例如对生产过程的管制，如政府不允许使用某些品种的煤或要求厂商使用洗涤器和其他控污设备或修建规定高度的大烟囱等等。

（2）基于市场的经济激励。通过经济激励手段可以使同样的环境标准得以实现。美国的布兰德（J. J. Boland）把这一手段定义为："为改善环境而向污染者自发的和非强迫的行为提供金钱刺激的手段"。一般来说，所谓经济激励手段，是指从影响成本和收益入手，利用价格机制，采取鼓励性或限制性措施，促使污染者减少、消除污染，从而使污染外部性内部化，以便最终有利于环境的一种手段。

关于经济激励手段的分类在文献中非常多。比较有代表性的是在 OECD 环境委员会早期的研究中奥斯彻（Opschoor）和沃斯（Vos）的分类，分为收费、补贴、押金－退款制度、建立市场和执行刺激五大类。他们还列举了意大利、瑞典、美国、法国、联邦德国、荷兰六国的污染控制手段，共计 85 种。其中 50% 是收费的，30% 是补贴的，剩下的有押金－退款制度和排污权交易等。对于污染外部性的内部化来说，经济激励手段可以分为三大类：价格控制、数量控制和责任制度。

（3）自愿协商。自愿协商是不要政府干预，让市场自己来达到最优的一种完全自由化的市场方法。该方法是以科斯为首的一些经济学家们的主张。他们认为，在外部性的内部化中，政府应当做的只是重组产权而不是直接干预市场。只要有了设计适当的产权，就可以靠有关当事人的自愿协商或判断解决外部性问题。

（4）社会准则。社会准则就是社会可接受的方式，即对人们进行社会准则的教育以解决外部性。斯蒂格利茨认为，社会准则（social sancitions）的内容就是"黄金律"（golden rule）。他认为，用经济学的语言来解释黄金律就是"要产生外部经济性，不要产生外部不经济性"。由于人们的行为是互相影响的（如餐桌上大声说话），所以人们要时时刻刻用社会准则来要求自己。这种黄金律在家庭中一般来说成功的避免了外部性，但就社会化过程来说却没有成功的解决现代社会产生的各种外部性问题，例如，乱扔东西被课以重罚，但还是有人在公共场所不能对环境保持清洁。

与此类似，澳大利亚经济学家黄有光提出了"良心效应"（conscience effect）。他认为，任何一件外部性事件的产生，都或大或小存在着良心效应，即"良心"发挥着一定的作用。一般说来，良心效应在下述两种情况下将产生两种不同的作用。第一，当外部性产生者给他人的福利带来不利的影响，而且不给予补偿时，良心效应将会降低自身的整体福利水平。例如，某厂商产生污染时，对厂主来说虽然感到内疚，但他是不在乎的。对雇员来说也会由于生产污染而感到内疚，但为了补偿其内心的创伤他们会要求厂主给予一定的附加工资。厂主真正受到内疚心理影响的雇员们的这种经济要求。雇员们很可能加入工会纷争之中，或是要求增加工资，或是要求参与抗议污染的活动，等等。这样，良心效应的存在就降低了产生污染该厂商的整体福利水平。第二，由于良心效应的缘故，庇古税实际上可能反而会提高产生外部性活动的水平。个人和厂商都有一种这样的心理状态：既然交纳了"污染税"，那就不必再有顾虑了，可以心安理得的或更加放肆地我行我素了。

实际上，黄金律和良心效应无非是一种不依赖于政府和市场，而是依赖于社会机制的道德教育。运用这种思想教育的方式来解决外部性问题在某种范围内可以发挥作用。如东南亚一些具有儒家传统的国家（如新加坡）就经常进行全社会范围的国民思想教育，像遵守交通规则、不随地吐痰等。可以说，这是很重要的一种外部性内部化手段。但由于缺乏激励和强制，只能作为一种辅助手段。

（四）环境生产力原理

从生产力的内涵深化和功能拓展来看，回顾经典理论我们知道，生产力是人类认识和改造自然的客观物质力量，是一定历史发展阶段的物质生产基础，是人类利用资源创造财富的能力，本质上反映了物质生产过程中人对自然的能力。生产力是由劳动者、劳动资料和劳动对象等基本要素构成的复杂系统。这三者与自然环境有着直接或间接的联系，保护环境与保护和发展生产力的互动关系不言而喻。

在人类社会发展过程中，生产力内涵已不断深化，外延也呈现不断拓展的趋势；同时，生产关系和上层建筑也不断变化，同生产力之间的关系日益复杂。生产力发展不仅包含数量扩张，而且经常发生质量和结构变化。从生产力对自然的作用来看，在一定的历史条件下会发生功能升级，即在大幅度增强原有功能的同时出现新的功能。着眼于现代社会和未来发展，我们不难发现，除了认识自然、改造自然和利用自然之外，在生产力内部已逐渐生成了一种保护自然的能力（包括生态平衡和修复能力、原生态保护能力、环境监测能力、污染防治能力等）。因此，现代和未来生产力应当是人们认识、改造、利用和保护自然的综合能力。这四种功能的整合，构成了人与自然和谐相处的生产力。

从保护环境与发展生产力的现实来看，实现经济和环境共赢是科学发展观的内在要求和立足国情的必然选择。无论是发展经济还是保护环境，出发点和归宿都在于实现人民群众的根本利益。二者共赢就是按照统筹人与自然和谐发展的要求，在不断发展经济的同时有效保护环境，全面而相对均衡地满足人的各种需要，实现社会整体利益最大化。在环境与经济的关系上，我们曾经有过片面的认识，认为两者是对立的，也付出过惨痛的代价。近年来的研究和实践都表明，环境保护与经济发展之间是有机统一的关系，保护环境并不意味着必然牺牲经济的发展，发展经济也并不代表就要牺牲生态环境，二者可以相互促进、协调发展。国内外的许多实践都为我们提供了很好的例证。面对资源约束趋紧、环境污染严重、生态退化明显的严峻形势，我们必须以史为鉴，摒弃先污染后治理、边污染边治理的单赢共损模式，树立尊重自然、顺应自然、保护自然的生态文明理念，把生态文明建设放在突出地位，融入经济建设、政治建设、文化建设、社会建设各方面和全过程，建设资源节约型、环境友好型社会，建设美丽中国，形成节约资源和保护环境的空间格局、产业结构、生产方式和生活方式，为人民创造良好的生产生活环境，实现中华民族永续发展创造条件。

从未来经济社会的发展来看，在世界科技和产业调整变革中，绿色经济、生态技术、可循环能力扮演着越来越重要的角色，成为抢占未来发展制高点的新平台，本质上也成为发展空间的争夺。美、德、英、法、日、韩等发达国家循环经济的理论和实践已走在世界前列，生态领域的民间投资非常活跃，近年也在其巨额经济刺激方案中为发展绿色经济预留了大量资金。党的十七大提出了"建设生态文明"，十八大又进一步阐述了生态文明在中国特色社会主义"五位一体"总布局中的战略地位，足以显示党中央和全社会对建设生态文明的高度重视。生态文明不仅仅是一种价值理性，承载了人类对未来理想社会的向往和理性思考；同时更是一种理性工具，作为当前可实际应用的治国理念和手段。大力推进生态文明建设，加强生态领域投资，能大大增强我国的"生态产品生产能力"，增强有效利用资源创造财富的能力。具体到产业发展来看，随着工业化、城市化进程的加快，生态环境对经济社会发展的影响越来越大，环境越好，对于生产要素的吸引力、凝聚力就越强。将生态理念贯彻到现代产业转型升级发展之中，推动生态经济和绿色产业健康可持续发展，建立以生态农业、生态工业和生态服务业为主的现代产业体系将为未来经济发展注入新的活力和增长点。

以现代农业发展为例，伴随现代产业部门之间的升级融合趋势，高产、优质、低耗、高效、可持续的现代农业的功能将由单一向多元拓展与深化，与其他产业间的分工边界也日趋模糊化，并催生出新的分工链条和业态。如现代农业与旅游业融合形成旅游农业、创意农业、文化农业；现代农业与航空、生物技术渗透形成航空育种农业、无土农业；现代农业与信息技术等高新技术产业协同发展形成精准农业、信息农业、模拟农业等。此外，推进有机农业、平衡农业、生态农业、循环农业等现代农业产业化的进程，依托融入生态文明理念和原则的集约、智能、绿色、低碳的新型城镇化建设等等，都不失为实现经济与环保共赢的明智之举。

## 参 考 文 献

[1] 赵晓兵. 污染外部性的内部化问题 [J]. 南开经济研究, 1999, 4: 14~18.
[2] 袁庆明. 资源枯竭型公地悲剧的原因及对策研究 [J]. 中南财经政法大学学报, 2007, 5: 9~13.
[3] 王野林. 浅议生态环境资源之外部性及公地悲剧 [J]. 现代经济信息, 2011, 23: 403~404.
[4] 王必达, 张兵兵. 经济增长与环境保护双赢的理论与实证分析——以兰州市为例[J]. 科学经济社会, 2010, 2: 5~9, 15.
[5] 李秀湾. 论市场经济对环境保护的影响及对策 [J]. 中国商界 (上半月), 2010, 7: 96~97.
[6] 武子焜. 从公地悲剧看环境资源的产权制度 [J]. 现代经济信息, 2010, 20: 183~184.
[7] 李慧明, 卜欣欣. 环境与经济如何双赢——环境库兹涅茨曲线引发的思考 [J]. 南开学报, 2003, 1: 58~64.
[8] 董小林, 马瑾, 王静, 等. 基于自然与社会属性的环境公共物品分类 [J]. 长安大学学报 (社会科学版), 2012, 2: 64~67.
[9] 朱权华. 论市场经济对环境保护的影响及对策 [J]. 煤矿环境保护, 2001, 5: 11~12.
[10] 郑秉文. 外部性的内在化问题 [J]. 管理世界, 1992, 5: 195~204.
[11] 郊北. 保护环境就是发展生产力 [EB/OL]. http://theory.southcn.com/c/2013-10/14/content_81479420.htm, 2013-10-14.
[12] 痴愚山人. 环境与经济的关系 [EB/OL]. http://blog.sina.com.cn/s/blog_63b0d4230100gik2.html, 2010-01-07.
[13] 在统筹经济发展与生态环境保护中促进民生的改善 [EB/OL]. http://www.sina.com.cn, 2010-12-16.

## 课后思考与习题

1. 请阐述经济发展是如何为环境保护提供技术支持和推动环保事业的发展？
2. 什么是公共物品，它具有哪些特征？
3. 请根据所学的环境调控原理对你熟悉的一个湖泊污染进行分析和阐述。

# 第九章　可持续发展

发展是人类社会不断进步的永恒主题。随着科技进步和社会生产力的极大提高，人类创造了前所未有的物质财富，建立了一个历史上最为富饶发达的社会，但是，人类社会生产力和生活水平的提高，在很大程度上是建立在环境质量恶化基础上的。环境破坏、生态失衡、资源匮乏、能源枯竭等，这些问题的存在极大阻碍了人类社会持续、稳定、高速发展。所以，保护环境和发展经济就成为当今世界普遍关注的问题，如何使两者兼得，努力寻求一条人口、经济、社会、环境和资源相互协调，既能满足当代人的需求，又不对满足后代人需求构成危害的可持续发展道路就成为人类社会发展的必经之路。

## 第一节　传统发展模式

### 一、传统发展模式的三大误区

长期以来，特别是在18世纪英国工业革命开始将科学技术转化为直接生产力产生巨大的物质力量后，人们总是把发展片面理解为科学技术的发达和国民生产总值（GNP）的增长。这种传统工业文明发展观存在着很多误区，主要表现在以下三个方面：

（1）忽视环境、资源、生态等自然系统方面的承载力。许多世纪以来，由于人们对自然界的本质规律的认识水平较低，生态知识有限，一方面把美丽、富饶、奇妙的大自然看作是取之不尽的原料库，向它任意索取越来越多的东西。一方面又把养育人类世世代代的自然界视为填不满的垃圾场，向它任意排放越来越多的有害的废弃物。特别是近300年来，由于科学技术在征服自然的过程中显示了神奇的力量，人类自恃具有无上的智能，以自然界的绝对征服者和统治者自居，肆意掠夺和摧残自然界的状况愈演愈烈，忽视了环境、资源和生态系统的承载力，严重地破坏了自然界的生态平衡，极大地损害了自然的自我调节和自我修复能力。

（2）无视资源环境成本。传统的发展观是以人类单向地从自然界获取的经济利润来核算的，没有考虑经济增长的资源环境成本。这样的经济核算体系容易带给人们"资源无价、环境无价、消费无虑"的错误思想。而在实践行为上则采取一种"高投入、高消耗、高污染"的粗放式、外延式发展方式。这样虽然实现了经济的快速增长，然而同时却给地球带来了不可估量的损失。西方工业文明发展的许多结果已经表明，今天自然资源的过度丧失和生态环境的严重破坏到将来可能花费多少倍的代价也难以弥补。因此，那种不计自然成本、以牺牲自然为代价的增长不再有理由视为真正意义上的发展，真正的发展只能属于那种最低限度耗自然成本并有效保持自然持续性的人类社会发展。

（3）缺乏整体协调观念。多少年来，由于人们对物质财富的无限崇尚和追求，总是把发展片面地理解为经济的增长和生产效率的提高，将注意力集中在可以量度的诸多经济指标上，如国民生产总值、人均年收入、人均电话部数、进出口贸易总额，等等。自1930年以来，凯恩斯主义经济学一直把 GNP 作为国民经济统计体系的核心，作为评价经济福利的综合指标与衡量国民生活水准的象征，似乎有了经济增长就有了一切。于是，增长率成了发展的唯一尺度，至于人文文化、科技教育、环境保护、社会公正、全球协调等重大的社会问题则受到冷落或被淡忘。这种对经济增长的狂热崇拜与追求，不仅使人异化为工具和物质的奴隶，导致社会畸形发展，而且引发了大量短期行为：无限度地开发、浪费矿物资源，贪婪地砍伐和捕猎动物，肆无忌惮地使用各种化学原料与农药，置生态环境于不顾等。

## 二、传统发展模式带来的环境问题

### （一）人口问题

人是最可宝贵的财富，但是人口的急剧增长却成了当前人类环境与发展的首要问题。现在世界上出现的环境污染和自然生态的破坏，严重威胁着人类的生存和发展，造成这些因素固然很多，但在诸因素中，人口是最重要、最根本的。

人口急剧增加对土地资源、森林资源、草原、矿产资源、水资源、能源、生活环境等各种环境资源和环境要素均产生各种压力，而这些资源是有限的，因此人类不断攫取的结果最终导致自然资源的匮乏，生态环境失去平衡。

人口急剧增长的另一后果是环境污染加剧。在相同的社会经济条件和某种生活状态下，显然，人口增加，食物、水、能源和其他生活资料也相应按比例增加。这样，产生的废水、废气、废渣等同样也会成比例的增加。随着生活水平和消费水平的提高，还会向环境排入更多的污染物质，如果不设法消除大量进入环境的污染物和余能，它们就会成倍以至百倍地增加，从而造成严重的后果。

### （二）资源问题

资源问题是当今人类发展面临的另一个主要问题。自然资源是人类生存发展不可缺少的物质依托和条件。然而，随着全球人口的增长和经济的发展，对资源需求与日俱增，人类正受到某些资源短缺或耗竭的严重挑战。全球资源匮乏主要表现在：土地资源不断减少和退化，森林资源不断缩小，淡水资源严重不足，矿产资源濒临枯竭等。

（1）土地资源不断减少。土地资源损失尤其是可耕地资源损失已成为全球性的问题，发展中国家尤为严重。目前，人类开发利用的耕地和牧场，由于各种原因正在不断减少或退化，而全球可供开发利用的后备资源已很少，许多地区已经近于枯竭。随着世界人口的迅速增长，人均占有的土地资源在迅速下降，这对人类的生存构成了严重威胁。

（2）森林资源不断缩小。森林是人类最宝贵的资源之一，它不仅能为人类提供大量的林木资源，具有重要的经济价值，还具有调节气候、防风固沙、涵养水源、保持水土、净化大气、保护生态多样性、吸收二氧化碳、美化环境等重要的生态学价值。森林的生态学价值要远远大于其直接的经济价值。由于人类对森林的生态学价值认识不足，受短期利益的驱动，对森林资源的利用过度，使森林资源锐减，造成了许多生态灾害。

（3）淡水资源严重不足。地球上的水是"可再生的"，却又是有限的资源。淡水资源短缺在许多国家已经成为经济社会发展的一个制约因素，甚至影响到发展中国家人民的基本生存条件，淡水资源危机已经成了某些地区冲突和对抗的根本原因。此外，由于严重的水污染，更加剧了水资源的紧张程度，全世界每年约有 4200 亿立方米的污水排入江河湖海，污染了 55000 亿立方米的淡水。正如 1997 年联合国发出的警告："水资源缺乏很可能引发地方或地区的灾难，还可能引发导致世界性危机的对抗"。

（4）能源资源濒临枯竭。当代人类的社会文化主要是建立在化石能源和矿产资源的基础之上的。而由于人类高速发展的需要，人类不仅无计划地开采地下矿藏，而且在开采过程中对资源的浪费很严重，资源利用率很低，导致矿产资源存储量不断减少甚至枯竭。

（三）生态问题

（1）生物多样性消失。生物多样性是人类赖以生存的资源来源，它提供我们全部的食物，大多数原材料、范围广泛的物品和服务，以及为农业、医药和工业提供基因材料，它为全人类提供优雅的环境，绚丽多彩的休息和旅游胜地，极大地提高了人们的生活质量。而随着世界人口的剧增，人类活动对大自然干预增强，新物种形成的速率下降，而现存物种灭绝过程却大大加速，现在每天以 100 多种到 200 多种的速度消失。

（2）土地荒漠化加剧。土地荒漠化是指非沙漠地区出现的以风沙活动、沙丘起伏为主要标志的景观的环境退化过程。纵观世界，荒漠化是一个相当严重的问题，从生态环境的角度看，荒漠化区域属于地球上"严重的脆弱生态环境"，主要属于干旱和半干旱地区的一种严重"土地退化"。不合理的土地利用，如过度砍伐森林、草原过度放牧、山地植被破坏等都会使土地退化，导致荒漠化。沙漠化的扩展使可利用土地面积缩小，土地产出减少，降低了养人口的能力，成为影响全球生态环境的重大问题。

（四）环境污染

（1）全球变暖。"全球变暖"是指地球表面平均温度和地表平均气温的升高，它是针对地球环境总体而言，并不是指全球每个地区都会增暖或每个季节都会增暖。导致全球变暖的主要原因是人类活动产生的 $CO_2$、$CH_4$ 等温室气体。全球气候变暖会影响陆地生态系统中动植物的生理和区域的生物多样性，使农业生产能力下降，同时造成全球降水量重新分配，冰川和冻土融化，海平面上升。

（2）臭氧层破坏。处于大气平流层中的臭氧层是地球的一个保护层，它能阻止过量的紫外线到达地球表面，以保护地球生命免遭过量紫外线的伤害。然而，美国宇航局观测资料表明，自 1969 年以来，全球除赤道外，所有地区臭氧层中的臭氧的含量均减少 3% ～ 5%，全球臭氧层都已受到损害。影响臭氧层的化学物质主要是氟氯烃和其他卤代化合物，它们主要来源于制冷剂、发泡剂、溶剂和灭火器的使用。臭氧层破坏的后果是很严重的：

1）臭氧的减少使皮肤癌和角膜炎患者增加，也会损害人的免疫能力。

2）破坏地球上的生态系统，过量的紫外线影响植物的光合作用，使农作物减产。

3）引起新的环境问题，过量的紫外线能使塑料等高分子材料更加容易老化和分解，结果又带来新的环境污染——光化学大气污染。

（3）酸雨。由于人类活动，排放到大气中的二氧化硫和氮氧化合物等酸性气体逐渐增加，从而改变了大气降水的化学成分。酸雨或酸沉降导致的环境酸化是目前全世界最大的环境污染问题之一。酸雨对生态系统影响很大，最为突出的是湖泊的酸化问题。酸雨对森林会造成严重的危害，除了叶丛受损外，还通过土壤酸化影响树木生长。此外，酸雨还加速了建筑结构、桥梁、水坝、工业装备、供水管网、地下贮罐、水轮发电机、动力和通讯电缆等材料的腐蚀，对文物古迹、历史建筑等也会造成严重损害。同时酸雨对人体健康可产生直接和潜在的影响。

（4）海洋污染。海洋污染是目前海洋环境面临的最重大的问题。目前局部海域的石油污染、赤潮、海面漂浮垃圾等现象非常严重，并有扩展到全球海洋的趋势。每年有几十亿吨污染废弃物排入海洋，由于泄漏而流入海洋的石油近150万吨，另外还有大量放射性废物的污染。海洋污染40%来自河流，30%来自大气，10%来自直接倾卸，10%由一般海事活动造成。保护海洋环境、防止海洋环境污染已成为一个刻不容缓的重要任务。

# 第二节　可持续发展的基本理论

从1970年开始，人们开始积极反思和总结传统经济发展模式中需要克服的矛盾，认识到发展不只是物质量的增长与速度问题，也不仅仅是"脱贫致富"，它应该有更宽广的意蕴：所谓发展指包括经济增长、科学技术、产业结构、社会结构、社会生活、人的素质以及生态环境诸方面在内的多元的、多层次的进步过程，是整个社会体系和生态环境诸方面在内的全面推进。于是，一种崭新的发展战略和模式——可持续发展应运而生。

## 一、可持续发展思想的由来

### （一）古代朴素的可持续思想

可持续性（sustainability）的概念渊源已久。早在公元前3世纪，杰出的先秦思想家荀况在《王制》中说："草木荣华滋硕之时，则斧斤不入山林，不夭其生，不绝其长也；鼋鼍鱼鳖鳅鳝孕别之时，罔罟毒药不入泽，不夭其生，不绝其长也；春耕、夏、秋收、冬藏，四者不失时，故五谷不绝，而百姓有余食也；污池渊沼川泽，谨其时禁，故鱼鳖尤多，而百姓有余用也；斩伐养长不失其时，故山林不童，而百姓有余材也。"这是自然资源永续利用思想的反映。春秋时在齐国为相的管仲，从发展经济、国强兵壮的目标出发，十分注意保护山林川泽及其生物资源，反对过度采伐。他说："为人君而不能谨守其山林菹泽草莱，不可以立为天下王。"1975年在湖北云睡虎地11号秦墓中发掘出上千支竹简，其中的《田律》清晰地体现了可持续发展的思想。因此，"与天地相参"可以说是中国古代生态意识的目标和思想，也是可持续性的反映。

西方一些经济学家如马尔萨斯、李嘉图和穆勒等的著作中也比较早认识到人类消费的物质限制，即人类的经济活动范围存在的生态边界。

### （二）现代可持续思想的产生和发展

现代可持续发展思想源于工业革命后，那时人类生存和发展所需的环境和资源遭到了日益严重的破坏，人类开始用全球的眼光来看待环境问题，并就人类前途的问题展开了讨论。在探索环境与发展的过程中逐渐形成了可持续发展的思想，其主要历程大致有如下几个阶段：

（1）《寂静的春天》——对传统行为和观念的早期反思。20世纪50年代以来，环境污染越来越严重，特别是一些西方国家公害事件的不断发生，使人们对环境问题也越来越重视。1962年，美国海洋生物学家莱切尔·卡逊（Rachel Carson）发表了环境保护科学著作《寂静的春天》。该书认为有机农药的无节制使用会给人类生存带来极大破坏，并进一步指出，我们长期以来行驶的道路的终点有灾难在等着我们，人类必须找到另一个岔路。

卡逊是环境保护的先行者，她的思想在世界范围内引起了人类对自己行为和观念的深入反思。

（2）《增长的极限》——引起世界反响的"严肃忧虑"。1968 年 4 月，在奥雷利奥·佩西博士的倡导下，由十多个国家的学者、专家和文职人员在罗马猞猁科学院聚会，讨论人类目前和未来的困境这一令人震惊的问题。这次聚会产生了罗马俱乐部（The Club of Rome）这一非正式组织。1972 年出版的由 D. 梅多斯等人编写了俱乐部成立后的第一份研究报告——《增长的极限》。报告认为：由于世界人口增长、粮食生产、工业发展、资源消耗和环境污染这五项基本因素的运行方式是指数增长而非线性增长，全球的增长将会因为粮食短缺和环境破坏于 21 世纪某个阶段内达到极限。报告同时指出，改变这些增长趋势，确立一种可以长期保持的生态稳定和经济稳定的条件是可能的。《增长的极限》的发表，在国际社会特别是在学术界引起了强烈的反响。一般认为，由于种种因素的局限，《增长的极限》的结论和观点存在十分明显的缺陷。但是，报告所表现出的对人类前途的"严肃的忧虑"以及唤起人类自身觉醒的意识，其积极意义却是毋庸置疑的。它所阐述的"合理、持久的均衡发展"，为孕育可持续发展的思想萌芽提供了土壤。

（3）联合国人类环境会议——人类对环境问题的正式挑战。1972 年 6 月 5 日，来自世界 113 个国家和地区的代表会集一堂，在斯德哥尔摩召开了联合国人类环境会议，共同讨论环境对人类的影响问题。这也是首次将环境问题提到国际议事日程上。会议通过了《联合国人类环境会议宣言》（简称《人类环境宣言》），宣布了 37 个共同观点和 26 项共同原则。尽管大会对环境问题的认识还比较粗浅，也尚未确定解决环境问题的具体途径，尤其是没有找到问题的根源和责任，但它正式吹响了人类共同向环境问题挑战的进军号，唤起了世人对环境问题的觉醒，西方发达国家开始了对环境的认真治理，各国政府和公众的环境意识，无论是在广度上还是在深度上都向前迈进了一步。

（4）《我们共同的未来》——环境与发展思想的重要飞跃。1983 年 11 月，联合国成立了世界环境与发展委员会（WCED），挪威首相布伦特兰夫人任主席，1987 年该委员会把长达 4 年研究，经过充分论证的报告《我们共同的未来》提交给联合国大会，正式提出了可持续发展模式，该报告对当前人类在经济发展和保护环境方面存在的问题进行了全面和系统的评价，一针见血地指出，过去我们关心的是发展对环境带来的影响，而现在我们迫切地感到生态的压力。只有建立在环境和自然资源可承受基础上的发展，才具有长期性，才能持续的进行。《我们共同的未来》第一次明确提出了可持续发展的定义，使可持续发展的思想和战略逐步得到各国政府和各界的认可与赞同。

（5）联合国环境与发展大会——环境与发展的里程碑。1992 年 6 月 3 日至 6 月 14 日在巴西里约热内卢召开的由 183 个国家的代表、102 名国家元首和政府首脑，以及数名联合国机构和国际组织的代表参加的联合国环境与发展会议，是联合国成立以来规模最大、级别最高、人数最多、筹备时间最长、影响最深远的一次国际会议，是在人类社会环境与发展问题上具有历史意义的一次盛会。会议通过《里约环境与发展宣言》和《21 世纪议程》两个纲领性文件。前者提出了实现可持续发展的 27 条基本原则，目的在于保护地球永恒的活力和整体性，建立一种全新的、公平的"关于国家和公众行为的基本准则"，是开展全球环境与发展领域合作的框架性文件；后者是环境与发展内容广泛的行动纲领，将可持续发展的概念变成了一种各国政府和国际组织在共识基础上的发展战略，标志着人类第一次将可持续发展由理论和概念推向行动，开始走向可持续发展的新阶段。此外，大会还通过了《关于森林问题的原则声明》，并签署了《气候变化框架公约》、《生物多样性公约》等一系列文件。大会为人类走可持续发展道路做了总动员，开创了人类社会走向可持续发展的新阶段，是人类的可持续发展的一座重要的里程碑。

## 二、可持续发展的定义

要精确地给可持续发展下定义是比较困难的，不同机构和专家对可持续发展均有不同的定义，但大体方向一致。

根据《我们共同的未来》报告，可持续发展的最广泛的定义是："可持续发展是既满足当代人的需要，又不对后代人满足其需要的能力构成危害的发展。"这个定义含有两层含义：

（1）优先考虑当代人，尤其是世界上贫穷人的基本需求；

（2）在生态环境可以支持的前提下，满足人类眼前和将来的需要。

1992年，联合国环境与发展大会（UNCED）的《里约宣言》中对可持续发展进一步阐述为"人类应享有与自然和谐的方式，过健康而富有成果的生活的权利，并公平地满足今世后代在发展和环境方面的需要，求取发展的权利必须实现。"

这两个概念虽然在表达方式上有所差异，但都包含了可持续发展概念的两个基本要点：一是强调人类追求健康而富有生产成果的权利应当是坚持与自然相和谐的方式，而不应当是凭借着人们手中的技术和投资，采取耗竭资源、破坏生态和污染环境的方式来追求这种发展权利的实现；二是强调当代人在创造当今世界发展与消费的同时，应承认并努力做到使自己的机会与后代人的机会平等。不能允许当代人一味的、片面的和自私的为了追求今世的发展与消费，从而剥夺后代人本应享有的同等发展和消费的机会。

另有许多学者也纷纷提出了可持续发展的定义，如英国经济学家皮尔斯和沃福德在1993年所著的《世界无末日》一书中提出了以经济学语言表达的可持续发展的定义："当发展能够保证当代人的福利增加时，也不应使后代人的福利减少"。叶文虎、栾胜基等人认为，可持续发展一词的比较完整的定义是："不断提高人群生活质量和环境承载力的、满足当代人需求又不损害子孙后代满足其需求能力的，满足一个地区或一个国家的人群需求又不损害别的地区或别的国家的人群满足其需求能力的发展。"

不管各种说法如何不同，实际上对可持续发展的共同理解是一样的，即在经济和社会发展的同时，采取保护环境和合理开发与利用自然资源的方针，实现经济、社会与环境的协调发展，为人类提供包括适宜的环境质量在内的物质文明和精神文明。

## 三、可持续发展的内涵

在人类可持续发展系统中，经济可持续是基础，环境可持续是条件，社会可持续才是目的。人类共同追求的应当是以人的发展为中心的经济－环境－社会复合系统持续、稳定、健康的发展。所以，可持续发展需要从经济、环境和社会三个角度加以解释才能完整地表述其内涵。

（1）经济的可持续性。传统的经济发展模式是一种单纯追求经济无限"增长"，追求高投入、高消费、高速度的粗放型增长模式。这种发展模式是建立在只重视生产总值，而忽视资源和环境的价值、无偿索取自然资源的基础上的，是以牺牲环境为代价的，这样的

"增长"必然受到自然环境的限制，因此，单纯的经济增长即使能消除贫困，也不足以构成发展，况且在这种经济模式下又会造成贫富悬殊两极分化。所以这样的经济增长只是短期的、暂时的，而且势必导致与环境之间矛盾日益尖锐。现在衡量一个国家的经济发展是否成功，不仅以它的国民生产总值为标准，还需要计算产生这些财富的同时所消耗的全部自然资源的成本和由此产生的对环境恶化造成的损失所付出的代价，以及对环境破坏承担的风险。这一正一负的价值才是真正的经济增长值。

（2）环境的可持续性。环境的可持续性要求保持稳定的资源基础，避免过度地对资源系统加以利用，维护环境吸收功能和健康的生态系统，并且使不可再生资源的开发程度控制在使投资能产生足够的替代作用的范围之内。

（3）社会的可持续性。社会的可持续发展是人类发展的目的。社会发展的实际意义是人类社会的进步、人们生活水平和生活质量的提高。发展应以提高人类整体生活质量为重点。具体就是分配和机遇的平等、建立医疗和教育保障体系、实现性别的平等、推进政治上的公开性和公众参与性这类机制来保证"社会的可持续发展"。

更根本地，可持续发展要求平衡人与自然和人与人两大关系。人与自然必须是平衡的、协调的。恩格斯指出："我们不要过分陶醉于我们人类对自然界的胜利，对于每一次这样的胜利，自然界都对我们进行报复"。他告诫我们要遵循自然规律，否则就会受到自然规律的惩罚，并且提醒"我们每走一步都要记住：人们统治自然界，绝不像征服者统治异族人那样，绝不是像站在自然界之外的人类——相反的，我们连同我们的肉、血和头脑都是属于自然界和存在于自然界之中的；我们对自然界的全部统治力量，就在于我们比其他一切生物强，能够认识和正确运用自然规律"。

可持续发展还要协调人与人之间的关系。马克思、恩格斯指出：劳动使人们以一定的方式结成一定的社会关系，社会是人与自然关系的中介，把人与人、人与自然联系起来。社会的发展水平和社会制度直接影响人与自然的关系。只有协调好人与人之间的关系，才能从根本上解决人与自然的矛盾，实现自然、社会和人的和谐发展。由此，可持续发展的内容可以归纳为：人类对自然的索取，必须与人类向自然的回馈相平衡；当代人的发展不能以牺牲后代人的发展机会为代价；本区域的发展，不能以牺牲其他区域或全球发展为代价。

总之，可以认为可持续发展是一种新的发展思想和战略，目标是保证社会具有长期的持续性发展能力，确保环境、生态的安全和稳定的资源基础，避免社会、经济大起大落的波动。可持续发展涉及人类社会的各个方面，要求社会进行全面的变革。

### 四、可持续发展的基本原则

可持续发展的基本原则是：

（1）公平性原则。公平是指机会选择的平等性。可持续发展强调：人类需求和欲望的满足是发展的主要目标，因而应努力消除人类需求方面存在的诸多不公平性因素。"可持续发展"所追求的公平性原则包含两个方面的含义：

一是追求同代人之间的横向公平性，"可持续发展"要求满足全球全体人民的基本需求，并给予全体人民平等性的机会以满足他们实现较好生活的愿望，贫富悬殊、两极分化的世界难以实现真正的"可持续发展"，所以要给世界各国以公平的发展权（消除贫困是"可持续发展"进程中必须优先考虑的问题）。

二是代际间的公平，即各代人之间的纵向公平性。要认识到人类赖以生存发展的自然资源是有限的，本代人不能因为自己的需求和发展而损害人类世世代代需求的自然资源和自然环境，要给后代人利用自然资源以满足需求的权利。

（2）可持续性原则。可持续性是指生态系统受到某种干扰时能保持其生产率的能力。资源的永久利用和生态系统的持续利用是人类可持续发展的首要条件，这就要求人类的社会经济发展不应损害支持地球生命的自然系统、不能超越资源与环境的承载能力。

社会对环境资源的消耗包括两方面：耗用资源及排放废物。为保持发展的可持续性，对可再生资源的使用强度应限制在其最大持续收获量之内；对不可再生资源的使用速度不应超过寻求作为代用品的资源的速度；对环境排放的废物不应超出环境的自净能力。

（3）共同性原则。不同国家、地区由于地域、文化等方面的差异及现阶段发展水平的制约，执行可持续发展的政策与实施步骤并不统一，但实现可持续发展这个总目标及应遵循的公平性及持续性两个原则是相同的，最终目的都是为了促进人类之间及人类与自然之间的和谐发展。

因此，共同性原则有两方面的含义：一是发展目标的共同性，这个目标就是保持地球生态系统的安全，并以最合理的利用方式为整个人类谋福利；二是行动的共同性。因为生态环境方面的许多问题实际上是没有国界的，必须开展全球合作，而全球经济发展不平衡也是全世界的事。

### 五、可持续发展的基本思想

可持续发展的基本思想是：

（1）突出强调发展的主题。发展，作为人类共同的和普遍的权利，无论是发达国家还是发展中国家都享有平等的、不容剥夺的发展权利，特别是对于发展中国家来说，发展权尤为重要。因此可持续发展把消除贫困当做是实现可持续发展的一项不可缺少的条件。对于发展中国家来说，发展是第一位的，只有发展才能为解决贫富悬殊、人口剧增和生态环境危机提供必要的技术和资金，同时逐步实现现代化和最终摆脱贫穷、愚昧和肮脏。

（2）可持续发展以自然资源为基础，同环境承载能力相协调，讲究生态效益。自然资源的持续利用和良好的生态环境是人类生存和社会发展的物质基础和基本前提。可持续发展要求节约资源，保证以持续的方式使用资源；减少自然资源的耗竭速率；保护整个生命支撑系统和生态系统的完整性，保护生物的多样性；预防和控制环境破坏和污染，根治全球性环境污染，恢复已遭破坏和污染的环境。一句话，要把发展与生态环境紧密相连，在保护生态环境的前提下寻求发展，在发展的基础上改善生态环境。只注重经济效益而不顾社会效益和生态效益的发展，绝不是人类期盼的发展。

（3）可持续发展承认自然环境的价值。这种价值不仅体现在环境对经济系统的支撑和服务价值上，也体现在环境对生命保障系统的不可缺少的存在价值上。应当把生产中环境资源的投入和服务计入生产成本和产品价格之中，并逐步修改和完善国民经济核算体系，为了全面反映自然资源的价值，产品价格应当完整地反映自然资源的价值。产品价格应完整地反映三部分成本：

1）资源开采或获取的成本；

2）与开采、获取、使用有关的环境成本；

3）由于今天使用了这一部分资源而不能为后代人利用的效益损失，即用户成本。产品销售价格则应是这些成本加上利税及流通费用的总和，由生产者，最终则由消费者负担。否则，环境保护仍然只能得到口头上的重视而不会在各项工作中真正落实。

（4）可持续发展的实施以适宜的政策和法律体系为条件。可持续发展强调"综合决策"和"公众参与"，因此需要改变过去各个部门封闭地、分隔地、"单打一"分别制定和实施经济、社会、环境政策的做法，提倡根据周密的社会、经济、环境和科学原则，全面的信息和综合的要求来制定政策并予以实施。可持续发展的原则要纳入经济发展、人口、环境、资源、社会保障等各项立法及重大决策之中。

（5）可持续发展认为发展与环境是一个有机整体。《里约宣言》强调"为实现可持续发展，环境保护工作应当是发展进程的一个整体组成部分，不能脱离这一进程来考虑"。可持续发展把环境保护作为追求实现的最基本目标之一，也作为衡量发展质量、发展水平和发展程度的宏观标准之一。

# 第三节　我国的可持续发展战略

长期以来，我国在发展进程中，对自身经济发展中产生的种种资源、环境问题的困扰和对因地球生态环境恶化而引起的各种环境问题威胁有了越来越深刻的认识。同时，作为国际社会中的一员和世界上人口最多国家，我国深知自己在全球可持续发展和环境保护中的重要责任，先后完成了《中国环境与发展十大对策》、《中国 21 世纪议程》等可持续发展战略的重大研究理论和方案，提出了符合我国国情的可持续发展道路。

## 一、我国实施可持续发展的必然性

改革开放以来我国经济发展迅速，目前正处在工业化高速发展的起步阶段。但与世界其他国家相比，我国在人口、资源、环境方面所面临的问题更多，也更复杂（见表 9 - 1）。几十年来发展的传统模式已不能适应中国社会的经济发展，迫切需要新的发展战略，走可持续发展之路就成为我国未来发展的唯一选择，唯此才能摆脱人口、环境、贫困等多重压力，提高发展水平，开拓更为美好的未来。

表 9 - 1　我国各时期的环境态势

| 项目 | 1949 年以前的背景情况 | 60 年来的发展历程 | 当前存在的主要问题 | 目前仍沿用的决策偏好 |
|---|---|---|---|---|
| 人口 | 数量极大，素质低 | 人口数量增长快，人口素质提高滞后 | 人口数量压力，低素质困扰，老龄化压力，教育落后 | 重人口数量控制，轻人口素质提高，未及时重视老龄化隐患 |
| 资源 | 人均资源缺乏 | 资源开发强度大，综合利用率低 | 土地后备资源不足，水资源危机加剧，森林资源短缺，多种矿产资源告急 | 对各种资源管理，重消耗，轻管理；重材料开发，轻综合管理；采富弃贫 |
| 能源 | 能源总储量大，但人均储量少，煤炭质量差 | 一次能源开发度大，二次能源所占比例小 | 一次能源以煤为主，二次能源开发不足，煤炭大多不经洗选，能源利用率低，生物质能过度消耗 | 重总量增长，轻能源利用率的提高；重火电厂的建设，轻清洁能源的开发利用；重工业和城镇能源的开发，轻农村能源问题的解决 |

续表 9-1

| 项目 | 1949 年以前的背景情况 | 60 年来的发展历程 | 当前存在的主要问题 | 目前仍沿用的决策偏好 |
|---|---|---|---|---|
| 社会经济发展 | 社会、经济严重落后 | 经济总体增长率高，波动大，经济技术水平低，效益低 | 以高资源消耗和高污染代价换取经济的高速增长，单位产值能耗、物耗高；产业效益低，亏损严重，财政赤字大 | 增长期望值极高，重速度、轻效益；重外延扩展、轻内涵；重本位利益、轻全局利益；重长官意志、轻科学决策 |
| 自然资源 | 自然环境相对脆弱 | 生态环境总体恶化，环境污染日益突出，生态治理和污染治理严重滞后 | 生态破坏严重，生态赤字加剧；污染累计量递增，污染范围扩大，污染程度加剧 | 环境意识逐渐增强，环境法规逐渐健全，但执法不力，决策被动，治理投资空位，环境监督虚位 |

引自：曲向荣. 环境保护与可持续发展. 北京：清华大学出版社，2010。

我国可持续发展战略的总体目标是：用 50 年的时间，全面达到世界中等发达国家的可持续发展水平，进入世界可持续发展能力的 20 名行列；在整个国民经济中科技进步的贡献率达到 70% 以上；单位能量消耗和资源消耗所创造的价值在 2000 年基础上提高 10～12 倍；人均预期寿命达到 85 岁；人文发展指数进入世界前 50 名；全国平均受教育年限在 12 年以上；能有效克服人口、粮食、能源、资源、生态环境等制约可持续发展的"瓶颈"；确保中国的食物安全、经济安全、健康安全、环境安全和社会安全。2030 年实现人口数量的"零增长"；2040 年实现能源资源消耗的"零增长"；2050 年实现生态环境退化的"零增长"，全面实现进入可持续发展的良性循环。

### 二、我国的可持续发展战略

我国各时期的环境态势如表 9-1 所示，可持续发展的战略是：

（1）人口战略：控制人口总量，提高人口素质，开发人力资源。人口过多，自然资源相对紧缺是我国实现可持续发展的限制因素之一。积极有效的人口政策和各项计划生育管理服务措施，使我国在人口控制方面取得了举世瞩目的成绩。尽管如此，人口规模庞大、人口素质较低、人口结构不尽合理，在目前和今后相当长的一个时期里，仍将是我国所要解决的三个首要问题。因此，一方面要严格控制人口的数量，不能再突破人口计划指标；另一方面是加强人力资源的开发利用，提高人口素质，人口素质提高了，积极性、创造性发挥出来了，就能充分合理地利用自然资源。这两条做好了，就能减轻人口对资源与环境的压力，为可持续发展创造一个宽松的环境。

（2）资源战略：建立资源节约型国民经济体系。为了确保有限的自然资源能够满足经济持续高速发展的需要，必须实行资源保护、合理开发综合利用、增值并重的政策，依靠科技进步挖掘资源潜力，动用市场机制和经济手段促进资源的合理配制，建立资源节约型的经济体制。这既是我国人口、资源、环境与社会经济持续发展的唯一选择，也是缓解资源危机的基本对策。

建立资源节约型国民经济体系包括以下几个方面：

1）建立以节地、节水为中心的资源节约型农业体系，包括发展节时、节地、节能型的农业制度和农业技术。

2）建立以节能、节材为中心的资源节约型工业体系，包括发展节能、节材、节水、节约资本等，重效益、重品种、重质量的技术和制度。

3）建立以节省动力为中心的节约型综合运输体系，包括节能、节时、重效益的技术和制度。

4）建立适度消费、勤俭节约为特征的生活服务体系。

（3）环境战略：建立与发展阶段相适应的环保机制。我国是发展中国家，要使中国富强起来，实现社会主义现代化，就必须始终把国民经济的发展放在第一位，各项工作都要以经济建设为中心来进行，但是生态环境恶化已经深刻地影响了我国国民经济和社会的持续发展。因此，防治环境污染和公害、保障公众身体健康、促进经济社会发展、建立健全的生态环境体系是实现可持续发展的基本对策之一。

1）坚持经济建设、城乡建设、环境建设，同步规划、同步实施、同步发展的战略方针，遵循经济效益、社会效益、环境效益相统一的原则，在经济建设和社会发展的同时保护生态环境，努力促进国民经济持续、稳定、协调发展。

2）坚持把环境保护纳入国民经济和社会发展计划，实施国家计划指导下的宏观管理、调节和控制，使环境保护与各项建设事业统筹兼顾、综合平衡、协调发展。

3）在工业、农业及其他产业部门中，建立以合理利用自然资源为核心的环境保护战略，坚持把保护环境和自然资源作为生产发展的基础条件，推行有利于保护环境和自然资源的经济、技术政策，积极发展清洁生产和生态农业。

4）坚持强化管理、以预防为主和谁污染谁治理、谁开发谁保护的三大政策体系，积极采取有效措施，防治工业污染和生态破坏。

5）加强环境保护的科学研究，组织好重大项目的科技攻关，努力发展环境保护产业。把环境保护建立在科技进步和具有比较先进的环保技术、装备的基础上。

6）搞好环境保护的宣传教育，不断提高全民环境意识和科学文化素质，大力培养环境科学和技术方面的专门人才。

（4）稳定战略：坚持社会和经济稳定协调发展。要提高社会生产力，增强综合国力和不断提高人民生活水平，就必须毫不动摇地把发展国民经济放在第一位，各项工作都要紧紧围绕经济建设这个中心来开展。为此，必须从国家整体的角度上来协调和组织各部门、各地方、各社会阶层和全体人民的行动，才能保证在经济稳定增长的同时，保护自然资源和改善生态环境，实现国家长期、稳定发展。

社会可持续发展的内容包括：1）人口、消费和社会服务；2）消除贫困；3）卫生与健康；4）人类居住区的可持续发展；5）防灾减灾。

经济可持续发展的内容包括：1）持续发展的经济政策；2）工业与交通、通信业的可持续发展；3）可持续的能源生产和消费；4）农业与农村的可持续发展。

### 三、我国可持续发展的重点战略任务

我国可持续发展的重点战略任务是：

（1）采取有效措施，防治工业污染。坚持"预防为主，防治结合，综合治理"等指导原则，严格控制新污染，积极治理老污染，推行清洁生产，主要措施为：

1）预防为主、防治结合。严格按照法律规定，对初建、扩建、改建的工业项目要先评价、后建设，严格执行"三同时"制度，技术起点要高。对现有工业结合产业和产品结构调整，加强技术改进，提高资源利用率，最大限度地实现"三废"资源化。积极引导和依法管理，防治乡镇企业污染，严禁对资源滥挖乱采。

2）集中控制和综合治理。这是提高污染防治的规模效益的必由之路。综合治理要做到合理利用环境自净能力与人为措施相结合；生态工程与环境工程相结合；集中控制与分散治理相结合；技术措施与管理措施相结合。

3）转变经济增长方式，推行清洁生产。走资源节约型、科技先导型、质量效益型道路，防治工业污染。大力推行清洁生产，全过程控制工业污染。

（2）加强城市环境综合整治，认真治理城市"四害"。城市环境综合整治包括加强城市基础设施建设，合理开发利用城市的水资源、土地资源及生活资源，防治工业污染、生活污染和交通污染，建立城市绿化系统，改善城市生态结构和功能，促进经济与环境协调发展，全面改善城市环境质量。当前主要任务是通过工程设施和管理措施，有重点地减轻和逐步消除废气、废水、废渣（工业固体废物和生活垃圾）和噪声城市"四害"的污染。

（3）提高能源利用率，改善能源结构。通过电厂节煤，严格控制热效率低，浪费能源的小工业锅炉的发展，推广民用型煤，发展城市煤气化和集中供热方式，逐步改变能源价格体系等措施，提高能源利用率，大力节约能源。调整能源结构，增加清洁能源比重，降低煤炭在我国能源结构中的比重。尽快发展水电、核电，因地制宜地开发和推广太阳能等清洁能源。

（4）推广生态农业，坚持植树造林，加强生物多样性保护。推广生态农业，提高粮食产量，改善生态环境。植树造林，确保森林资源的稳定增长。通过扩大自然保护区面积，有计划地建设野生珍稀物种及优良家禽、家畜、作物和药物良种的保护及繁育中心，加强对生物多样性的保护。

### 四、我国可持续发展的战略措施

我国可持续发展的战略措施是：

（1）切实转变指导思想。为了持续发展，必须遵循经济规律和自然规律，遵循科学原则和民主集中制原则，在决策中要正确处理经济增长速度与综合效益（经济、环境、社会效益）之间的关系，要把保护环境和资源的目标明确列入国家经济、社会发展总体战略目标中，列入工业、农业、水利、能源、交通等各项产业的发展目标中，要调整和取消一些助长环境污染和资源浪费的经济政策等手段，以综合效益，而不是仅以产值来衡量地方、部门和企业的优劣，在制定经济发展速度时，一定要量力而行，要考虑到资源的承载能力和环境容量，不能吃祖宗饭，造子孙孽。要造就人与自然和谐、经济与环境和谐的良性局面。

（2）大力调整产业结构和优化工业布局。今后，我国的人口还会继续增加，工业化进程将会进一步加快，必然给环境带来更大的压力，因此，经济发展要在提高科技含量和规模效益、增强竞争能力上下工夫，才能防止环境和生态继续恶化。

1）制定和实施正确的产业政策，及时调整产业结构。要严格限制和禁止能源消耗高、资源浪费大、环境污染重的企业发展，优先发展高新技术产业。对现有污染危害较大的企业和行业进行限期治理；推行清洁生产，提倡生态环境技术；大力支持企业开发利用低废技术、无废技术和循环技术，使企业降低资源消耗和废物排放量。

2）根据资源优化配置和有效利用的原则，充分考虑环境保护的要求，制定合理的工业发展地区布局规划，并按规划安排工业企业的类型和规模，同时，依据自然地理的条件和特点，合理利用自然生态系统的自净能力。

3）要改变控制污染的模式，由末端排放控制转为生产全过程控制，由控制排放浓度转为控制排污总量；由分散治理污染向集中控制转化（便有限的资金充分发挥效益）。通过建立区域性供热中心、热电联产等方式进行集中供热，有效控制小工业锅炉的盲目发展；通过建立区域性污水处理厂，实行污水集中处理。通过建立固体废物处理场、处置厂和综合利用设施，对固体废物进行有效的集中控制。

（3）大力推进科技进步，加强环境科学研究，积极发展环保产业。解决环境与发展问题的根本出路在于依靠科技进步。加强可持续发展的理论和方法的研究，总量控制及过程控制理论和方法的研究，生态设计和生态建设的研究，开发和推广清洁生产技术的研究，提高环境保护技术水平。正确引导和大力扶持环保产业的发展，尽快把科技成果转化成防治污染的能力，提高环保产品的质量。

（4）加强环境保护教育，不断提高国民的环保意识。要使走可持续发展道路的思想深入人心。要充分发挥妇女、工会、青少年等组织和科技界的作用，进一步扩大公众参与环境保护和可持续发展的范围和机会，加强群众监督，使环境保护深入到社会生活的各个领域，成为政府和人民的自觉行动。

（5）健全环保法制，强化环境管理。把可持续发展原则纳入经济立法，完善环境与资源法律，加强与国际环境公约相配套的国内立法。同政府体制改革相配套，建立廉洁、高效、协调的环境保护行政体系，加强其能力建设，使之能强有力地实施国家各项环境保护法律、法规。

# 第四节　可持续发展的实践与创新

## 一、绿色 GDP

（一）传统经济指标的缺陷和绿色 GDP 理论

国内生产总值（GDP），是指一定时期内一个国家或者区域生产的全部产品与劳务的价值。作为现行的衡量经济发展的标准，它被用来计算国民经济增长速度，衡量一个国家或地区的经济发展水平，分析和评价经济发展的态势，甚至被用于考核地方政府工作的政绩。

传统会计观念仅承认实物资产中的物质资本而不承认环境资本，认为诸如阳光、空气等虽然是企业生产经营中不可缺少的资源，但不能用货币计量，因而不能计入资产，因此传统会计核算方法从未将环境资源列入资产核算，未将企业所承担的环保社会责任纳入负债，因而其经济增长的指标既没有反映自然资源和环境质量的重要实际价值，也没有解释一个国家为经济发展所付出的资源和环境代价，不能如实反映社会经济发展速度，虚增了国家财富；企业成本只量化计算人造成本，而对自然资本忽视不计的结果，造成企业对自然资源的无偿占用和污染破坏，以牺牲环境质量为代价虚增盈利。

世界资源研究所的研究表明，经过环境项目调整计算的结果与用传统方法计算的结果明显不同，并且调整后的 GDP 偏低。如印度尼西亚 1971～1984 年的 GDP 指标，如果扣除石油、森林与土地资源的损失与损害，则其经济的平均增长率将由 7.1% 降为 4%。根据中国环境科学研究院估计，我国每年因为生态环境破坏而造成的经济效益损失占到 GDP 的 8%，也就是说我国 GDP 的增长率至少应下调 1%～2%。因此，要想客观评价 GDP，就应将环境项目纳入会计核算体系。从可持续发展战略对自然资源消耗的成本补偿要求的实际出发，倡导广义循环成本观，要从自然资源在人类活动的整个循环过程中研究、定义有关成本核算的特性及范围和内容，即从整个物质世界的循环过程来看待成本耗费及补偿问题，不仅要考虑人类劳动消耗的补偿，而且要充分考虑自然界各种物质资源的消耗的补偿，以便实现可持续发展。

由于经济发展带来的资源损耗、环境污染和生态破坏等结果，未能纳入传统的 GDP 指标中，因此，为更好地评价一个国家或者区域发展所带来的经济与环境的整体成果，需要对 GDP 指标进行修正。在现行 GDP 的基础上扣除自然资源损耗价值与环境污染损失价值后剩余的国内生产总值，就是绿色 GDP。通常来说，绿色 GDP 可以用下面的公式表示：

绿色 GDP = 现行 GDP - 环境与资源成本 - 环境资源保护成本

一般来说，由于资源损耗、环境污染与生态破坏的存在，绿色 GDP 小于现行 GDP。显然，如果经济发展的资源环境成本较大，将在很大程度上减少了整个社会"表面上"的发展成果。这是因为，较高的资源环境成本不仅损害整个社会的福利水平，而且还将影响到可持续发展能力。

早在 20 世纪 70 年代，美国著名经济学家诺德豪斯和托宾就建议修改国民经济核算体系，建议选用经济福利指标（Measure Economic Welfare）来评价经济发展水平。经过多年的研究，1993 年联合国建立并推荐《综合环境与经济核算体系》（System of Integrated Environmental and Economic Accounting，缩写为 SEEA），在 SEEA 中首次明确提出了绿色 GDP 概念，并规范了自然资源和环境的统计标准以及评价方法。

为更加全面地评价人类社会发展的福利成果，也可以从更宽泛的角度界定绿色 GDP：

绿色 GDP = 现行 GDP - 自然环境部分的虚数 - 人文部分的虚数

自然部分的虚数为：

（1）环境污染所造成的环境质量下降；

（2）自然资源的退化与配比的不均衡；

（3）长期生态质量退化所造成的损失；

（4）自然灾害所引起的经济损失；

（5）资源稀缺性所引发的成本；

（6）物质、能量的不合理利用所导致的损失。

人文虚数应从下列因素中扣除：

（1）由于疾病和公共卫生条件所导致的支出；

（2）由于失业所造成的损失；

（3）由于犯罪所造成的损失；

（4）由于教育水平低下和文盲导致的损失；

（5）由于人口数量失控所导致的损失；

（6）由于管理不善所造成的损失。

（二）实施绿色 GDP 指标体系的重要意义

绿色 GDP 是一种全新科学的指标体系，概括了可持续发展的主要方面和主要内容。它将经济现象、社会现象和环境问题都纳入其框架体系，并考察了经济社会和环境的各个环节，同时考虑到了 GDP 在衡量经济增长中的作用，避免了传统 GDP 的缺陷部分，为经济的发展手段提供了全新的视角和思路。

（1）它是人类认识史上的一次飞跃。从过去单纯追求经济数量增长的 GDP 到追求经济发展实质变化的绿色 GDP，本身说明了人类对自身行为的反省。

（2）它是一种科学全面的指标体系。它是对经济发展的评价，涉及环境问题和社会问题，它概括了可持续发展的主要方面和主要内容，将经济现象、社会现象和环境问题都纳入了其框架体系，并考察了经济、社会和环境的各个环节。因此，这一指标与传统的国民生产总值相比，科学而全面。

（3）它是一种全新的指标体系。绿色 GDP 和传统 GDP 都是衡量经济的增长。但是，绿色 GDP 比较合理地扣除了现实中的外部化成本，并从内部去反映可持续发展的质量和进程。因此，它是对传统 GDP 的扬弃，有利于加快经济增长方式的转变。

（4）它为经济的发展手段提供了全新的视角和思路。绿色 GDP 的增长必须要以现行 GDP 的增长和人文虚数的下降为前提。对照我国的产业行业分类目录，我们将会看到，在我国目前的薄弱产业——环保产业是对绿色 GDP 的增长贡献最大的产业。它既对现行 GDP 的增长有利，又对人文部分虚数有抑制作用。因此，该产业的大力发展，其作用是双重的，它是绿色 GDP 快速增长的加速剂。

（三）构建绿色经济体系的主要对策

（1）调整产业结构的力度要不断加强。国内外的实践经验表明，谁抢先一步抓住了产业结构调整优化和产品更新换代这个关系到一个国家、一个地区和某个企业经济发展生命力的关键一环，并成功地实现持续发展的累积效应，谁就会在不断变化和不断提升的国际国内市场需求发展中处于主动和有利的地位，谁就能够主动摆脱因延迟调整更新而产生的无效低效剩余生产力和商品的库存积压，并在激烈的市场竞争中抢占市场先机，不断壮大自己的实力。

（2）绿色技术和清洁生产工艺的应用与推广。旨在节约资源能源、保护环境和提高产品生产技术含量的绿色技术，以及建立在绿色高新技术基础上的清洁生产工艺，是建立绿色经济体系的技术支撑和实现发展与资源环境相协调的技术保证。绿色技术主要包括：能够有效替代不可再生和污染性原材料及能源的技术；节约资源能源、减少或消除污染甚至还能降低成本的清洁生产工艺；制造有利于保护环境和人体健康的绿色产品的综合性或单项技术；废弃物资源化与污染物净化技术等。

（3）推进绿色标志和 ISO 14000 认证。绿色壁垒是指某个国家或国家联盟以可持续发展、保护环境和人类健康为理由，为限制外国或境外地区商品进口而构筑的政策性、法律性和对策性障碍。其表现形式包括：绿色关税、绿色市场准入、绿色反补贴和绿色反倾销、环境贸易制裁、推行严格的商业标准和强制性绿色标志、强制要求 ISO 14000 认证、实行繁琐的进口检验程序和制度，以及要求采用政府采购和押金制度等。20 世纪 90 年代我国多数出口企业由于对国际市场的绿色壁垒缺乏思想准备和应对措施，因而蒙受了不少损失。由此可见，从根本上应对国际市场的绿色壁垒和绿色消费的需求，有远见的企业要从自身可持续发展的要求出发，主动适应绿色革命的发展趋势，适当调整产业－产品结构，加快开发绿色产品，实行清洁生产，争取通过 ISO 14000 认证，取得自由进入国际市场的绿色通行证。

[案例 9－1]　　根据环境保护部环境规划院完成的 2004 年到 2010 年期间共 7 年的全国环境经济核算研究报告，尽管我国"十一五"期间污染减排取得了积极进展，但我国还处于经济发展环境成本上升阶段。具体而言，7 年间的环境退化成本从 2004 年的 5118.2 亿元提高到 2010 年的 11032.8 亿元，增长了 115%；虚拟治理成本（指目前排放到环境中的污染物按照现行的治理技术和水平全部治理所需要的支出）从 2004 年的 2874.4 亿元提高到 2010 年的 5589.3 亿元，增长了 94.5%。这意味着随着经济的不断增长，中国的环境问题在不断恶化。根据《中国环境经济核算研究报告 2010（公众版）》，2010 年，全国生态环境退化成本达到 15389.5 亿元，占当年 GDP 的 3.5%。其中，环境退化成本 11032.8 亿元，占 GDP 比重 2.51%，比上年增加 1322.6 亿元，增长了 13.7%；生态破坏损失（森林、湿地、草地和矿产开发）4417 亿元，占 GDP 比重 1.01%。

## 二、可持续消费

### （一）可持续消费的定义

联合国环境署在 1994 年于内罗毕发表的报告《可持续消费的政策因素》中提出了可持续消费的定义，即"提供服务以及相关的产物以满足人类的基本要求，提高生活质量，同时使自然资源和有毒材料的使用量最少，使服务或产品的生命周期中所产生的废物和污染物最少，从而不危及后代的需求。"

可持续消费是一个新的消费模式，并不是介于因贫困引起的消费不足和国家富裕引起的过度消费之间的折中，它适用于全球各国各种收入水平的人们。《21 世纪议程》提出，世界所有国家均应全力促进可持续消费模式，发达国家应率先达成可持续消费模式，发展中国家应在其发展过程中谋求可持续消费模式，避免出现工业化国家的那种过分危害环境，无效率和浪费的消费模式，但是事实表明，由于改变不可持续的消费模式将对人们的生活水平产生影响，所以在具体实施上各国反应不一，与要求相比，实质性进展甚微，发达国家和发展中国家在关于改变不可持续消费模式的磋商中，也存在着较大的分歧。

### （二）我国的可持续消费战略

中国在实施可持续发展战略中，非常注意引导和建立可持续的消费模式。《中国 21 世纪议程》指出，合理的消费模式和适度的消费规模不仅有利于经济的持续增长，同时还会减少由于人口增长带来的种种压力，使人们赖以生存的环境得到保护和改善。人口的迅速增长加上不可持续的消费形态，对有限的能源、资源已构成巨大压力，尤其是低效、高耗和不合理的生活消费极大地破坏了生态环境。因此要采取积极的行动改变不合理的消费模式，鼓励并引导合理的、可持续的消费模式的形成和推广，尤其是寻求改变贫困地区落后消费模式的对策，促进这些地区提高经济和生活水平，消除贫困，减缓对环境造成的压力。

根据《中国21世纪议程》，我国可持续消费的目标为：在确保2000年人民生活达到小康的同时，保持人均能源及原材料消耗不再相应增加，并减少有害废物对环境的污染；改进居民消费结构，促进社会消费多样化，基本满足不同层次的消费要求；实行按劳分配及公平与效率兼顾的分配原则，防止物质消费水平方向高低过于悬殊，缩小贫富差距，追求共同富裕。

为了实现以上可持续消费的战略目标，应加大力度开展以下工作：

（1）大力发展社会生产力，建立一个低耗、高效、少污染或无污染的生产体系，增加资料的数量，多样性和提高质量；

（2）建立与合理消费结构相适应的产品结构；

（3）积极推行分配制度改革，实行按劳分配为主体，其他分配方式为补充，兼顾公平和效率的分配方式，解决社会资源和收入分配不公的问题，调动广大人民积极性；

（4）政府引导和促进居民消费结构的改善和社会消费的多样化，通过税收等手段抑制不利于健康的消费，引导合理消费，加快发展第三产业，进一步提高人民生活水平和满足不同层次人们的消费要求。

[案例9-2]　　有调查显示，我国每年仅餐饮浪费的食物蛋白和脂肪就分别达800万吨和300万吨，最少倒掉了约2亿人一年的口粮。为减少"舌尖上的浪费"，2013年1月初开始，由IN_33这个民间团队发起号召的"光盘行动——从我做起，今天不剩饭"活动获得了广大网友的支持和赞同。随即众多餐厅也开启了行业内的"光盘行动"，为顾客提供"半份菜"、"小份菜"、"热菜拼盘"、免费打包等服务，鼓励把没吃完的剩菜打包带走。价格按照"半份半价，小份适价"原则确定。另外有些餐馆在打包时会收取餐盒或塑料袋费用的，此次提出可提供免费打包服务，不再收费，而且还要使用环保包装，不提供一次性木筷和超薄塑料袋。"光盘行动"广泛传播，体现了人们对请客吃饭时造成的铺张浪费有了一次理性的回归；另一方面，这项活动与国家严打贪污腐败，杜绝党内不良作风的大思想不谋而合，有利于在全社会形成"不想浪费、不愿浪费、不能浪费和不敢浪费"的可持续餐饮消费风尚。

### 三、循环经济

#### （一）循环经济的产生

朴素的循环经济思想可以追溯到环境保护浪潮兴起的时代。20世纪60年代，美国经济学家鲍尔丁就指出，必须进入经济过程思考环境问题产生的根源。他认为，地球就像在太空中飞行的宇宙飞船，这艘飞船靠不断消耗自身有限的资源而生存。如果继续不合理地开发资源和破坏环境，超过了地球的承载能力，地球就会像宇宙飞船那样走向毁灭！因此，"宇宙飞船理论"要求以新的"循环式经济"代替旧的"单程式经济"。显然，宇宙飞船经济理论具有很强的超前性，当时并没有引起大家的足够重视。即便是到了人类社会开始大规模环境治理的20世纪70年代，循环经济的思想更多地还是先行者的一种超前性理念。当时，世界各国关心的仍然是污染产生后如何治理以减少其危害，即所谓的末端治理。80年代，人们开始注意到采用资源化的方式处理废弃物，但是对于是否应该从生产和消费的源头上防止污染产生，还没有统一的认识。

20世纪90年代以后，特别是可持续发展理论形成后的近几年，源头预防和全过程控制代替末端治理开始成为各国环境与发展政策的真正主流。人们开始提出一系列体现循环经济思想的概念，如"零排放工厂"、"产品生命周期"、"为环境而设计"等。随着可持续发展理论日益完善，人们逐渐认识到，当代资源环境问题日益严重的根本在于工业化运动以来高开采、低利用、高排放为特征的线性经济模式，为此提出了人类社会的未来应建立一种以物质闭环流动为特征的经济，即循环经济，从而实现环境保护与经济发展的双赢，真正体现"代内公平"和"代际公平"这一可持续发展的公平性原则。"生态经济效益"、"工业生态学"等理论的提出与实践，标志着循环经济理论初步形成。

（二）循环经济的概念

我国《循环经济促进法》规定：循环经济是指将资源节约和环境保护结合到生产、消费和废物管理等过程中所进行的减量化、再利用和资源化活动的总称。减量化是指减少资源、能源使用和废物产生、排放、处理处置的数量及毒性、种类等活动。还包括资源综合开发、不可再生资源、能源和有毒有害物质的替代使用等活动。再利用是在符合标准要求的前提下延长废旧物质或者物品生命周期的活动。资源化是指通过收集处理、加工制造、回收和综合利用等方式，将废弃物质或者物品作为再生资源使用的活动。

循环经济的本质是生态经济，它是运用生态学规律来指导人类社会的经济活动，是以资源的高效利用和循环利用为核心，以"减量化、再利用、再循环"为原则，以低消耗、低排放、高效率为基本特征的社会生产和再生产模式，以尽可能少的资源消耗和尽可能小的环境代价实现最大的发展效益。传统工业社会的经济是一种由资源—产品—污染物排放简单流动的线性经济。在这种线性经济中，人们最大限度地把地球上的物质和能量提取出来，然后又把污染物毫无节制地排放到环境中去，线性经济正是通过这种把资源持续不断地变成垃圾，以牺牲环境来换取经济的数量增长的。与传统经济相比，循环经济倡导的是一种与环境和谐的经济发展模式。它要求把经济活动组织成一个"资源—产品—再生资源"的反馈式流程，主要特征是低开采、高利用、低排放。所有的物质和能量要能在这个不断进行的经济循环中得到合理和持久的利用，以把经济活动对自然环境的影响降低到尽可能小程度。也可以说，循环经济是按照生态规律利用自然资源和环境容量，实现经济活动的生态化转向。

（三）循环经济的原则

循环经济的实现依赖于以"减量化（reduce）、再利用（reuse）、再循环（recycle）"为内容的行为原则，简称3R原则。每一个原则对循环经济的成功实施都是必不可少的。其中减量化原则属于输入端方法，目的是减少进入生产和消费流程的物质量；再利用原则属于过程性方法，目的是延长产品和服务的时间；再循环原则是输出端方法，目的是通过废弃物的资源化来减少终端处理量。

（1）减量化原则。循环经济的第一原则是要减少进入生产和消费流程的物质量。换言之，人们须学会预防废物产生而不是产生后治理。在生产中，厂商可以通过减少每个产品的物质使用量、通过重新设计制造工艺来节约资源和减少排放。例如，用光缆代替电缆，可以大幅度减少电话传输线对铜的使用。在消费中，人们可以减少物品的过度需求。例如，人们可以通过大宗购买（当然不要大于自己所必须量），选择包装较少的、可循环的物品，购买耐用的高质量物品来减少垃圾的产生。

（2）再利用原则。循环经济的第二个有效方法是尽可能多次或尽可能多种方式使用人们所需的东西。通过再利用，人们可以防止物品过早成为垃圾。在生产中，制造商可以用标准尺寸进行设计，例如标准设计能使计算机、电视机和其他电子装置中的电路非常容易和便捷地更换，而不必更换整个产品。在生活中，人们把一样物品扔掉之前，可以想一想家中和单位里再利用它的可能性。

（3）再循环原则。循环经济的第三个原则是废弃物尽可能多地再生利用或资源化。资源化是把废物返回到工厂，经过适当处理后再进行重新利用。资源化能够减少垃圾填埋场的处理压力，减少处理费用。

"3R"原则的优先顺序是减量化—再利用—再循环（资源化）。减量化原则优于再使用原则，再使用原则优于再循环利用原则，本质上再使用原则和再循环利用原则都是为减量化原则服务的。

（四）我国的循环经济战略

我国的循环经济实践仅仅处于起步、示范的初级阶段。因此，推动循环经济发展要加强相关理论和实践模式的研究，提高各级政府和相关决策部门对循环经济重要性质的认识，借鉴国际、国内先进经验，采取综合性措施，积极开展循环经济的实践活动。

（1）要加快制定促进循环经济发展的政策、法律法规。如借鉴日本等国经验，着手制定绿色消费、资源循环再利用，以及家用电器、建筑材料、包装物品等行业在资源回收利用方面的法律法规；建立健全各类废物回收制度；制定充分利用废物资源的经济政策，在税收和投资等环节对废物回收采取经济激励措施。

（2）要加强政府引导和市场推进作用。在区域经济发展中，继续探索新的循环经济模式，积极创建生态示范省、国家环境保护模范城市、生态市、生态示范区、生态工业、绿色村镇和绿色社区。

（3）要在经济结构和战略性调整中大力推进循环经济。在工业经济结构调整中，要以高资源利用效率为目标，降低单位产值污染物的排放强度，优化产业结构，继续淘汰和关闭浪费资源、污染环境的落后工艺、设备和企业，用清洁生产技术改造能耗高、污染严重的传统产业，大力发展节能、降耗、减污的高新技术产业。

（4）要以绿色消费推动循环经济的发展。绿色消费是循环经济的内在动力。通过广泛的宣传教育活动，提高公众的环境意识和绿色消费意识；各级政府要积极引导绿色消费，鼓励节约使用和重复利用办公用品；逐步制定鼓励绿色消费的相关法律法规。

（五）循环经济的实施

1. 企业层面的内部循环

循环经济的最微观层次是厂内物质的循环，一般来说，厂内废物再生循环包括下列几种情况。

（1）将流失的物料回收后作为原料返回原来的工序之中，如从人造纸废水中回收纸浆、转炉污泥中回收有用金属成分等；

（2）将生产过程中生成的废料经过适当处理后作为原料或原料替代物返回生产流程中，如铜电解精炼的废电解液，经处理后回收其中的铜，再回到电解精炼流程中；

（3）将生产过程中生成的废料经过适当处理后作为原料用于厂内其他生产过程。

[案例9-3]　美国杜邦化学公司是实施企业循环经济的一个典型例子。20世纪80

年代末，当时位居世界大公司 500 强第 23 位的杜邦公司，开始进行循环经济理念的实验。公司的研究人员把循环经济三原则发展成为与化工生产相结合的"3R 制造法"，以少排放以至零排放废弃物，改变了只管资源投入、不管废弃物排出的生产理念。通过改变、替代某些有害化学原料，生产工艺中减少化学原料的使用量，采用回收本公司产品的新工艺等方法，到 1994 年，该公司已经使生产造成的废弃物减少了 25%，空气污染物排放量减少了 70%。同时，从废塑料和一次性塑料容器中回收化学原料、开发耐用的乙烯材料"维克"等新产品，取得了在企业内循环利用资源、减少污物排放、局部做到零排放的成果。杜邦公司副总裁特博认为：制定零排放的目的可以促使人们不断提高工作的创造性，人们越着眼于这个目标，就会进一步认识到消灭垃圾实际上意味着发掘对人们通常扔掉东西的全新的利用方法。

2. 区域层面的生态工业

所谓生态工业，是指合理的、充分的、节约地利用资源，工业产品在生产和消费过程对生态环境和人体健康的损害最小以及废弃物多层次综合再生利用的工业发展模式，是一种现代工业的生产方式。

生态工业系统的概念是由美国通用汽车公司的研究人员于 1989 年首次提出的。它是在一个封闭的循环系统中，企业根据合作互利的原则，利用对方生产过程中所产生废物作为自己加工的原材料或能源。这一系统将资源的浪费减至最小。

在生态工业系统中，合作的企业之间相互交流的纽带是"工业生态链"，一个企业的产品或废物是另一个企业的原材料或能源，这之间存在着一种共生、伴生或寄生的关系，类似生态系统中生物链的关系。当许多条生态链交织起来，则构成了高级的生态工业网络系统，它是生态工业系统的基本形态。因此，生态工业系统中各企业之间存在着一种有序的，但纵横交错的联系，通过这种联系，物质能量、信息等进行流通，使其流到外环境的量减少到最小，以保护外界生态环境。

[案例 9 - 4] 国际上第一个建成的生态工业系统是丹麦哥本哈根东部 120km 凯隆堡生态工业园。1970 年，几个主要工业企业为寻求解决工业垃圾、有效利用淡水、降低生产成本而建立的一个工业小区。区内有一个 150 万千瓦的燃煤发电厂和电厂的一个鱼塘，一个丹麦最大的炼油厂，一个石膏板厂，一个硫酸厂，一个水泥厂，一个胰岛素厂和几个制酶企业，几百个大小农场和一个凯隆堡城市供暖服务系统。它们组成一个封闭的生态工业系统，经济效益十分显著，每年节约石油 4.5 万吨、煤 1.5 万吨、水 60 万立方米（水源消耗减少了 25%）、减少 $CO_2$ 排放 17.5 万吨、减少 $SO_2$ 排放 1.02 万吨，利用煤灰 13 万吨、硫 4500t、泥浆状氮肥 80 万吨。

[案例 9 - 5] 2001 年，原国家环保总局批准建设了贵港国家生态工业（甘蔗制糖）示范园区。以贵糖（集团）股份有限公司为核心，结合甘蔗原料种植、副产糖蜜利用和酒精废液循环等，通过盘活、优化、提升、扩张等步骤，建设蔗田系统、制糖系统、酒精系统、造纸系统、热电联产系统、环境综合处理系统，形成"甘蔗—制糖—酒精—造纸—热电—水泥—复合肥"多行业综合性的链网结构。如图 9 - 1 所示，该共生循环体系由六个子系统组成，其间通过中间产品和废弃物的相互交换衔接起来，形成一个比较完善和闭合的生态工业网络，园区内资源得到了较好的配置，废弃物得到有效利用，环境污染减少到最低水平。

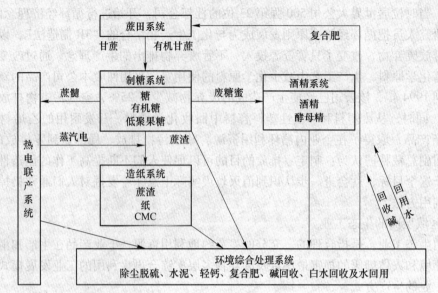

图 9 − 1　贵港国家生态工业（甘蔗制糖）示范园区共生循环体系

（引自：钱易，唐孝炎. 环境保护与可持续发展（第二版）. 北京：高等教育出版社，2010）

### 3. 社会层面的循环社会

目前，发达国家的循环经济已经从 20 世纪 80 年代的微观企业试点到 20 世纪 90 年代区域经济的新型工厂——科技工业园区，进入了第三阶段——21 世纪宏观经济立法阶段。

[**案例 9 − 6**]　1991 年，日本国会修订通过《废弃物处理法》，并通过了《资源有效利用促进法》，1993 年又制定通过了《环境基本法》，之后又分别于 1995 年与 1998 年通过《容器和包装物的分类收集与循环法》和《特种家用机器循环法》。2000 年，日本国会通过了《建立循环型社会基本法》、《废弃物处理法》（修订）、《资源有效利用促进法》（修订）、《建筑材料循环法》、《可循环食品资源循环法》、《绿色采购法》等六项法案，其中，《循环型社会推进基本法》是日本循环型社会立法建设中具有龙头作用的法律。日本也由此形成了建设循环型社会完备的法律体系基础。

## 四、清洁生产

### （一）清洁生产的概念

1996 年，联合国环境署将清洁生产定义为：清洁生产是指为提高生态效率和降低人类及环境风险而对生产过程、产品和服务持续实施的一种综合性、预防性的战略措施。

对于生产过程，它意味着要节约原材料和能源，减少使用有毒物料，并在各种废物排出生产过程前，降低其毒性和数量；对于产品，它意味着要从其原料开采到产品废弃后最终处理处置的全部生命周期中，减小对人体健康和环境造成的影响；对于服务，它意味着要在其设计及所提供的服务活动中，融入对环境影响的考虑。

2002 年我国出台的《中华人民共和国清洁生产促进法》借鉴了上述定义，将清洁生产界定为：清洁生产是指不断采取改进设计、使用清洁的能源和原料、采用先进的工艺技术与设备、改善管理、综合利用等措施，从源头削减污染，提高资源利用率，减少或者避免生产、服务和产品使用过程中污染物的产生和排放，以减轻或者消除对人类健康和环境的危害。

（二）清洁生产的战略性质、作用对象、目标及内容

1. 清洁生产的战略性质

（1）预防性，即污染预防，防胜于治。清洁生产强调事前预防，要求以更为积极主动的态度和富有创造性的行动来避免或减少废物的产生，而不是等到废物产生以后再采取末端治理措施。后者往往只是污染物的跨介质转移，且带来产品的不经济性。

（2）综合性，是指清洁生产以生产活动全部环节为对象，围绕资源投入与产品产出的转换问题，从资源采掘、加工、消费、废弃全生命周期环节来寻求改变资源能源的使用方式、降低废物或污染产生的机会。当前的经济体系，无论生产、消费还是服务过程都已经处在了一个错综复杂的体系中，只有采用综合集成方式，才能有效发挥污染预防的积极作用。

（3）持续性，是指清洁生产的实施是一个持续深化的动态过程。企业是实施清洁生产的主体，它总是处在一个优胜劣汰的动态发展环境中，任何污染预防措施即使在当时取得了所期望的效果，也会由于这种动态发展而变得相对落伍。因此，清洁生产是一个持续改进的过程。

2. 清洁生产的作用对象

在作用对象上，清洁生产包含了生产过程、产品和服务三类不同的对象。也就是说，清洁生产既可以作用于农业和工业这样带有明确生产过程的行业，也可以作用于建筑业和服务业这种提供产品或服务的行业，实质上就是所有的生产活动都可以成为清洁生产的实施对象。这表明，清洁生产并不仅仅局限于单纯的生产环节，而是从整体层面将生产过程与产品和服务联系起来，从人类社会生产模式变革的高度来解决生产与环境的冲突问题。

3. 清洁生产的目标

在目标诉求上，清洁生产追求环境与经济的"双赢"，既要改善环境表现和降低环境风险，又要提高资源、能源的利用效率甚至是整个生产系统的生态效率。事实上，我国《清洁生产促进法》第一条就指出，制定清洁生产促进法的目的是为了促进清洁生产，提高资源利用效率，减少和避免污染物的产生，保护和改善环境，保障人体健康，促进经济与社会可持续发展。

4. 清洁生产的内容

清洁生产的内涵非常丰富，它是指产品从摇篮到坟墓的全过程污染控制，主要内容包括：

（1）清洁的能源，包括常规能源的清洁利用，尽量利用可再生能源，新能源的开发，各种节能技术的开发等；

（2）清洁生产过程，尽量少用、不用有毒有害原料/中间产品，减少生产过程中的具有高风险性因素的加入，如高温、高压、易燃、易爆、噪声等；采用高效率设备；改进操作步骤，回收利用原物料/中间产品，改善工厂管理等；

（3）清洁的产品。节约原物料和能源；少用贵重/稀有原料；产品制造过程中以及使用后，以不危害人体健康和生态环境为主要考虑因素，易于回收再利用；减少不必要功能；强调使用寿命等。

（三）中国的清洁生产

我国是世界上最早积极响应联合国环境与发展大会可持续发展和清洁生产战略的国家之一。1993 年，国家环保总局与国家经贸委联合召开的第二次全国工业污染防治工作会议，明确提出了工业污染防治必须从单纯的末端治理向生产全过程控制转变，实行清洁生产的要求。这次会议正式确立了清洁生产在我国环境保护事业中的战略地位，推行清洁生产开始成为政府的一项施政任务。

1994 年，在世界银行的资助下，清洁生产开始在我国开展有组织的推行工作，我国也正式加入到世界范围内的清洁生产行动中来。1995 年，中国国家清洁生产中心成立。1997 年，国家环保总局发布了《关于推行清洁生产的若干意见》，同年中国环境与发展国际合作委员会成立了清洁生产工作组，开辟了清洁生产高层决策的渠道。1999 年 5 月，国家经贸委下达了《关于实施清洁生产示范试点计划的通知》。清洁生产由企业层次的试点转向区域和行业层次的试点，政府的工作重点由政策研究转向政策制定。

2002 年 6 月，我国《清洁生产促进法》正式出台。《清洁生产促进法》以法律形式系统地体现了我国推行清洁生产的基本政策、核心内容及其促进实践。以《清洁生产促进法》为起点，我国清洁生产步入规范化、法制化的道路。在科学发展观的指导下，清洁生产正以多样性和内涵拓展的方式深化发展。主要表现在以下几个方面：

（1）将清洁生产结合到产业和环境保护的主流活动过程中：如结合到产业结构调整，淘汰落后的生产能力、工艺、产品，关停能耗物耗高、污染严重的"十五"小企业活动；支持国家在重点区域实施的环境保护行动，如在淮河流域开展的污染排放总量控制行动计划。这种渗透、融合突出反映了清洁生产实施的深化发展。

（2）推动各种清洁生产的管理政策和工具的建立实施：包括制定清洁生产审核管理办法与清洁生产技术标准，结合 ISO 14000 标准实施环境管理体系（EMS）或健康安全环境体系（HSE）、建立推行环境标志制度等。一系列环境管理政策的实施，正从企业组织管理和产品系统等方面有力地促进着清洁生产展开。

（3）清洁生产向着循环经济拓展延伸：伴随着发展循环经济，推动资源节约和环境友好型社会建设的热潮，以大型企业为基础的重点行业生态工业系统的建立，生态工业园区的示范，乃至围绕产业发展的省、市循环经济试点等活动也逐渐兴起。清洁生产的实践开始超越单一生产过程，向着多种生产过程构成的生产链或共生系统在产业、区域层次上展开，成为发展循环经济的基础和有机组成。

［案例 9－7］　20 世纪 90 年代初，欧洲的一份家电杂志提出 SONY 电视机的环境性能比竞争对手差。SONY 公司认识到这一问题后，毅然决定重新设计其产品。改进后的电视机不再使用哈龙、三氧化锑等危险原料，也不再使用 PVC 材料，减少塑料使用量 52%，原材料的使用总量也大大下降。另外，SONY 公司承诺该电视机可快速拆解，整机只用了 9 枚螺钉，整机的再循环率达到 99%。而且制造成本下降了 30%，装配速度比以前大大提高。

［案例 9－8］　作为世界上最大的地毯生产企业之一的界面地毯公司，自 1973 年起，推行了一项面向服务功能和地毯自由拼接的生态产业改造计划。公司主要为用户提供永久性的地毯"常绿租赁"服务，出租并负责安装、保养、清洗、选择性多；更换磨损或损坏部分，并回收破旧地毯，使其循环再生，并能根据用户的主观和客观要求自由拼接地毯。

使地毯的使用寿命延长了5倍，成本降低了4倍，而经济效益却提高了10倍，废弃物排放则减少了90%以上，企业营业额和经营规模连续扩大，带来了巨大的社会影响。

### 五、环境标志

#### （一）环境标志的概念

环境标志（又叫绿色标志），就是由政府的环境管理部门依据有关的环境法律、环境标准和规定，向某些商品颁发的一种特殊标志，这种标志是一种贴在产品上的图形，它证明该产品不仅质量上符合环境标准，而且其设计、生产、使用和处理等全过程也符合环境保护要求，对生态无害，有利于产品的回收和再利用。它是一种产品的证明性商标，受法律保护，是经过严格检查、检测与综合评定，并经国家专门委员会批准使用的标志。其实质是对产品"从摇篮到坟墓"全过程的环境行为进行控制管理。

#### （二）世界各国的环境标志

环境标志制度最早起源于德国，1978年，德国首先推行"蓝色天使"计划，以一种画着蓝色天使的标签作为产品达到一定生态环境标准的标志。继1987年德国之后，日本、美国、加拿大等国也相继建立自己的绿色标志认证制度，以保证消费者自己识别产品的环保性质，同时鼓励厂商生产低污染的绿色产品。目前，绿色商品涉及诸多领域和范围，绿色汽车、绿色电脑、绿色相机、绿色冰箱、绿色包装、绿色建筑等（见图9-2）。

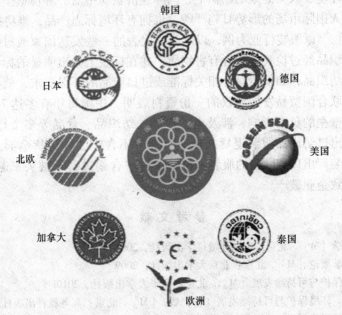

图9-2　世界各国的环境标志图案

我国自1993年开始实施环境标志制度，自1994年成立了"中国环境标志产品认证委员会"。中国环境标志图形由青山、绿水、太阳和10个环组成，寓意为全民联合起来，共同保护人类赖以生存的环境。中国环境标志立足于整体推进ISO 14000国际环境管理标准，把生命周期评价的理论和方法、环境管理的现代意识和清洁生产技术融入产品环境标志认证，推动环境友好产品发展，坚持以人为本的现代理念，开拓生态工业和循环经济。

（三）环境标志的作用

环境标志的作用有：

（1）倡导可持续消费，增强环境意识。实行环境标志的主要目的和作用在于增强全社会的环保意识，通过引导公众购买倾向，减少对环境有害产品的生产和消费。相关调查显示，40%的欧洲人已对传统产品不感兴趣，而是倾向购买有环境标志的产品；日本37%的批发商发现他们的顾客只挑选和购买环境标志产品。这直接导致了人们消费观念的变化，绿色消费逐渐成为当今消费领域的主流。

（2）经济发展规律鼓励企业选择环境标志。对于企业来说，实行环境标志制度有利于提高企业经济效益，因为企业要想得到环境标志，就必须作节能、降耗和综合利用工作，另外环境标志本身就是一种广告，向公众表明自己产品具有一般产品所不具备的环境价值，这就有利于提高产品的竞争力，同时改善企业形象。

（3）跨越贸易壁垒，促进国际贸易发展。当前，环境标志也与国际贸易越来越紧密地联系在一起。在国际贸易中，一些国家通过严格的技术标准、安全卫生规定、认证标准等限制不符合要求的外国商品进口和销售。由于各国环保法律法规标准不一，各行其是，必然会在贸易中形成"壁垒"作用。因此为了统一环境标志的有关定义、标准方法，以避免国际贸易上的障碍，国际标准化组织（ISO）环境战略咨询组于1991年成立了环境标志分组，这就有利环境标志的规范化，不难预见，环境标志将成为国际贸易与合作的重要内容。当前在保护环境、人类健康的旗帜下，国际经济贸易中的"环境壁垒"更加森严，发展中国家商品进入国际市场的形势日趋严峻。谁拥有环境标志产品，谁将拥有市场。

［案例 9-9］　　以服装行业为例，以欧盟为代表的一些发达国家通过制定各种环境标志制度，保证纺织品经过检验且不含有害物质，并在标签上做出明显的标识。出口到欧盟成员国的服装和纺织品，如果不符合相关标准或进口商品的环保要求，就会被禁止进口或被出口商拒收。联合国贸易发展会议的一份资料表明，中国每年有多达74亿美元的出口商品受到了绿色壁垒的负面影响，涉及电子产品、纺织品、食品等多个行业。如2008年浙江省6~10月出口纺织品服装退货共计704批（不含宁波）退货金额为1586万美元。我国苏南一家服装厂出口到欧盟的服装因拉链用材"含锡过高"被买家退货，损失10多万美元，最终导致企业破产。

## 参 考 文 献

［1］陈英旭. 环境学 ［M］. 北京：中国环境科学出版社，2001.

［2］曲向荣. 环境学概论 ［M］. 北京：北京大学出版社，2009.

［3］曲向荣. 环境保护与可持续发展 ［M］. 北京：清华大学出版社，2010.

［4］钱易，唐孝炎. 环境保护与可持续发展（第二版）［M］. 北京：高等教育出版社，2010.

［5］战友. 环境保护概论 ［M］. 北京：化学工业出版社，2004.

［6］鞠美庭. 环境学基础 ［M］. 北京：化学工业出版社，2004.

课后思考与习题

1. 传统发展模式存在的弊端和造成的环境问题有哪些？试举例说明。

2. 可持续发展的定义是什么，其发展内涵包括哪些方面？

3. 可持续发展的基本原则和基本思想是什么？

4. 我国的可持续发展战略和战略措施有哪些？

5. 什么是绿色 GDP，试分析推行绿色 GDP 对国家的经济发展有什么积极意义。

6. 什么是循环经济，其"3R"原则有哪些？试举例说明。

7. 什么是清洁生产，推行清洁生产的目的和内容有哪些？

8. 结合自己身边或者家乡的具体实例，就现状简要分析生态环境保护与经济发展之间存在的问题，试论可持续发展的重要性，并提出相应的解决办法。

# 冶金工业出版社部分图书推荐